小波分析基础：从理论到应用

李　新　陈发来　编著

科学出版社

北　京

内 容 简 介

本书详细介绍小波变换的起源、原理和应用，内容覆盖傅里叶变换、窗口傅里叶变换、框架理论、连续小波变换、多分辨率分析、Daubechies正交小波、小波包、小波提升理论以及小波在信号处理和图像处理等方面的应用，涵盖了发展比较成熟的小波分析的所有基本内容. 另外，本书特别关注实际应用和数学理论之间的关联，强调解决实际问题中的数学原理以及解决问题所需要的数学思维和方法.

本书不要求读者具有高深的数学基础，可供应用数学、计算数学以及信号处理方向的学生和教师使用，也可供希望了解小波分析的基本内容和应用的读者使用，还可作为高年级本科生和研究生小波分析课程的教学参考书.

图书在版编目(CIP)数据

小波分析基础：从理论到应用/李新，陈发来编著. —北京：科学出版社，2023.6

ISBN 978-7-03-075861-3

Ⅰ. ①小… Ⅱ. ①李… ②陈… Ⅲ. ①小波分析–理论 Ⅳ. ①O177

中国国家版本馆 CIP 数据核字(2023)第 108968 号

责任编辑：张中兴 梁 清 孙翠勤／责任校对：杨聪敏
责任印制：赵 博／封面设计：无极书装

科学出版社 出版
北京东黄城根北街 16 号
邮政编码：100717
http://www.sciencep.com
北京天宇星印刷厂印刷
科学出版社发行 各地新华书店经销
*
2023 年 6 月第 一 版 开本：720 × 1000 1/16
2025 年 1 月第三次印刷 印张：16 3/4
字数：338 000

定价：69.00 元

(如有印装质量问题，我社负责调换)

前　　言

PREFACE

小波分析 (wavelet analysis) 是近年来由工程、物理和数学多个领域共同推进而迅速发展的一个数学分支. 小波分析广泛应用于语音、通信、地震、图像、图形、生物、计算机视觉等领域, 并取得了令人瞩目的成就. 因而, 小波分析的理论、方法和应用得到了极大的关注, 相关书籍也陆续出版, 不少大学的本科生和研究生也开展了小波分析课程的学习.

在小波分析的发展进程中, 出现了两本特别经典的教材: Daubechies 教授的《小波十讲》和 Mallat 教授的《信号处理的小波导引》. 这两位都是为小波分析的发展做出了原创贡献的重量级科学家.《小波十讲》深刻剖析了小波分析的本质和内涵, 证明了很多定理, 要求读者具有一定的纯数学基础, 即使对应用数学或者计算数学专业的学生而言, 该教材也是比较困难的. 《信号处理的小波导引》则是从信号处理的角度阐述小波变换中的重要概念: 时频分解、不确定性原理、正交基和稀疏表示等. 该书则需要读者具有较好的信号处理基础. 因此, 笔者认为应编写一本面对不同专业学生, 不需要太多知识基础的小波分析的书籍; 另外, 这本书还应提供数学概念和信号处理相关应用之间的桥梁, 为数学的应用提供思维的指导和灵感的启发. 本教材就是基于这样的考虑设计编写的.

本书的目的是面向不同专业的学生讲授小波分析知识及应用, 减弱对读者在数学或者信息处理理论方面知识基础的要求. 为此, 本书希望可以通过浅显的概念提取, 从小波分析中提炼出发展最成熟、应用最广泛的知识, 以服务不同专业的学生. 从根本上讲, 小波分析提供了一种通用的框架, 可以尽可能多地从信号 (也就是数学中的函数) 中提取信息, 为后续的应用服务. 以此为主线, 本书从高等数学中介绍的傅里叶级数出发, 逐步介绍研究人员如何利用数学工具提取信息的过程. 本书可以作为上述两本教材的先导教材. 在内容的组织和写作上, 本书具有如下特点.

1. 为了便于不同专业人士的学习和参考, 本书尽量避免使人感觉困难的数学理论, 读者基本上具有高等数学的基础就可以无障碍地阅读全书. 我们希望可以突破数学障碍, 显现其数学本质. 在写作时, 作者尽可能简化数学推导过程, 重点阐述其数学和工程对应的意义.

2. 本书特别注重数学概念和实际应用问题的结合, 以帮助学生建立基本的数学建模基础. 实际应用中的问题一般不是直接的数学问题, 如何从实际应用中提炼出对应的数学问题是数学应用的一个基本而且非常重要的能力. 本书以小波分析的发展脉络为基础, 逐步建立其每一步发展的目的、解决问题的思路以及方案, 帮助学生提升分析问题、解决问题的能力.

3. 本书既包含经典的成熟的小波分析的内容, 也包含较新的第二代小波的构造和应用, 尽可能覆盖小波分析发展的所有主要内容.

在当前的创新研究中, 基础研究和原始创新需要不断加强. 融合基础研究和工程应用是每一个应用数学研究人员的初心之一. 作者多年来一直从事小波分析这门课程的教学工作. 本书正是作者在中国科学技术大学数学科学学院讲授计算数学方向的专业选修课小波分析的基础上, 根据多年的经验积累并参考了国内外许多专家的论文、著作编写而成的. 本书引用了一些参考文献的观点、数据和结论, 在此一并表示感谢.

限于时间和精力, 书中难免有疏漏和不足之处, 敬请读者批评指正.

作 者

2022 年 12 月

目　录

CONTENTS

第 1 章　基础知识

CHAPTER

这一章将介绍本书所涉及的数学基础知识与工具, 主要包括赋范线性空间、内积空间、正交与正交投影等.

1.1　赋范线性空间

定义 1.1　设 X 是数域 K 上的线性空间, 对任意的 $x \in X$, 赋予一个非负实数 $||x||$, 如果它满足下面的公理.

- **齐次性**　对任意的 $a \in K$, $x \in X$, $||ax|| = |a|||x||$.
- **三角不等式**　对任意的 $x, y \in X$, $||x + y|| \leqslant ||x|| + ||y||$.
- **正定性**　$||x|| \geqslant 0$, $||x|| = 0 \Leftrightarrow x = 0$,

则称 $||x||$ 是元素 x 的范数, 定义了范数的线性空间 X 称为赋范线性空间.

利用范数可以定义空间向量之间的距离. 对任意的 $x, y \in X$, x 和 y 之间的距离 $d(x, y)$ 定义为

$$d(x, y) = ||x - y||. \tag{1.1}$$

距离满足以下性质:

- **对称性**　$d(x, y) = d(y, x)$.
- **三角不等式**　$d(x, z) \leqslant d(x, y) + d(y, z)$.
- **正定性**　$d(x, y) \geqslant 0$, 等号成立当且仅当 $x = y$.

有了距离就可以定义邻域, 进而可以定义向量序列的极限. 一个向量序列 $\{v_k \in X\}$, $k = 1, 2, \cdots$ 收敛到向量 $v \in X$ 是指

$$\lim_{k \to 0} ||v_k - v|| = 0.$$

容易知道, 向量序列的收敛性与数列的收敛性非常类似. 事实上, 在赋范线性空间中, 极限的唯一性、收敛序列的有界性、极限的运算性质等都和数学分析中对应的结论类似.

设 A 是赋范线性空间 X 的子集, 如果 X 中的元素 x 的任意邻域内都含有异于 x 的 A 中的点, 则称 x 是集合 A 的聚点. 等价地, 如果存在一个序列 $\{x_i\} \subset A$ 使得 $\lim\limits_{k \to \infty} x_k = x$, 其中 $\{x_i\}$ 中有无穷项互不相同, 则 x 是 A 的聚点. A 的全体

聚点的集合记作 A', 称集合 $\overline{A}=A'\cup A$ 为 A 的闭包. 如果 $\overline{A}=A$, 则称 A 为闭集, 如果 $\overline{A}=B$, 则称 A 在 B 中稠密.

定义 1.2　如果赋范线性空间 X 中的序列 $\{x_n\}$ 满足 Cauchy 条件, 即

$$\lim_{m,n\to\infty}||x_m-x_n||=0,$$

则称 $\{x_n\}$ 为 Cauchy 列. 如果 X 中所有的 Cauchy 列都是收敛列, 则称 X 是完备的. 一个完备的赋范线性空间称为 Banach 空间.

例 1.1　设 $I=[a,b]\subseteq\mathbf{R}$, $a<b$, $1\leqslant p\leqslant\infty$, 对 I 上任意一个可测函数 $u(x)$, 定义 L^p 范数为

$$||u||_p=\begin{cases}\left(\int_a^b|u|^p\mathrm{d}x\right)^{1/p}, & 1\leqslant p<\infty,\\ \sup|u(x)|, & p=\infty.\end{cases}\tag{1.2}$$

令

$$L^p(I)=\{u|||u||_p<\infty\}.$$

可以证明, $L^p(I)$ 在 L^p 范数下是一个 Banach 空间.

例 1.2　定义

$$C^r(I)=\{u|u^{(k)}\in C(I),k\leqslant r\},$$

且

$$||u||_r=\max_{0\leqslant k\leqslant r}\{||u^{(k)}||_\infty\},\quad u\in C^r(I).$$

其中 $||u||_\infty=\sup_{x\in I}|u(x)|$. 可以证明 $C^r(I)$ 是一个 Banach 空间.

Banach 空间有四大定理: Hahn-Banach 定理、共鸣定理、开映射定理和闭图像定理. Hahn-Banach 定理是线性代数中基底扩张定理的推广, 来源于凸集的分离问题. 它主要是讨论一个泛函如何从一个子空间延拓到整个空间. 共鸣定理讨论一致有界问题, 即给出了判断一个线性算子是否是有界算子的方法. 开映射定理讨论在什么样的条件下有界线性算子是开映射、闭图像定理讨论了闭线性算子有界的充分条件. 这些结果是整个泛函分析的基石, 具体结果可以参考相关的泛函分析教材.

1.2　内积空间

内积空间就是带有度量的线性空间. 通过内积可以定义向量的长度以及向量之间的夹角, 并进一步引出向量的正交性. 从信息论角度讲, 内积刻画了两个向量之间的相关性. 将内积和 Banach 空间结合在一起, 就得到了 Hilbert 空间.

定义 1.3 一个复向量空间 V 上的内积是从 $V \times V$ 到复数 C 的函数 $\langle *, * \rangle$, 通常也记作 $\langle *, * \rangle_V$, 内积满足下面性质:

- **共轭对称性** $\overline{\langle v, w \rangle} = \langle w, v \rangle$, 对所有的 $v, w \in V$ 成立.
- **齐次性** 对所有的复数 c 和 $v, w \in V$, $\langle cv, w \rangle = c\langle v, w \rangle$.
- **可加性** 对所有的 $u, v, w \in V$, $\langle u + v, w \rangle = \langle u, w \rangle + \langle v, w \rangle$.
- **正定性** 对所有的 $v \in V$, $\langle v, v \rangle \geqslant 0$, 且 $\langle v, v \rangle = 0$ 当且仅当 $v = 0$.

下面给出几个内积的例子.

例 1.3 在 n 维复线性空间 C^n 中, 对 $v = (v_1, v_2, \cdots, v_n)$, $w = (w_1, w_2, \cdots, w_n) \in C^n$, 定义内积

$$\langle v, w \rangle = \sum_{i=1}^{n} v_i \overline{w_i},$$

则 C^n 构成一个内积空间.

例 1.4 在 2 维复线性空间 C^2 中, 给定一个正定的 Hermitian 矩阵 A(即 A 的共轭转置矩阵等于 A 本身), 对任意的 $v = (v_1, v_2)$, $w = (w_1, w_2) \in C^n$, 定义内积

$$\langle v, w \rangle = (\overline{w_1}, \overline{w_2}) A (v_1, v_2)^{\mathrm{T}},$$

则 C^2 构成一个内积空间.

例 1.5 设 V 是闭区间 $[a, b]$ 上所有连续复函数组成的复向量空间 $C[a, b]$, 对任意的函数 $f(x) \in C[a, b]$, $g(x) \in C[a, b]$, 定义内积

$$\langle f(x), g(x) \rangle = \int_a^b f(x) \overline{g(x)} \mathrm{d}x,$$

则 $C[a, b]$ 在该内积下构成一个内积空间.

例 1.6 内积反映了两个向量之间的相似性. 假设取例 1.5 中定义的内积, 图 1.1 给出了一个函数和两个不同的正弦函数内积的图像. 在这个例子中, 函数变化的趋势和第一个正弦函数比较一致, 乘积函数在更多的地方是比较大的正数, 从而积分的值 (就是内积) 就会比较大. 另一方面, 函数变化的趋势和第二个正弦函数不是太一致, 导致乘积函数的积分 (内积) 由于相互抵消而较小. 在信号处理中, 内积一般反映了两个对象之间的相似性.

内积可以自然诱导出范数和距离.

- **诱导范数** $||v|| = \sqrt{\langle v, v \rangle}$, 对任意的 $v \in V$.
- **诱导距离** $d(v, w) = ||v - w||$, 对任意的 $v, w \in V$.

定义 1.4 一个内积空间如果在它的诱导范数下是完备的, 就称它是一个 Hilbert 空间.

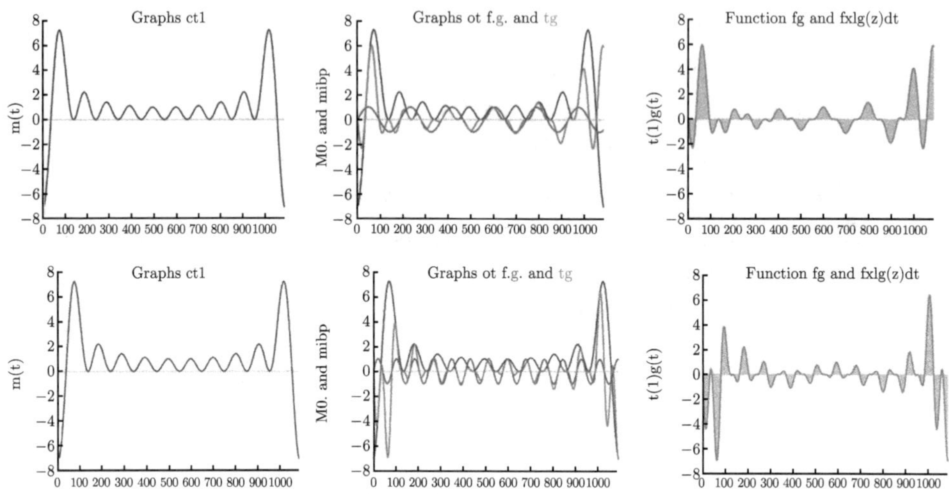

图 1.1　一个给定函数和两个不同正弦函数的内积, 从左到右分别是原始函数、正弦函数和两个函数乘积的图像. 虽然两个正弦函数差别不大, 但是它们和给定函数的内积差别比较大

在信号分析中有一类特别有用的空间, 该空间可以表示所有能量有限的信号 (一般信号都满足该条件), 这就是 L^2 空间与 l^2 空间.

定义 1.5　对于 $a \leqslant t \leqslant b$, 空间 $L^2[a,b]$ 表示所有平方可积函数组成的空间, 即

$$L^2[a,b] = \left\{ f : [a,b] \to C \;\middle|\; \int_a^b |f(t)|^2 \mathrm{d}t < \infty \right\}.$$

一个信号通常可以用 L^2 空间中的函数表示. 需要说明的是, 本书中的积分都是 Riemann 积分. 但在 $L^2[a,b]$ 空间中, 积分的定义需要用 Lebesgue 积分来理解. 这里 $f(t) \equiv 0$ 是指 $f(t)$ 在区间 $[a,b]$ 中除了一个测度为 0 的集合外都为零. 因此, $\int_a^b |f(t)|^2 \mathrm{d}t = 0$ 当且仅当 $f(x) \equiv 0$. 从信号处理的角度看这个结论也是合理的, 因为一个信号在某个孤立点时刻的特性几乎没有什么价值, 而在一个时间段中的性质才重要.

定义 1.6　空间 $L^2[a,b]$ 上的内积定义为

$$\langle f, g \rangle_{L^2} = \int_a^b f(t)\overline{g(t)} \mathrm{d}t, \quad f(t), g(t) \in L^2[a,b].$$

在 L^2 空间中, 常见的有三种不同的函数序列收敛性.

定义 1.7　(1) 一个函数序列 $\{f_n(t)\}$ 逐点收敛到 $f(t)$ 是指对每一个 $t \in [a,b]$ 和任意给定的 $\epsilon > 0$, 存在一个正整数 $N(t,\epsilon)$, 使得当 $n > N(t,\epsilon)$ 时, 都有 $|f_n(t) - f(t)| < \epsilon$.

(2) 一个函数序列 $\{f_n(t)\}$ 在区间 $[a,b]$ 上一致收敛到 $f(t)$ 是指, 对任意给定的 $\epsilon > 0$, 存在一个正整数 $N(\epsilon)$, 使得当 $n > N(\epsilon)$, 对任意的 $t \in [a,b]$ 都有 $|f_n(t) - f(t)| < \epsilon$.

(3) 一个函数序列 $\{f_n(t)\}$ 依范数收敛到 $f(t)$ 是指对任意给定的 $\epsilon > 0$, 存在一个正整数 $N(\epsilon)$, 使得当 $n > N(\epsilon)$ 时都有 $||f_n(t) - f(t)||_{L^2} < \epsilon$.

函数列一致收敛可以推出函数列的逐点收敛, 反之不成立. 逐点收敛和依范数收敛没有直接的关系. 在任意区间上, 一致收敛和依范数收敛也没有直接的关系, 但是在有限区间上, 一致收敛可以得出依范数收敛.

定理 1.1 设序列 $\{f_n(t)\}$ 在有限区间 $[a,b]$ 上一致收敛到 $f(t)$, 则序列 $\{f_n(t)\}$ 依范数收敛到 $f(t)$, 反之不真.

这个结论的证明作为作业.

在许多应用场合, 信号是离散化的表示, 即一个序列 $X = \{\cdots, x_{-1}, x_0, x_1, \cdots\}$ 表示一个信号, 其中 x_j 表示时间段 $[t_j, t_{j+1}]$ 中的一个数值 (如平均值). 例如, 计算机播放的声音由固定间隔时间内的声强表示. 理论上, 序列 X 可以是无限的, 但实际中, 信号通常是有限序列. L^2 空间的一个离散形式是 l^2 空间.

定义 1.8 空间 l^2 是由所有的序列 $X = \{\cdots, x_{-1}, x_0, x_1, \cdots\}$ 构成的, 其中 $\sum_k |x_k|^2 < \infty$. 该空间的内积定义为

$$\langle X, Y\rangle_{l^2} = \sum_k x_k \overline{y_k}, \quad X, Y \in l^2,$$

其中 $Y = \{\cdots, y_{-1}, y_0, y_1, \cdots\}$.

1.3 正交和正交投影

熟知, 平面上两个向量 $\boldsymbol{a}$, $\boldsymbol{b}$ 的两个夹角 θ 的余弦可以由内积表示为

$$\cos\theta = \frac{\langle \boldsymbol{a}, \boldsymbol{b}\rangle}{|\boldsymbol{a}||\boldsymbol{b}|}. \tag{1.3}$$

这一结论可以推广到一般的欧氏空间 (实数域上的内积空间)V. 实际上, 两个非零向量 $v, w \in V$ 的夹角可以定义为

$$\theta = \arccos\frac{\langle v, w\rangle}{||v||||w||}. \tag{1.4}$$

上述定义是有意义的, 因为我们有著名的 Cauchy-Schwarz 不等式:

$$\langle v, w\rangle^2 \leqslant \langle v, v\rangle\langle w, w\rangle, \tag{1.5}$$

其中等号当且仅当 v, w 线性相关时成立.

但是需要注意, 两个向量的夹角的上述定义(1.4)对于复数域上的内积空间 (酉空间) 没有意义.

定理 1.2　给定内积空间 V, 对任意的 $v, w \in V$, 我们有

$$\langle v, w\rangle^2 \leqslant \langle v, v\rangle\langle w, w\rangle, \tag{1.6}$$

其中等号当且仅当 v, w 线性相关时成立.

例 1.7　这个例子选自吴军的《数学之美》中的余弦相似定理和新闻分类问题 [1]. 余弦相似定理和新闻的分类似乎是两件八竿子打不着的事, 但是它们却有紧密的联系. 具体说, 新闻的分类很大程度上依靠余弦定理. 新闻的分类是要把相似的新闻放到一类中 (聚类). 计算机其实读不懂新闻, 它只能快速计算. 这就要求我们设计一个算法来算出任意两篇新闻的相似度. 为了做到这一点, 我们需要想办法用一组数字来描述一篇新闻.

我们来看看怎样找一组数字, 或者说一个向量来描述一篇新闻. 对于一篇新闻中的所有实词, 我们可以计算出它们的单文本词汇频率-逆文本频率值 (TF-IDF). TF-IDF 是一种用于信息检索与数据挖掘的常用加权技术, 可以评估一个词在一个文件集或者一个语料库中对某个文件的重要程度. 一个词语在一篇文章中出现的次数越多, 同时在所有文章中出现的次数越少, 越能代表该文章的中心意思. 其中, TF 表示一个给定的词语在该文件中出现的次数占文章总词数的比例. 通常某个词语的 IDF 可以由语料库中文件的总数量除以包含该词语的文件数目, 再将得到的商取对数决定. TF-IDF 就是一个词的 TF 值和 IDF 值的乘积. TF-IDF 倾向过滤掉常见的词语, 保留重要的词语. 即字词的重要性随着它在文件中出现的次数成正比增加, 但同时会随着它在语料库中出现的频率呈反比下降. 不难想象, 和新闻主题有关的那些实词频率高, TF-IDF 值很大. 比如, 词汇表有 64000 个词, 在一篇新闻中, 这 64000 个词的 TF-IDF 值所张成的向量就是这个新闻的数字化表示. 如果单词表中的某个词在新闻中没有出现, 对应的值为零. 我们就用这个向量来代表这篇新闻, 并成为该新闻的特征向量. 如果两篇新闻的特征向量相近, 则对应的新闻内容相似, 它们应当归在一类, 反之亦然. 举一个具体的例子, 假如新闻 X 和新闻 Y 对应向量分别是 $x = (x_1, \cdots, x_{64000})$ 和 $y = (y_1, \cdots, y_{64000})$, 那么它们的夹角 θ 为

$$\cos\theta = \frac{x_1y_1 + \cdots + x_{64000}y_{64000}}{\sqrt{x_1^2 + \cdots + x_{64000}^2}\sqrt{y_1^2 + \cdots + y_{64000}^2}}.$$

当两篇新闻向量夹角的余弦等于 1 时, 这就说明两篇新闻对应的词汇以及词汇出现的次数也完全一样, 即它们完全重复 (用这个办法可以删除重复的网页);

当夹角的余弦接近于 1 时, 两条新闻相似, 从而可以归成一类; 夹角的余弦越小, 两条新闻越不相关.

当两个向量的夹角为 $\theta = \dfrac{\pi}{2}$ 时, 我们称这两个向量正交. 显然, v 与 w 正交当且仅当 $\langle v, w\rangle = 0$.

定义 1.9 设 V 是一个内积空间,

- 对 $v, w \in V$, 如果 $\langle v, w\rangle = 0$, 则称 v 和 w 正交.
- 设 $V_1 \subset V$ 是 V 的子空间, $v \in V$, 如果 v 与 V_1 中任意元素正交, 则称 v 与 V_1 正交.
- $V_1, V_2 \subseteq V$ 是 V 的两个子空间, 如果对任意 $v \in V_1$ 与 $w \in V_2$ 都有 $\langle v, w\rangle = 0$, 则称 V_1 与 V_2 正交.
- 一组向量 $\{v_i, i = 1, 2, \cdots, n\}$ 称为标准正交向量组是指 $||v_i|| = 1$ 且 $i \neq j$ 时, v_i 和 v_j 正交; 如果 $\{v_i\}_{i=1}^n$ 是 V 的一组标准正交向量组且为 V 的一组基, 则称 $\{v_i\}_{i=1}^n$ 为 V 的一组标准正交基.

标准正交基为线性空间的投影提供了计算上的便利. 一个基本的结论是

定理 1.3 设 W 是内积空间 V 的一个 n 维子空间, $\{e_1, e_2, \cdots, e_n\}$ 是 W 的一组标准正交基, 则对任意的 $v \in W$, 有

$$v = \sum_{i=1}^{n} \langle v, e_i\rangle e_i.$$

内积空间 W 的任一个元素在标准正交基下有着非常简洁的展开形式. 如果 $v \notin W$, 我们仍然可以找到 W 中的一个最佳元素来逼近 v, 这就是正交投影.

定义 1.10 设 W 是内积空间 V 的一个有限维的子空间, 对任意的 $v \in V$, v 在 W 上的正交投影是满足下列条件的向量 $v_0 \in W$:

$$||v - v_0|| = \min_{w \in W} ||v - w||.$$

关于正交投影有以下基本结论.

定理 1.4 设 W 是内积空间 V 的一个有限维子空间, v 是 V 中的一个元素, 则 v_0 是 v 在 W 上的正交投影当且仅当 $v - v_0$ 和 W 正交, 且正交投影存在唯一.

定理 1.5 设 W 是内积空间 V 的一个有限维子空间, 且它具有一组标准正交基 $\{e_1, \cdots, e_n\}$. 则元素 $v \in V$ 在 W 上的正交投影为 $v_0 = \sum_{i=1}^n \langle v, e_i\rangle e_i$.

定理 1.6 设 W 是内积空间 V 的子空间, 与 W 正交的所有向量全体记为

$$W^{\perp} = \{v \in V : \langle v, \omega\rangle = 0, \omega \in W\},$$

则 $W^{\perp}$ 为 V 的子空间, 且

$$V = W \oplus W^{\perp}.$$

称 $W^{\perp}$ 为 W 的正交补空间.

正交投影定理的几何意义如图 1.2 所示.

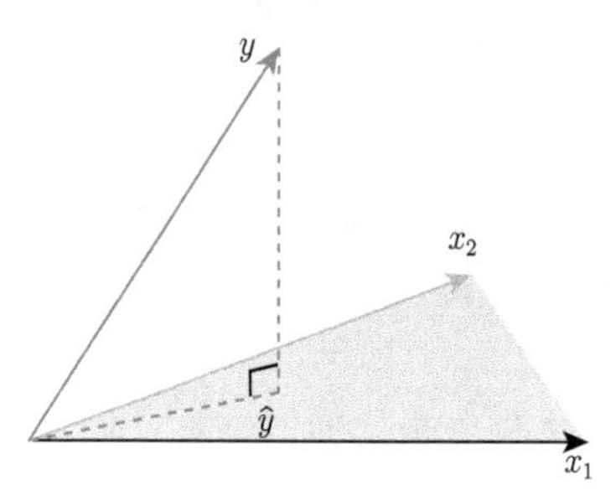

图 1.2 正交投影定理的几何意义. 将 y 投影到 x_1, x_2 张成的线性空间中得到 $\hat{y}$, 则 $y-\hat{y}$ 和该线性空间正交

我们看两个例子.

例 1.8 设 W 是 $L^2([-\pi,\pi])$ 中由函数 $\cos x$ 和 $\sin x$ 张成的子空间. 可以证明, 函数 $e_1(x)=\dfrac{\cos x}{\sqrt{\pi}}$ 和 $e_2(x)=\dfrac{\sin x}{\sqrt{\pi}}$ 为 $L^2([-\pi,\pi])$ 中的标准正交函数组. 令 $f(x)=x$, 则 $f(x)$ 在 W 上的正交投影由下式给出:

$$f_0(x)=\langle f,e_1\rangle e_1(x)+\langle f,e_2\rangle e_2(x).$$

其中,

$$\langle f,e_1\rangle=\frac{1}{\sqrt{\pi}}\int_{-\pi}^{\pi}f(x)\cos x\mathrm{d}x=0,$$

$$\langle f,e_2\rangle=\frac{1}{\sqrt{\pi}}\int_{-\pi}^{\pi}f(x)\sin x\mathrm{d}x=2\sqrt{\pi},$$

因此 $f_0(x)=2\sin x$ 就是 $f(x)$ 在 W 中的正交投影, 其图像如图 1.3 (a) 所示.

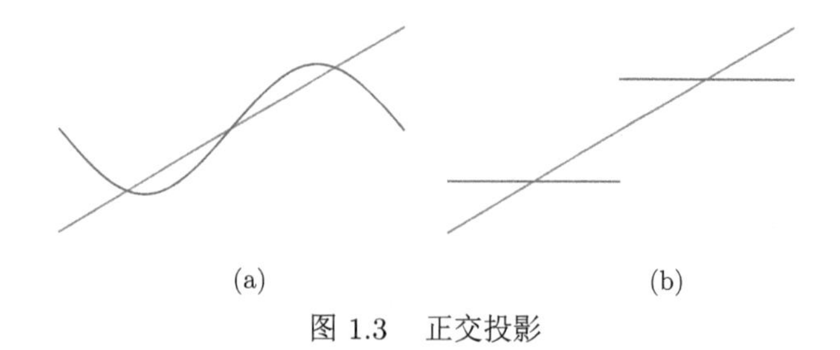

图 1.3 正交投影

例 1.9 设 W 是由空间 $L^2([0,1])$ 中函数 $\phi(x)=1,\ 0\leqslant x<1$ 和

$$\psi(x)=\begin{cases}1, & 0\leqslant x<\dfrac{1}{2},\\ -1, & \dfrac{1}{2}\leqslant x<1\end{cases}$$

张成的子空间, 这两个函数是标准正交的. 令 $f(x)=x$, 则 $f(x)$ 在 W 上的投影是

$$f_0(x)=\langle f,\phi(x)\rangle\phi(x)+\langle f,\psi(x)\rangle\psi(x).$$

其中,

$$\langle f,\phi(x)\rangle=\int_0^1 f(x)\mathrm{d}x=\frac{1}{2},$$

$$\langle f,\psi(x)\rangle=\int_0^1 f(x)\psi(x)\mathrm{d}x=-\frac{1}{4},$$

因此, $f(x)$ 在 W 的正交投影为 $f_0(x)=\begin{cases}\dfrac{1}{4}, & 0\leqslant x<\dfrac{1}{2},\\ \dfrac{3}{4}, & \dfrac{1}{2}\leqslant x<1.\end{cases}$ 如图 1.3 (b) 所示.

说明 1.1 正交投影的一个典型应用是求解欠定线性方程组的最小二乘法. 给定一个线性方程组 $Ax=b$, 这里 A 是一个 $m\times n$ 矩阵, x 和 b 分别是 n 维和 m 维的向量, 其中 $m>n$. 用 $v_1,v_2,\cdots,v_n$ 表示矩阵 A 的 n 个列向量, 记 V 是 v_i 张成的线性空间, 则上述线性方程组的求解就等价于如何寻找 b 在空间 V 上的最佳逼近, 也就是正交投影. 设 b^* 是 b 在 V 上的正交投影, 并记 $b^*=Ax^*$. 对任意的向量 $p\in\mathbf{R}^n$ 有 $Ap\in V$, 因此 $b-b^*\perp Ap$, 即

$$(A\boldsymbol{p})^{\mathrm{T}}(\boldsymbol{b}-\boldsymbol{b}^*)=p^{\mathrm{T}}A^{\mathrm{T}}(b-Ax^*)=0,$$

由上式可以给出

$$A^{\mathrm{T}}(\boldsymbol{b}-A\boldsymbol{x}^*)=0\Rightarrow A^{\mathrm{T}}Ax^*=A^{\mathrm{T}}b,$$

其中 x^* 就是我们要求的欠定线性方程组 $Ax=b$ 的解.

从上面的结论可以看出, 标准正交基函数为函数的正交展开以及正交投影的计算都带来极大的便利. 问题是如何构造一组标准正交基函数? 下面的结果说明, 任意一组基函数可以通过下面阐述的 Gram-Schmidt 正交化方法生成一组标准正交基.

定理 1.7 设 $v_1,v_2,\cdots,v_n$ 是 $L^2[a,b]$ 中一组线性无关函数系, 记 $\psi_1=v_1$,

$$\psi_k = \begin{vmatrix} \langle v_1, v_1 \rangle & \cdots & \langle v_1, v_{k-1} \rangle & v_1 \\ \langle v_2, v_1 \rangle & \cdots & \langle v_2, v_{k-1} \rangle & v_2 \\ \vdots & & \vdots & \vdots \\ \langle v_k, v_1 \rangle & \cdots & \langle v_k, v_{k-1} \rangle & v_k \end{vmatrix}, \quad k = 2, 3, \cdots, n$$

以及 $\Delta_0 := 1, \Delta_n := \det\left(\langle v_i, v_j \rangle\right)_{i,j=1}^n$, 则

$$e_k = \frac{\psi_k(t)}{\sqrt{\Delta_k \Delta_{k-1}}}, \quad k = 1, 2, \cdots, n$$

构成一组标准正交系, 且

$$\operatorname{span}\{e_i\}_{i=1}^k = \operatorname{span}\{v_i\}_{i=1}^k, \quad k = 1, 2, \cdots, n. \tag{1.7}$$

证明　由 $\psi_n(t)$ 的定义, 显然有 $\langle \psi_n, v_k \rangle = \begin{cases} \Delta_n, & k = n, \\ 0, & k < n. \end{cases}$ 因而当 $k \leqslant n$ 时,

$$\begin{aligned} \langle e_n, e_k \rangle &= \frac{\langle \psi_n, \psi_k \rangle}{\sqrt{\Delta_n \Delta_{n-1} \Delta_k \Delta_{k-1}}} \\ &= \frac{1}{\sqrt{\Delta_n \Delta_{n-1} \Delta_k \Delta_{k-1}}} \left\langle \psi_n, \sum_{i=1}^{k-1} \beta_i v_i + \frac{\Delta_{k-1}}{\sqrt{\Delta_k \Delta_{k-1}}} v_k \right\rangle \\ &= \delta_{k,n}. \end{aligned} \tag{1.8}$$

这就证明了 $\{e_k\}_{k=1}^n$ 构成一组标准正交函数系. 又因为

$$e_{k+1} = \frac{\Delta_k}{\sqrt{\Delta_{k+1} \Delta_k}} v_{k+1} + \sum_{i=1}^k \alpha_i v_i \in \operatorname{span}\{v_i\}_{i=1}^{k+1},$$

但 $e_{k+1} \notin \operatorname{span}\{v_i\}_{i=1}^k$, 所以 $\operatorname{span}\{e_i\}_{i=1}^{k+1} = \operatorname{span}\{v_i\}_{i=1}^{k+1}$.　#

虽然上述定理给出了正交化方法的非常漂亮的结果, 但是在实际计算时, 正交化过程是通过下面的递推方式计算的.

首先令 $e_1 = \dfrac{v_1}{||v_1||}$, 则 $||e_1|| = 1$. 令 α_1 是 v_2 在 e_1 所张成空间上的正交投影, 即

$$\alpha_1 = \langle v_2, e_1 \rangle e_1.$$

记 $\beta_2 = v_2 - \alpha_1$, 则 $\langle \beta_2, e_1 \rangle = \langle v_2, e_1 \rangle - \langle \alpha_1, e_1 \rangle = 0$, 从而 β_2 和 e_1 正交. 令 $e_2 = \dfrac{\beta_2}{||\beta_2||}$, 则 e_1 和 e_2 标准正交.

同理, 令 α_2 是 v_3 在 e_1, e_2 所张成空间上的正交投影, 即

$$\alpha_2 = \langle v_3, e_1 \rangle e_1 + \langle v_3, e_2 \rangle e_2.$$

记 $\beta_3 = v_3 - \alpha_2$, 则 $\langle \beta_3, e_2 \rangle = \langle v_3, e_2 \rangle - \langle \alpha_2, e_2 \rangle = 0$, $\langle \beta_3, e_1 \rangle = \langle v_3, e_1 \rangle - \langle \alpha_2, e_1 \rangle = 0$, 从而 β_3 和 e_1, e_2 正交, 设 $e_3 = \dfrac{\beta_3}{||\beta_3||}$, 则 e_1, e_2, e_3 组成一组标准正交基.

上述过程可以一直进行下去, 直到计算出一组标准正交基 $e_1, e_2, \cdots, e_n$.

说明 1.2 Gram-Schmidt 正交化方法是一个非常漂亮的结果, 并且广泛应用于矩阵的 QR 分解和谱方法. 但是, Gram-Schmidt 正交化方法对于本书后续构造正交小波基函数没有太大的帮助, 因为它的构造方法不具有局部性.

1.4 本书内容说明

本书将系统介绍小波变换的基本内容. 为了自然引入小波变换的概念, 本书从傅里叶级数出发, 逐步介绍傅里叶级数、傅里叶变换、窗口傅里叶变换、连续小波变换、二进小波变换以及正交小波的概念; 然后进一步介绍多分辨分析框架、Daubechies 正交小波的构造、小波包以及提升小波; 最后简单介绍小波分析在信号与图像处理中的若干应用.

- **傅里叶级数** 傅里叶级数是数学分析中的基本内容. 本章的内容在讲授时可以按照课堂的情况略去部分内容. 本章的目的是引入几个重要的概念. 首先, 傅里叶级数是将一个函数表示成一些不同频率的谐波的和. 但是本章一般是把这个过程看出一个变换的过程, 就是将一个函数 $f(t)$ 变换成一个序列 $\{c_i\}$ 的过程, 其中 c_i 是傅里叶级数的系数, 它反映了信号 $f(t)$ 和谐波 $\mathrm{e}^{-\mathrm{i}kt}$(如果周期不是 2π, 这个谐波会相应改变) 的相似性. 在这个变换过程中, 数据的恢复在能量意义下是保持不变的 (依范数收敛和 Parseval 等式). 因此, 对信号处理而言, 这个变换不会丢失信息, 同时保持信号之间的相似性 (内积). 这些概念将贯穿本书所有的变换.
- **傅里叶变换** 傅里叶变换的引入是为了克服傅里叶级数中的两个问题: 一是傅里叶级数中的信号必须是周期信号, 二是 c_i 只能是和对应的有理频率的相似性, 不是连续的. 因此, $f(t)$ 的傅里叶变换 $\widehat{f}(\lambda)$ 反映的是对任意的 $\lambda \in \mathbf{R}$, $f(t)$ 和 $\mathrm{e}^{-\mathrm{i}\lambda t}$ 的相似性. 傅里叶变换虽然来自于傅里叶级数, 但是它所引入的频谱的概念是信号的共同本质特征, 因此是平稳信号处理的

标准. 而后来出现的快速傅里叶变换算法使得傅里叶变换在实际的工程应用中达到一个顶峰.

- **窗口傅里叶变换** 窗口傅里叶变换是为了解决傅里叶变换中的结果不能反映某个特定时间段的频率的问题. 它通过引入一个衰减的函数 g, 称为窗函数, 对新的函数 $f(t)\overline{g(t-b)}$ 做傅里叶变换. 由于窗函数 $\overline{g(t-b)}$ 的能量主要集中在时刻 b 附近, 因此窗口傅里叶变换可以给出时刻 b 附近的频率信息. 但是, 窗口傅里叶变换存在两个主要的问题: 一是窗函数 $\overline{g(t-b)}$ 的半径只和窗函数 g 相关, 不能自适应地根据频率来修改窗口的大小. 而实际的应用中, 不同频率需要的半径大小不同. 因此, 窗口傅里叶变换在实际的应用中受限. 另外, 窗口傅里叶变换也可以看成信号 $f(t)$ 和函数 $\overline{g(t-b)}\mathrm{e}^{-\mathrm{i}\lambda t}$ 的内积. 可是, 不存在 g, 使得 $\overline{g(t-b)}\mathrm{e}^{-\mathrm{i}\lambda t}$ 的某种离散做到正交化. 因此, 窗口傅里叶变换的效率不高.
- **连续小波变换** 连续小波变换的核心思想是将函数 $\overline{g(t-b)}\mathrm{e}^{-\mathrm{i}\lambda t}$ 换成另外一种形式

$$\psi_{a,b}(t)=|a|^{-\frac{1}{2}}\psi\left(\frac{t-b}{a}\right),$$

其中 $\psi(t)$ 满足一定的条件. 这里 $\psi(t)$ 称为基小波. 这样处理的方式不仅使得 $\psi_{a,b}(t)$ 窗口的大小正好满足实际的需求, 而且通过对 a, b 离散得到的函数

$$\psi_{j,k}(t)=2^{\frac{j}{2}}\psi(2^jt-k),\quad j,k\in\mathbf{Z}$$

有可能构成 $L^2(\mathbf{R})$ 的一组标准正交基.

- **多分辨分析** 多分辨分析也称多尺度分析, 由 Mallat 于 1987 年首次提出. 多分辨率分析是信号在小波基下进行分解和重构的理论基础. 多分辨分析把空间 $L^2(\mathbf{R})$ 看成是一个逐级逼近的过程, 在逐级逼近的过程中尺度函数 $\phi(t)$ 也在做逐级伸缩. 其本质是: 在 $L^2(\mathbf{R})$ 的某个子空间建立基底, 然后用简单的变换, 把该空间上的基底扩充到 $L^2(\mathbf{R})$ 上去. 多分辨率分析为正交小波基的构造提供了一种简单方法, 同时它还是正交小波变换的快速算法 (Mallat 算法) 的理论基础. Mallat 算法在小波分析中的作用相当于快速傅里叶变换在傅里叶分析中的作用.
- **Daubechies 正交小波构造** 在 Daubechies 正交小波出现之前, 常见的小波 (Haar 小波、Shannon 小波和线性样条小波) 都有不少缺陷. Haar 小波具有紧支撑但是不连续, Shannon 小波很光滑但是没有紧支撑, 而且趋向无穷时衰减很慢. 线性样条小波是连续的, 但是正交尺度函数的支集也是无穷的, 不过它趋向无穷的时候衰减很快. 对任意给定的正整数 $N\geqslant 2$,

Daubechies 创造性地给出了一个通用的方法构造具有局部支撑正交小波基函数. 随着 N 的增加, 该正交小波可以具有更高阶的消失矩、更高阶的光滑性.

- **小波包** 小波分解的目的是将信号分解成低频 (平均) 和高频 (细节) 两个部分, 经典的多分辨分析每一次都是对低频部分做进一步的分解. 而事实上小波系数叠加的结果可能是高频信息也可能是低频信息. 小波包分析是一种更加精细的分解方法, 它将信号进行多层次分解, 对多分辨率分析中没有分解的小波空间做进一步的分解. 然后根据信号自身的特点, 自适应地选择适合的分解, 使得分解方案和信号匹配.
- **提升小波** 经典小波分析是在傅里叶分析的基础上发展起来的, 因此它在一定程度上受到傅里叶分析的限制. 小波分析的两个核心概念: 小波变换和多分辨率分析都是建立在小波的二进伸缩平移的基础上, 我们称之为第一代小波. 提升小波在多分辨分析的基础上, 发现传统的小波变换重构算法可以看成一个分裂加上一系列预测和更新的操作, 而它所对应的分解算法就是上述重构算法的逆向算法. 因此, 提升小波不仅可以提高第一代小波的算法效率, 而且由于摆脱了傅里叶变换的限制, 在满足小波变换的好性质的同时, 可以用来构造复杂区域上的小波变换.
- 小波变换是数学和工程结合的产物. 从理论上, 利用泛函分析的工具, 傅里叶变换和小波变换都可以在框架理论下得到统一, 而且正交性使得小波变换的分解在冗余意义下得到最优. 小波分析的应用与小波分析的理论研究紧密结合在一起, 它已经在科技信息产业领域取得了令人瞩目的成就. 小波变换在信号分析中的滤波、去噪、压缩、传输、信号的识别与诊断以及多尺度边缘检测等方面得到广泛的应用. 另外, 图像的压缩、分类、识别与诊断等应用也广泛使用小波变换. 它的特点是压缩比高, 压缩速度快, 压缩后能保持信号与图像的特征不变, 且在传递中可以抗干扰. 在工程技术上, 小波变换还应用于计算机视觉、计算机图形学、曲面设计、湍流、远程宇宙的研究与生物医学等方面.

习 题 1

1. 试证明内积的双线性性和共轭齐次性:

   (a) 对任意的 $u, v, w \in V$, $\langle u, v+w\rangle = \langle u, v\rangle + \langle u, w\rangle$.

   (b) 对任意的 $c \in C$, $v, w \in V$, $\langle v, cw\rangle = \bar{c}\langle v, w\rangle$.
2. 证明本章给出的三个内积空间的例子满足内积性质.
3. 证明本章的空间 $L^2([a,b])$ 上的 L^2 内积满足内积性质.
4. 证明定理 1.1.

5. 对 $n>0$, 令 $f_n(t)=\begin{cases}1, & 0<t<\dfrac{1}{n},\\ 0, & 其他.\end{cases}$ 证明在 $L^2[0,1]$ 上有 $f_n(t)$ 逐点收敛到 0, 但是 $f_n(t)$ 不一致收敛到 0.
6. 对 $n>0$, 令 $f_n(t)=\begin{cases}\sqrt{n}, & 0<t<\dfrac{1}{n^2},\\ 0, & 其他.\end{cases}$ 证明在 $L^2[0,1]$ 上有 $f_n(t)$ 依范数收敛到 0, 但是 $f_n(t)$ 不是逐点收敛到 0.
7. 证明内积诱导的距离满足三角不等式. 即: 给定内积空间 V, 对任意的 $v,w\in V$, 有

$$||v+w||\leqslant||v||+||w||.$$

8. 证明内积诱导的范数满足平行四边形公式. 即: 给定内积空间 V, 对任意的 $v,w\in V$, 有

$$||v+w||^2+||v-w||^2=2(||v||^2+||w||^2).$$

9. 证明定理 1.6.
10. 设 $e_1,\cdots,e_k$ 是 n 维内积空间 V 的一组两两正交的单位向量, 给定 $v\in V$, 记 $\alpha_i=\langle v,e_i\rangle$, 则

$$\sum_{i=1}^{k}|\alpha_i|^2\leqslant||v||^2,$$

而且 $v-\sum_{i=1}^{k}\alpha_ie_i\perp e_i,\ i=1,\cdots,k$.
11. 设 $e_1,\cdots,e_n$ 是 n 维内积空间 V 的一组向量, 证明下面的条件等价:
    - $\{e_1,\cdots,e_n\}$ 是 V 的一组标准正交基.
    - 对任意的 $\alpha,\beta\in V$,

    $$\langle\alpha,\beta\rangle=\sum_{i=1}^{n}\langle\alpha,e_i\rangle\langle e_i,\beta\rangle.$$

    - 对任意的 $\alpha\in V$,

    $$||\alpha||^2=\sum_{i=1}^{n}|\langle\alpha,e_i\rangle|^2.$$

12. 计算向量 $(1,2,1)$ 张成的 $\mathbf{R}^3$ 子空间的正交补空间.
13. 如果 $f(t)=1, 0\leqslant t\leqslant 1$, 则在 $L^2[0,1]$ 上 $f(t)$ 的正交补空间是均值为 0 的所有函数组成的空间.
14. 利用 Gram-Schmidt 正交化方法求由 $\{1,x,x^2\}$ 张成的 $L^2[0,1]$ 的子空间的标准正交基.
15. 求 $\sin(x)+\cos(x)$ 在由 $\{1,x,x^2\}$ 张成的 $L^2[0,1]$ 的子空间的正交投影.

第 2 章　傅里叶级数

CHAPTER

2.1　引　　言

这一章介绍定义在 $[-\pi,\pi]$ 上的函数 $f(x)$ 的三角函数展开, 即将函数展开成如下形式:

$$a_0+\sum_k(a_k\cos kx+b_k\sin kx),$$

上述展开形式被称为*三角级数*. 那为什么要将函数展开成这样的形式呢? 这个答案随着所关注的领域和应用不同而不同. 比如, 在 18 世纪, 三角函数的展开和简谐振动的研究有关, 因为将周期函数展开成三角级数具有明确的物理意义, 就是把一个比较复杂的周期运动看成是许多不同频率的简谐振动的叠加.

三角级数的历史可以追溯到 17 世纪伽利略、梅森、沃利斯等人对物体振动和声学的研究. 他们的研究确定了影响弦振动频率的因素, 提出了声波的量化理论. 但他们没有给出弦振动的形状. 弦振动是达朗贝尔于 1747 年建立的, 他还得到了表达这个方程通解的公式. 这个公式就是所谓的达朗贝尔公式. 在弦振动问题上, 有一个关键性的问题: 一个任意函数能否用三角函数的和来表示? 1807 年, 傅里叶在热传导问题的研究中为了求解偏微分方程而创建了傅里叶级数, 完成了著名的热力学论文集的第一版, 即《热的分析理论》. 在该著作中, 作者详细地研究了三角级数, 并利用它解决了许多热传导问题. 可是, 从数学上看, 该著作的有些结论无确凿依据, 因此饱受争议, 而书籍直到 1822 年才得以出版. 当时, 在论文里有个颇具争议性的决断: 任何一个函数都可以用傅里叶级数来表示. 当时审查这篇论文的学者拉格朗日坚决反对此论文的发表, 他坚持认为傅里叶的方法无法表示带有间断的信号, 比如方波信号. 那么谁是对的呢? 从理论上讲拉格朗日是对的: 傅里叶级数无法合成方波信号. 但是, 我们可以用傅里叶级数来逼近它, 逼近到两种表示方法不存在*能量差别*, 基于此, 傅里叶是对的. 从数学上讲, 拉格朗日的结论是基于傅里叶级数的逐点或者一致收敛, 而傅里叶的结论是基于傅里叶级数的依范数收敛.

虽然傅里叶的论证不完全正确, 但是傅里叶在文中引入了一个很重要的概念: *频谱*, 这一思想带来了科学和技术上的极大的进步. 傅里叶级数以及相应的傅里叶变换的应用涵盖了概率和统计、信号处理和量子力学等学科. 在数学上, 黎曼积分和勒贝格积分都是起源于对傅里叶级数的研究. 比如, 在傅里叶热传导理论的影响下, 狄利克雷于 1829 年发表了文章《关于三角级数的收敛性》, 讨论了傅里叶级数的收敛性, 给出了函数 $f(x)$ 的傅里叶级数收敛于 $f(x)$ 本身的充分条件. 黎曼在研究狄利克雷论文的基础上, 在他的论文《论函数通过三角级数的可表示性》中给出了函数 $f(x)$ 的傅里叶级数收敛于 $f(x)$ 本身的充分且必要条件. 至此, 傅里叶级数的收敛问题得以解决, 傅里叶级数理论基本建立起来. 傅里叶的主要成就可以从两个方面理解. 第一, 傅里叶把物理问题的公式化表示当作线性偏微分方程的边值问题来处理, 这种处理使理论力学扩展到牛顿所规定的范围以外的领域; 第二, 他为这些方程的解发明了强有力的数学工具. 这些工具产生了一系列派生物, 并且提出了数学分析中那些激发了 19 世纪及其以后的许多基础工作的问题.

傅里叶级数最初的引入是为了求解下面的偏微分方程, 其中最简单的情形就是求解下面的圆杆上的热力学方程.

例 2.1　求解下面的偏微分方程:

$$\begin{aligned} &u_t(x,t)=u_{xx}(x,t), \quad t>0, 0\leqslant x\leqslant \pi, \\ &u(x,0)=f(x), \quad 0\leqslant x\leqslant \pi, \\ &u(0,t)=0, \quad u(\pi,t)=0. \end{aligned} \tag{2.1}$$

该偏微分方程的解 $u(x,t)$ 表示长为 π 的圆杆上, 点 x 处在时刻 t 时对应的温度. 其初始温度 (即 $t=0$ 时) 由函数 $f(x)$ 给出, 而在端点处 (即 $x=0$ 和 $x=\pi$) 的温度保持 0.

由于 $u(0,t)=u(\pi,t)=0$, 首先按照 $u(-x,t)=-u(x,t)$, $0\leqslant x\leqslant\pi$ 将函数的定义延拓到区间 $-\pi\leqslant x\leqslant\pi$ 上. 假设 $u(x,t)$ 具有如下的表示形式:

$$u(x,t)=A_0(t)+\sum_{k=1}^{\infty}\left(A_k(t)\cos kx+B_k(t)\sin kx\right).$$

根据 $u(-x,t)=-u(x,t)$, 有 $A_k=0, k=0,\cdots,+\infty$. 于是

$$u(x,t)=\sum_{k=1}^{\infty}B_k(t)\sin kx,$$

$$u_t(x,t)=\sum_{k=1}^{\infty}B_k'(t)\sin kx,$$

$$u_{xx}(x,t)=-\sum_{k=1}^{\infty}k^2B_k(t)\sin kx,$$

将上式代入原方程得

$$B_k(t)k^2 + B'_k(t) = 0, \quad k = 1, 2, \cdots,$$

解得

$$B_k(t) = C_k \mathrm{e}^{-k^2 t}.$$

进而得到

$$u(x,t) = \sum_{k=1}^{\infty} C_k \mathrm{e}^{-k^2 t} \sin kx.$$

设 $f_o(x)$ 是 $f(x)$ 在 $[-\pi, \pi]$ 上的奇延拓, 即

$$\begin{cases} f_o(x) = f(-x), & -\pi \leqslant x \leqslant 0, \\ f_o(x) = f(x), & 0 \leqslant x \leqslant \pi. \end{cases}$$

并假设 $f(x)$ 也可以写成三角函数线性组合的形式,

$$f_o(x) = \sum_{i=1}^{\infty} f_k \sin kx.$$

将 $u(x,t)$ 的表达式代入到初值条件, 可得 $C_k = f_k$, 即

$$u(x,t) = \sum_{i=1}^{\infty} f_k \mathrm{e}^{-k^2 t} \sin kx.$$

可以看出, 如果我们假设函数 $u(x,t)$ 和 $f(x)$ 具有傅里叶级数形式的展开, 则上述的热力学方程问题就可以直接求解. 这也是傅里叶在文献《热的分析理论》中给出的结果.

傅里叶级数的另外一个应用是在信号处理中. 在许多实际的应用中需要将函数展开成三角函数和式的形式. 如果 $f(t)$ 为一个信号, 那么分解 f 所得到的三角级数就可以描述各个频率分量. 比如, 如果一个信号可以写成

$$f(x) = 2\sin x + 200\cos(5x) + 50\sin(200x),$$

则在这个信号中包含了三个频率分量, 分别在一个 2π 周期中振动 1 次、5 次和 200 次. 另外, 根据系数的大小, 振动频率为 5 的分量最占优势.

信号处理中有两个很重要的工作: 去噪和压缩. 如果将 $f(x)$ 表示成三角级数的形式:

$$f(x) = a_0 + \sum_k (a_k \cos kx + b_k \sin kx),$$

则可以利用上述表示进行信号的去噪和压缩. 比如, 如果需要去掉高频噪声, 只需要将足够大的 k 所对应的系数 a_k 和 b_k 置为零即可. 数据压缩的一个目标就是用尽可能少的数据存储信号, 同时希望可以保持信号的损失尽量小. 一旦将信号写成三角级数的形式, 只需要保存绝对值比给定阈值大的那些系数对应的项即可, 然后利用这些给定的系数可以直接重构原始的信号.

总之, 将一个函数表示成三角级数的形式可以提炼出这个函数在不同频率下的分量, 而频率是自然界很多对象的共同特征, 因而傅里叶级数具有很大的普适性. 下面将给出这种表示形式的数学基础, 即傅里叶级数的数学基础.

2.2 傅里叶级数的计算

2.2.1 周期是 2π 函数的傅里叶级数

在这一节中, 我们需要计算 $[-\pi,\pi]$ 上的周期函数 $f(x)$ 的傅里叶级数

$$a_0+\sum_k (a_k\cos kx+b_k\sin kx) \tag{2.2}$$

的系数 a_k 和 b_k. 为此, 我们首先给出下面的基本结论.

引理 2.1 函数组

$$\left\{\frac{1}{\sqrt{2\pi}},\frac{\cos x}{\sqrt{\pi}},\frac{\sin x}{\sqrt{\pi}},\cdots,\frac{\cos kx}{\sqrt{\pi}},\frac{\sin kx}{\sqrt{\pi}},\cdots\right\}$$

构成 $L^2[-\pi,\pi]$ 的一组标准正交函数系.

在式(2.2)的两边同时乘以 $\cos kx$, 然后积分就可以得到

$$\int_{-\pi}^{\pi} f(x)\cos(kx)\mathrm{d}x=\int_{-\pi}^{\pi}\left(a_0+\sum_k (a_k\cos kx+b_k\sin kx)\right)\cos(kx)\mathrm{d}x.$$

注意到当 $k\neq 0$, 右边只有 $a_k\neq 0$, 从而右边等于 πa_k, 于是

$$a_k=\frac{1}{\pi}\int_{-\pi}^{\pi} f(x)\cos(kx)\mathrm{d}x.$$

而当 $k=0$ 时, 右边等于 $2\pi a_0$, 从而

$$a_0=\frac{1}{2\pi}\int_{-\pi}^{\pi} f(x)\mathrm{d}x.$$

同理, 我们可以求得

$$b_k = \frac{1}{\pi}\int_{-\pi}^{\pi} f(x)\sin(kx)\mathrm{d}x.$$

上述结论可以总结为下面的定理.

定理 2.1 如果周期为 2π 函数 $f(x)$ 在 $[-\pi,\pi]$ 上可以写成 $f(x) = a_0 + \sum_k(a_k\cos kx + b_k\sin kx)$, 则

$$a_0 = \frac{1}{2\pi}\int_{-\pi}^{\pi} f(x)\mathrm{d}x, \tag{2.3}$$

$$a_k = \frac{1}{\pi}\int_{-\pi}^{\pi} f(x)\cos(kx)\mathrm{d}x, \tag{2.4}$$

$$b_k = \frac{1}{\pi}\int_{-\pi}^{\pi} f(x)\sin(kx)\mathrm{d}x, \tag{2.5}$$

这里 a_k 和 b_k 称为傅里叶系数, 傅里叶系数对应的三角级数称为傅里叶级数.

傅里叶级数的展开也可以通过正交投影来理解. 事实上, 如果我们记 V_n 是由 $\{1, \cos(kx), \sin(kx), k = 1,\cdots,n\}$ 张成的线性空间, 记 $f_n(x) = a_0 + \sum_{k=1}^n(a_k \cdot \cos kx + b_k\sin kx)$, 则 $f_n(x)$ 是 $f(x)$ 在空间 V_n 上的正交投影, 从而对任意的 $g(x)\in V_n$, 我们有

$$||f(x) - f_n(x)||_{L^2} \leqslant ||f(x) - g(x)||_{L^2}. \tag{2.6}$$

2.2.2 任意周期函数的傅里叶级数

定理 2.1 可以推广到定义在 $[-a,a]$ 上的周期为 $2a$ 的周期函数. 此时, 对应的基函数是 $\cos\dfrac{k\pi x}{a}$ 和 $\sin\dfrac{k\pi x}{a}$.

定理 2.2 如果 $[-a,a]$ 上的周期函数

$$f(x) = a_0 + \sum_k\left(a_k\cos\frac{k\pi x}{a} + b_k\ \sin\frac{k\pi x}{a}\right),$$

则

$$a_0 = \frac{1}{2a}\int_{-a}^{a} f(x)\mathrm{d}x, \tag{2.7}$$

$$a_k = \frac{1}{a}\int_{-a}^{a} f(x)\cos\left(\frac{k\pi x}{a}\right)\mathrm{d}x, \tag{2.8}$$

$$b_k = \frac{1}{a}\int_{-a}^{a} f(x)\sin\left(\frac{k\pi x}{a}\right)\mathrm{d}x. \tag{2.9}$$

例 2.2　给定一个周期为 4 的函数 $f(x)=\begin{cases}1, & -1<x<1,\\ 0, & \{-2\leqslant x\leqslant -1, 1\leqslant x\leqslant 2\}.\end{cases}$ 下面计算它的傅里叶系数.

直接计算得

$$a_0=\frac{1}{4}\int_{-2}^{2}f(x)\mathrm{d}x=\frac{1}{2}.$$

对于 $k\geqslant 1$ 时,

$$a_k=\frac{1}{2}\int_{-2}^{2}f(x)\cos\frac{k\pi x}{2}\mathrm{d}x=\frac{2\sin\frac{k\pi}{2}}{k\pi}.$$

当 k 是偶数的时候, $a_{2n}=0$. 当 $k=2n+1$ 是奇数时, $a_{2n+1}=\dfrac{2(-1)^n}{(2n+1)\pi}$. 类似地,

$$b_k=\frac{1}{2}\int_{-2}^{2}f(x)\sin\frac{k\pi x}{2}\mathrm{d}x=0.$$

所以, $f(x)$ 的傅里叶级数是

$$F(x)=\frac{1}{2}+\sum_{k=0}^{\infty}\frac{2(-1)^k}{(2k+1)\pi}\cos\frac{(2k+1)\pi x}{2}.$$

该函数 $f(x)$ 的图像和傅里叶级数展开到第 10, 30 和 50 项的图像见图 2.1.

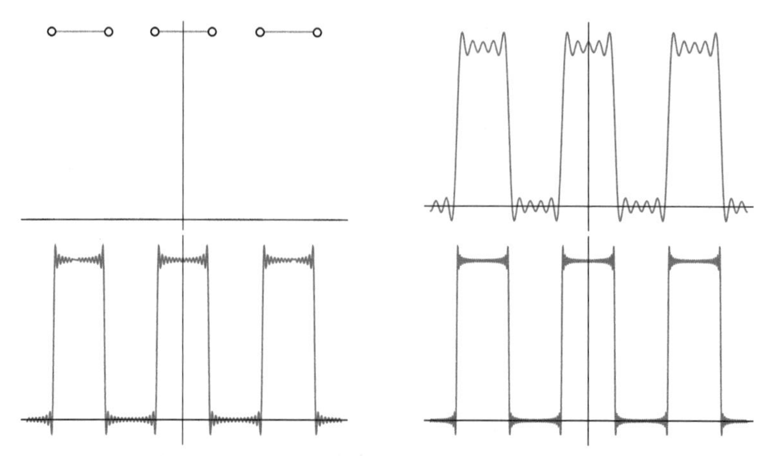

图 2.1　例 2.2 中 $f(x)$ 的图像和傅里叶级数展开到第 10, 30 和 50 项的图像

2.2.3 正弦级数和余弦级数

在傅里叶级数展开式中, 如果给定的函数是偶函数, 那么 $f(x)\sin\left(\dfrac{k\pi x}{a}\right)$ 也是奇函数, 从而 $b_k=\dfrac{1}{a}\displaystyle\int_{-a}^{a}f(x)\sin\left(\dfrac{k\pi x}{a}\right)\mathrm{d}x=0$. 所以偶函数的傅里叶级数中只包含余弦项, 这样的级数称为余弦级数.

类似地, 如果 $f(x)$ 为奇函数, 那么 $f(x)\cos\left(\dfrac{k\pi x}{a}\right)$ 也是奇函数, 从而 $a_k=\dfrac{1}{a}\displaystyle\int_{-a}^{a}f(x)\cos\left(\dfrac{k\pi x}{a}\right)\mathrm{d}x=0$, 因此奇函数的傅里叶级数只包含正弦项, 这样的级数称为正弦级数.

假设函数 $f(x)$ 是定义在 $[0,a]$ 上的函数, 那么有两种不同的办法将 $f(x)$ 延拓成周期为 $2a$ 的函数. 一种是将 $f(x)$ 做偶延拓, 即令

$$f_e(x)=\begin{cases} f(x), & 0\leqslant x\leqslant a,\\ f(-x), & -a\leqslant x<0.\end{cases}$$

由于 $f_e(x)$ 是偶函数, 从而它的傅里叶级数是余弦级数, 故在 $[0,a]$ 上原函数就展开成余弦级数.

如果将 $f(x)$ 做奇延拓, 即令

$$f_o(x)=\begin{cases} f(x), & 0\leqslant x\leqslant a,\\ -f(-x), & -a\leqslant x<0.\end{cases}$$

由于 $f_o(x)$ 是奇函数, 从而它的傅里叶级数是正弦级数, 故在 $[0,a]$ 上原函数就展开成正弦级数.

例 2.3 考虑 $[0,\pi)$ 上的函数 $f(x)=x$, 假设我们对它进行奇延拓, 得到 $f_o(x)=x,-\pi<x\leqslant\pi$. 它的傅里叶系数为

$$a_k=0,\quad b_k=\frac{1}{\pi}\int_{-\pi}^{\pi}x\sin kx\mathrm{d}x=\frac{2(-1)^{k+1}}{k}.$$

因此 $f_o(x)$ 的傅里叶级数为正弦级数:

$$F(x)=\sum_{k=1}^{\infty}\frac{2(-1)^{k+1}}{k}\sin kx.$$

$F(x)$ 的第 10, 30, 50 项对应的函数如图 2.2 和图 2.3 所示.

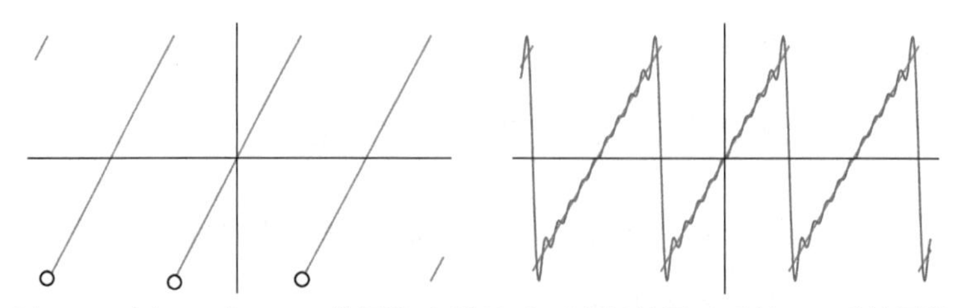

图 2.2　例 2.3 中 $f(x)$ 的图像和傅里叶正弦级数展开到第 10 项的图像

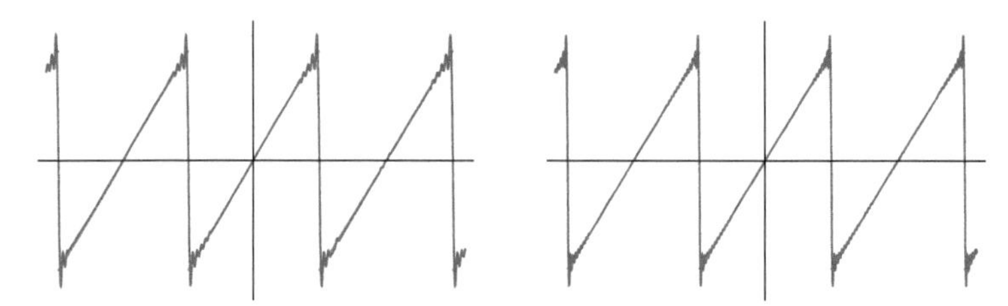

图 2.3　例 2.3 中 $f(x)$ 的傅里叶正弦级数展开到第 30 项和第 50 项的图像

接着我们对 $f(x)$ 进行偶延拓得到三角波函数

$$f_e(x) = \begin{cases} x, & 0 \leqslant x \leqslant \pi, \\ -x, & -\pi \leqslant x \leqslant 0. \end{cases}$$

由于 $f_e(x)$ 是偶函数, 从而其傅里叶级数为余弦级数. 计算得

$$\begin{aligned} a_0 &= \frac{1}{\pi}\int_0^{\pi} x\mathrm{d}x = \frac{\pi}{2}, \\ a_k &= \frac{2}{\pi}\int_0^{\pi} x\cos kx\mathrm{d}x \\ &= \frac{2}{\pi}\frac{\sin kx}{k}x\Big|_0^{\pi} - \frac{2}{k\pi}\int_0^{\pi}\sin kx\mathrm{d}x \\ &= \frac{2\sin k\pi}{k} + \frac{2(\cos k\pi - 1)}{k^2\pi} \\ &= \frac{2((-1)^k - 1)}{k^2\pi}. \end{aligned}$$

所以 $f_e(x)$ 的余弦级数为

$$G(x) = \frac{\pi}{2} - 4\sum_{k=0}^{\infty}\frac{1}{(2k+1)^2\pi}\cos(2k+1)x.$$

$G(x)$ 的第 $10, 30, 50$ 项对应的函数图像如图 2.4 和图 2.5 所示.

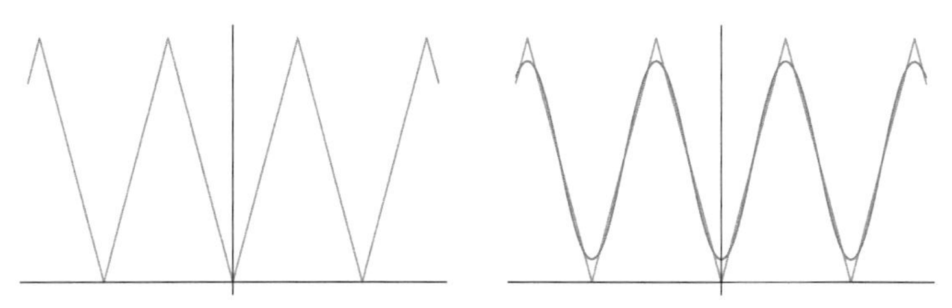

图 2.4 例 2.3 中 $f(x)$ 的图像和傅里叶余弦级数展开到第 10 项的图像

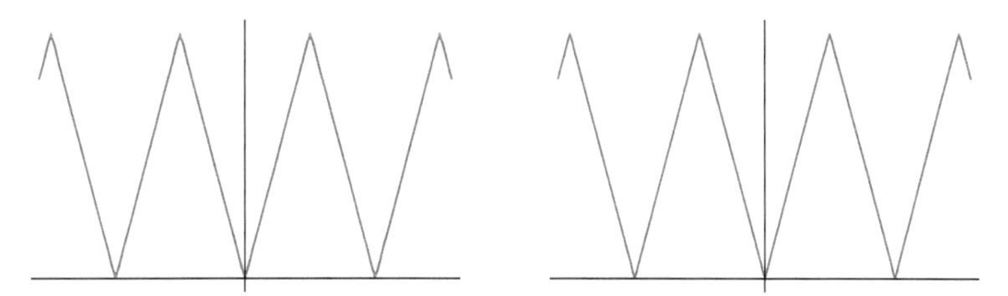

图 2.5 例 2.3 中 $f(x)$ 的傅里叶余弦级数展开到第 30 项和第 50 项的图像

2.2.4 傅里叶级数的复数形式

由欧拉公式 $\mathrm{e}^{\mathrm{i}x}=\cos(x)+\mathrm{i}\sin(x)$, 三角函数与复指数函数可以相互转化, 因此函数的傅里叶级数可以用复指数函数表示.

引理 2.2 函数系

$$\left\{\frac{\mathrm{e}^{\mathrm{i}kt}}{\sqrt{2\pi}},k=\cdots,-2,-1,0,1,2,\cdots\right\}$$

在 $L^2[-\pi,\pi]$ 上是标准正交的.

利用上述引理, 我们可以得到傅里叶级数的复指数形式.

定理 2.3 如果 $[-\pi,\pi]$ 上的周期函数 $f(t)=\sum_k \alpha_k\mathrm{e}^{\mathrm{i}kt}$, 则

$$\alpha_k=\frac{1}{2\pi}\int_{-\pi}^{\pi}f(t)\mathrm{e}^{-\mathrm{i}kt}\mathrm{d}t. \tag{2.10}$$

例 2.4 设一个周期为 2π 的函数 $f(x)=\begin{cases}1, & 0\leqslant x<\pi,\\ -1, & -\pi\leqslant x<0.\end{cases}$ 其傅里叶系数为

$$\begin{aligned}\alpha_k&=\frac{1}{2\pi}\int_{-\pi}^{\pi}f(x)\mathrm{e}^{-\mathrm{i}kx}\mathrm{d}x\\&=\frac{1}{2\pi}\int_{0}^{\pi}\mathrm{e}^{-\mathrm{i}kx}\mathrm{d}x-\frac{1}{2\pi}\int_{-\pi}^{0}\mathrm{e}^{-\mathrm{i}kx}\mathrm{d}x\end{aligned}$$

$$
\begin{aligned}
&= -\frac{(1-\cos(k\pi))\mathrm{i}}{k\pi} \\
&= \begin{cases} \dfrac{-2\mathrm{i}}{k\pi}, & k \text{ 为奇数}, \\ 0, & k \text{ 为偶数}. \end{cases}
\end{aligned}
$$

于是 $f(x)$ 的傅里叶级数是

$$
\sum_{k=-\infty}^{\infty} \alpha_k \mathrm{e}^{\mathrm{i}kx} = \sum_{k=-\infty}^{\infty} \frac{-2\mathrm{i}}{(2k+1)\pi} \mathrm{e}^{\mathrm{i}(2k+1)x}.
$$

一般地有

定理 2.4　函数系

$$
\left\{ \frac{\mathrm{e}^{\mathrm{i}k\pi t/a}}{\sqrt{2a}}, k = \cdots, -2, -1, 0, 1, 2, \cdots \right\}
$$

在 $L^2[-a,a]$ 上是标准正交的. 如果存在 α_k 使得 $f(t) = \sum_k \alpha_k \mathrm{e}^{\mathrm{i}k\pi t/a}$, 则

$$
\alpha_k = \frac{1}{2a} \int_{-a}^{a} f(t) \mathrm{e}^{-\mathrm{i}k\pi t/a} \mathrm{d}t. \tag{2.11}
$$

2.3　傅里叶级数的收敛性

傅里叶级数的收敛性可以从三个层面来阐述: 逐点收敛、一致收敛和依范数收敛. 本节将分别阐述傅里叶级数在一定的条件下的收敛行为.

研究傅里叶级数收敛问题的主要工具是下面的 Riemann 引理.

引理 2.3　设 $f(x)$ 在 $[a,b]$ 上绝对可积, 则

$$
\lim_{k\to\infty} \int_a^b f(x)\cos(kx)\mathrm{d}x = \lim_{k\to\infty} \int_a^b f(x)\sin(kx)\mathrm{d}x = 0. \tag{2.12}
$$

下面考虑傅里叶级数的点态收敛. 傅里叶级数的部分和可以写成

$$
\begin{aligned}
S_n(x) &= \frac{a_0}{2} + \sum_{k=1}^{n} (a_k \cos(kx) + b_k \sin(kx)) \\
&= \frac{1}{2\pi} \int_{-\pi}^{\pi} f(t)\mathrm{d}t + \sum_{k=1}^{n} \frac{1}{\pi} \int_{-\pi}^{\pi} (f(t)\cos(kt)\cos(kx) + f(t)\cos(kt)\sin(kx))\,\mathrm{d}t
\end{aligned}
$$

$$
\begin{aligned}
&= \frac{1}{\pi}\int_{-\pi}^{\pi} f(t)\left(\frac{1}{2}+\sum_{k=1}^{n}\cos(k(x-t))\right)\mathrm{d}t \\
&= \frac{1}{\pi}\int_{-\pi}^{\pi} f(t)\frac{\sin\left(\left(n+\dfrac{1}{2}\right)(t-x)\right)}{2\sin\left(\dfrac{1}{2}(t-x)\right)}\mathrm{d}t \\
&= \frac{1}{\pi}\int_{0}^{\pi} (f(t+x)+f(t-x))\frac{\sin\left(n+\dfrac{1}{2}\right)tx}{2\sin\left(\dfrac{t}{2}\right)}\mathrm{d}t.
\end{aligned}
$$

记

$$
D_n(x)=\frac{1}{\pi}\frac{\sin\left(n+\dfrac{1}{2}\right)x}{\sin\left(\dfrac{x}{2}\right)},
$$

$$
\varphi_x(t)=\frac{f(x+t)+f(x-t)}{2},
$$

则

$$
S_n(x)-s=\int_0^{\pi}(\varphi_x(t)-s)D_n(t)\mathrm{d}t.
$$

定理 2.5 函数 $f(x)$ 的傅里叶级数在 $x\in(-\pi,\pi)$ 处收敛到 s 的充分必要条件是对任意确定的 $\delta\in(0,\pi)$, 有 $\lim\limits_{n\to\infty}\displaystyle\int_0^{\delta}(\varphi_x(t)-s)D_n(t)\mathrm{d}t=0$.

证明

$$
\begin{aligned}
S_n(x)-s &= \frac{1}{\pi}\int_0^{\delta}\frac{\varphi_x(t)-s}{\tan(t/2)}\sin nt\mathrm{d}t+\frac{1}{\pi}\int_{\delta}^{\pi}\frac{\varphi_x(t)-s}{\tan(t/2)}\sin nt\mathrm{d}t \\
&\quad+\frac{1}{\pi}\int_0^{\pi}(\varphi_x(t)-s)\cos nt\mathrm{d}t \\
&\doteq \frac{1}{\pi}\int_0^{\delta}\frac{\varphi_x(t)-s}{\tan(t/2)}\sin nt\mathrm{d}t+I_1+I_2 \\
&= \int_0^{\delta}(\varphi_x(t)-s)\cos(t/2)D_n(t)\mathrm{d}t+I_1+I_2.
\end{aligned}
$$

对于 I_1, 由于 $\tan t/2$ 在 $[\delta,\pi]$ 上有正上界, 所以 $\dfrac{\varphi_x(t)-s}{\tan(t/2)}$ 在 $[\delta,\pi]$ 上绝对可积, 从而由 Riemann 引理知当 $n\to\infty$ 时, $I_1\to 0$. 对于 I_2, $\varphi_x(t)-s$ 在 $[0,\pi]$ 上绝对可积, 因而当 $n\to\infty$ 时, $I_2\to 0$. 定理得证. #

定理2.6 对任意的 $x\in(-\pi,\pi)$, 如果存在 s, 对任意的正数 δ, 函数 $\dfrac{\varphi_x(t)-s}{t}$ 在 $[0,\delta]$ 上绝对可积, 则 $f(x)$ 的傅里叶级数在 x 处收敛到 s.

证明

$$S_n(x)-s=\frac{1}{\pi}\int_0^{\pi}(\varphi_x(t)-s)\,\frac{\sin\left(n+\dfrac{1}{2}\right)t}{\sin\left(\dfrac{t}{2}\right)}\mathrm{d}t$$

$$=\frac{1}{\pi}\int_0^{\pi}\frac{\varphi_x(t)-s}{\sin\left(\dfrac{t}{2}\right)}\sin\left(\left(n+\frac{1}{2}\right)t\right)\mathrm{d}t.$$

因为当 $t\to 0$ 时, $2\sin\left(\dfrac{t}{2}\right)\sim t$, 又由假定 $\dfrac{\varphi_x(t)-s}{t}$ 在 $[0,\delta]$ 上绝对可积, 所以 $\dfrac{\varphi_x(t)-s}{2\sin\left(\dfrac{t}{2}\right)}$ 也在 $[0,\delta]$ 上绝对可积, 因而在 $[0,\pi]$ 上绝对可积, 由 Riemann 引理, 我们知上式在 $n\to\infty$ 时趋向 0. #

定义 2.1 设 $f(x)$ 是定义在区间 $[a,b]$ 上的函数, 如果存在一个分割 $a=x_0<x_1<\cdots<x_n=b$, 使得函数

$$g_i(x)=\begin{cases} f(x_{i-1}+0), & x=x_{i-1},\\ f(x), & x\in(x_{i-1},x_i),\\ f(x_i-0), & x=x_i \end{cases} \tag{2.13}$$

都是可微的, 则称函数 $f(x)$ 在区间 $[a,b]$ 上是分段可微的.

定理 2.7 函数 $f(x)$ 在 $[-\pi,\pi]$ 上是分段可微的, 则 $f(x)$ 在点 $x_0\in[-\pi,\pi]$ 收敛到 $\dfrac{f(x_0+0)+f(x_0-0)}{2}$.

可以看出, 虽然我们给出了傅里叶级数收敛到它自身的充要条件, 但是这个条件不能用来判断一些常见的空间中的函数是否满足这个条件. 比如说: 如果函数连续, 能否保证其傅里叶级数收敛到本身呢？事实上, 即使对连续周期函数, 这个问题也非常复杂. 1876 年, Du Bois-Reymond 给出了一个连续函数的例子, 它

的傅里叶级数在某些点是发散的. 后来, 连续函数的傅里叶级数发散点处处稠密的例子也已经找到. 如果在 Lebesgue 可积函数空间中考虑, Kolmogorov 给出了函数的傅里叶级数几乎处处发散的例子. 1966 年, Carleson 证明了一个长期的猜想: 平方可积函数的傅里叶级数几乎处处收敛.

在非连续的条件下, 傅里叶级数一般不是一致收敛的. 那么, 在什么条件下, 傅里叶级数是一致收敛的呢? 事实上, 在连续且分段可微的条件下, 傅里叶级数是一致收敛的.

定理 2.8 假设周期为 2π 的连续函数 $f(x)$ 分段光滑, 那么它的傅里叶级数在区间 $[-\pi,\pi]$ 上一致收敛到 $f(x)$.

如果函数 $f(x)$ 不是一个连续函数, 那它的傅里叶级数就不一致收敛. 那么这会导致什么样的行为呢? Josiah W. Gibbs 在 1899 年研究了不一致收敛在间断点附近的现象, 即所谓的 Gibbs 现象.

例 2.5 考虑函数

$$f(x)=\begin{cases}1, & 0<x<\pi,\\ 0, & x=0,\pm\pi,\\ -1, & -\pi<x<0.\end{cases}$$

把 $f(x)$ 延拓成周期为 2π 的奇函数, 它的傅里叶系数

$$\begin{aligned}b_n&=\frac{1}{\pi}\int_{-\pi}^{\pi}f(x)\sin(nx)\mathrm{d}x\\&=\frac{1}{\pi}\int_{0}^{\pi}\sin(nx)\mathrm{d}x-\frac{1}{\pi}\int_{-\pi}^{0}\sin(nx)\mathrm{d}x\\&=\begin{cases}\dfrac{4}{(2k-1)\pi}, & n=2k-1,\\ 0, & n=2k.\end{cases}\end{aligned}$$

因此傅里叶级数的部分和为

$$S_{2n-1}(x)=\frac{4}{\pi}\sum_{k=1}^{n}\frac{\sin(2k-1)x}{2k-1}.$$

由收敛定理, 我们知道 $S_{2n-1}(x)$ 逐点收敛到 $f(x)$. 下面我们考察 $S_{2n-1}(x)$ 在 $x=0$ 附近的行为.

注意到当 $x\neq 0$,

$$S_{2n-1}^{'}(x)=\frac{4}{\pi}\sum_{k=1}^{n}\cos(2k-1)x=\frac{2}{\pi}\frac{\sin(2nx)}{\sin(x)}.$$

所以 $S_{2n-1}(x)$ 在 $x=0$ 的右边的第一个极大值点是 $x_n=\dfrac{\pi}{2n}$, 其极大值为

$$\begin{aligned}
S_{2n-1}(x_n) &= \frac{2}{\pi}\int_0^{x_n}\frac{\sin(2nt)}{\sin(t)}\mathrm{d}t \\
&= \frac{2}{\pi}\int_0^{\pi}\frac{\sin(t)}{2n\sin\left(\dfrac{t}{2n}\right)}\mathrm{d}t \\
&= \frac{2}{\pi}\int_0^{\pi}\frac{\sin(t)}{t}\frac{\dfrac{t}{2n}}{\sin\left(\dfrac{t}{2n}\right)}\mathrm{d}t.
\end{aligned}$$

由此可知

$$\lim_{n\to\infty}S_{2n-1}(x_n)=\frac{2}{\pi}\int_0^{\pi}\frac{\sin(t)}{t}\mathrm{d}t=1.17989\cdots.$$

所以当 n 充分大后, 都至少存在一个点 $x_n=\dfrac{\pi}{2n}$, 使得

$$|S_{2n-1}(x_n)-f(x_n)|\geqslant c\approx 0.17989\cdots.$$

该函数 $f(x)$ 的图像和傅里叶级数展开到第 20 项的图像以及展开到第 50 项和第 100 项的图像分别如图 2.6 和图 2.7 所示.

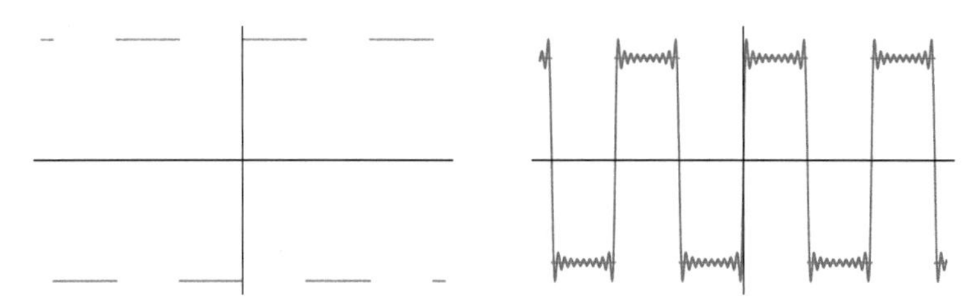

图 2.6　例 2.5 中 $f(x)$ 的图像和傅里叶级数展开到第 20 项的图像

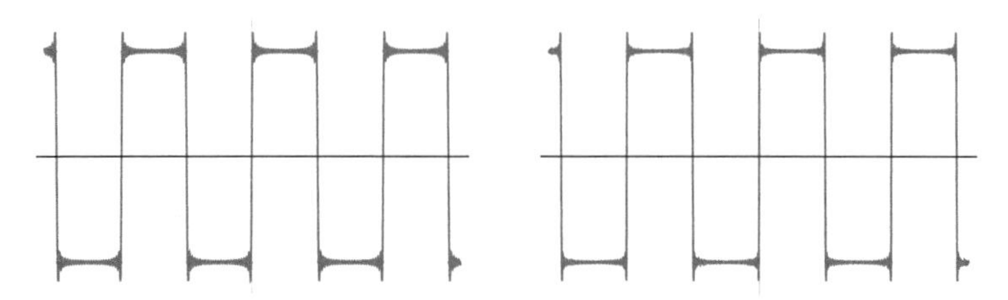

图 2.7　例 2.5 中傅里叶级数展开到第 50 项和第 100 项的图像

上述例子表明, 不连续函数的傅里叶级数在间断点附近不能很好地逼近原函数. 那么该怎么去度量傅里叶级数的逼近呢? 从傅里叶级数在信号处理的角度上

看, 一般更加关心的是依范数收敛. 对傅里叶级数而言, 依范数收敛的结果非常完美, 即对 L^2 中的任意函数 $f(x)$, $f(x)$ 的傅里叶级数依范数收敛到原函数.

首先我们给出一个事实: 设 $f(x) \in L^2[-\pi,\pi]$, 则对任意的 $\epsilon > 0$, 存在连续函数 $g_\epsilon(x)$, 使得 $||f(x) - g_\epsilon(x)||_{L^2} < \epsilon$. 同时, 我们还需要下面的 Weierstrass 逼近定理.

定理 2.9 如果函数 $f(x)$ 在 $[-\pi,\pi]$ 上连续, 且 $f(-\pi) = f(\pi)$, 则它可以用三角多项式一致逼近.

证明 记

$$
\begin{aligned}
\sigma_n(x) &= \frac{1}{n}\sum_{k=0}^{n-1} S_k(x) \\
&= \frac{1}{n\pi}\int_0^\pi (f(x+t)+f(x-t))\sum_{k=0}^{n-1}\frac{\sin\left(k+\dfrac{1}{2}\right)t}{2\sin\dfrac{t}{2}}\mathrm{d}t \\
&= \frac{1}{2n\pi}\int_0^\pi (f(x+t)+f(x-t))\left(\frac{\sin(nt/2)}{\sin(t/2)}\right)^2\mathrm{d}t.
\end{aligned}
$$

则

$$
\begin{aligned}
\sigma_n(x) - f(x) &= \frac{1}{2n\pi}\int_0^\pi (f(x+t)+f(x-t)-2f(x))\left(\frac{\sin(nt/2)}{\sin(t/2)}\right)^2\mathrm{d}t \\
&\doteq \frac{1}{2n\pi}\int_0^\pi \varphi_x(t)\left(\frac{\sin(nt/2)}{\sin(t/2)}\right)^2\mathrm{d}t.
\end{aligned}
$$

由于 $f(x)$ 在 $\mathbf{R}$ 上是一个连续函数, 所以在 $[-\pi,\pi]$ 上一致连续, 因此对于给定的 $\epsilon > 0$, 存在 $\delta \in (0,\pi)$, 当 $0 \leqslant t < \delta$ 时,

$$
|f(x+t) - f(x)| < \frac{\epsilon}{2}, \quad |f(x-t) - f(x)| < \frac{\epsilon}{2}
$$

对所有的 $x \in [-\pi,\pi]$ 成立.

因而 $\varphi_x(t) < \epsilon$ 对所有的 $x \in [-\pi,\pi]$ 成立. 记

$$
I_1 = \frac{1}{2n\pi}\int_0^\delta \varphi_x(t)\left(\frac{\sin(nt/2)}{\sin(t/2)}\right)^2\mathrm{d}t,
$$

$$
I_2 = \frac{1}{2n\pi}\int_\delta^\pi \varphi_x(t)\left(\frac{\sin(nt/2)}{\sin(t/2)}\right)^2\mathrm{d}t.
$$

则

$$|I_1| \leqslant \frac{\epsilon}{2n\pi}\int_0^{\pi}\left(\frac{\sin(nt/2)}{\sin(t/2)}\right)^2 \mathrm{d}t = \frac{\epsilon}{2}.$$

另一方面, 存在 $M>0$ 使得 $|f(x)|\leqslant M$, 于是 $|\varphi_x(t)|\leqslant 4M$. 因此

$$|I_2| \leqslant \frac{1}{2n\pi}\int_{\delta}^{\pi}|\varphi_x(t)|\left(\frac{1}{\sin(t/2)}\right)^2 \mathrm{d}t \leqslant \frac{2M}{n\sin^2\left(\dfrac{\delta}{2}\right)},$$

从而当 $n > \dfrac{4M}{\epsilon\sin^2\left(\dfrac{\delta}{2}\right)}$ 时,

$$|\sigma_n(x)-f(x)| \leqslant |I_1|+|I_2| < \epsilon,$$

即 $\sigma_n(x)$ 一致逼近 $f(x)$. 注意到 $\sigma_n(x)$ 是一个 $n-1$ 次三角多项式, 定理由此得证. #

定理 2.10 $f(x)$ 的傅里叶级数依范数收敛到 $f(x)$.

证明 假设 $f(x)\in L^2[-\pi,\pi]$, 对任意的 $\epsilon>0$, 存在连续函数 $h(x)$, 使得

$$||f(x)-h(x)||_{L^2} < \frac{\epsilon}{2}.$$

另一方面, 对于连续函数 $h(x)$, 存在三角多项式函数 $g(x)$, 使得

$$||h(x)-g(x)||_{L^2} < \frac{\epsilon}{2}.$$

从而

$$||f(x)-g(x)||_{L^2} < \epsilon. \tag{2.14}$$

设 $g_n(x)$ 是 $g(x)$ 的傅里叶级数的部分和, 则 $g_n(x)$ 一致收敛到 $g(x)$, 即存在 n_0, 当 $n>n_0$ 时, 对任意的 $x\in[-\pi,\pi]$, 都有 $|g_n(x)-g(x)| < \dfrac{\epsilon}{\sqrt{2\pi}}$, 于是

$$||g_n(x)-g(x)||_{L^2}^2 \leqslant \int_{-\pi}^{\pi}\frac{\epsilon^2}{2\pi}\mathrm{d}t = \epsilon^2,$$

因此当 $n>n_0$ 时,

$$||f-g_n|| = ||f-g+g-g_n|| \leqslant ||f-g||+||g-g_n|| < 2\epsilon.$$

由于 $f_n(x)$ 是 $f(x)$ 在空间 V_n 的正交投影, 所以 $||f-f_n||\leqslant||f-g_n||<2\epsilon$, 即 $f_n(x)$ 依范数收敛到 $f(x)$. #

在信号分析中, 信号都蕴含能量, 这个能量通常用函数的 L^2 范数的平方表示. 当一个信号分解成傅里叶级数形式之后, 由能量守恒原理, 分解后级数的各个频率的能量之和应该和原信号能量相同, 这就是著名的 Parseval 等式.

定理 2.11 Parseval 等式的实数形式: 设

$$f(x)=a_0+\sum_{k=1}^{\infty}a_k\cos(kx)+b_k\sin(kx)\in L^2[-\pi,\pi],$$

则

$$\frac{1}{\pi}\int_{-\pi}^{\pi}|f(x)|^2\mathrm{d}x=2|a_0|^2+\sum_{k=1}^{\infty}|a_k|^2+|b_k|^2. \tag{2.15}$$

定理 2.12 Parseval 等式的复数形式: 设

$$f(x)=\sum_{k=-\infty}^{\infty}\alpha_k\mathrm{e}^{\mathrm{i}kx}\in L^2[-\pi,\pi],$$

则

$$\frac{1}{2\pi}\int_{-\pi}^{\pi}|f(x)|^2\mathrm{d}x=\sum_{k=-\infty}^{\infty}|\alpha_k|^2. \tag{2.16}$$

进一步地, 对于 $L^2[-\pi,\pi]$ 空间上的函数 $f(x)$ 和 $g(x)$, 其傅里叶级数的系数分别是 α_k 和 β_k, 则

$$\frac{1}{2\pi}\int_{-\pi}^{\pi}f(x)\overline{g(x)}\mathrm{d}x=\sum_{k=-\infty}^{\infty}\alpha_k\overline{\beta_k}. \tag{2.17}$$

证明 我们这里只证明复数形式, 实数形式完全类似. 令

$$f_N(x)=\sum_{k=-N}^{N}\alpha_k\mathrm{e}^{\mathrm{i}kx},$$

$$g_N(x)=\sum_{k=-N}^{N}\beta_k\mathrm{e}^{\mathrm{i}kx},$$

分别是 $f(x)$ 和 $g(x)$ 的傅里叶级数的部分和, 则

$$\langle f_N(x),g_N(x)\rangle=\left\langle\sum_{k=-N}^{N}\alpha_k\mathrm{e}^{\mathrm{i}kx},\sum_{k=-N}^{N}\beta_k\mathrm{e}^{\mathrm{i}kx}\right\rangle=2\pi\sum_{k=-N}^{N}\alpha_k\overline{\beta_k}.$$

另一方面,

$$|\langle f,g\rangle-\langle f_N,g_N\rangle|=|(\langle f,g\rangle-\langle f,g_N\rangle)+(\langle f,g_N\rangle-\langle f_N,g_N\rangle)|$$

$$
\begin{aligned}
&= |\langle f, g - g_N \rangle + \langle f - f_N, g_N \rangle| \\
&\leqslant ||f|| ||g - g_N|| + ||f - f_N|| ||g_N||.
\end{aligned}
$$

由定理 2.10, 当 N 趋向无穷的时候, 有 $||f_N(x) - f(x)||_{L^2} \to 0$, $||g_N(x) - g(x)||_{L^2} \to 0$. 从而当 $N \to \infty$ 时, 上述不等式的右边收敛到 0. 定理得证. #

例 2.6 设函数 $f(x)$ 为例 2.3 中偶延拓的函数, 其傅里叶级数为

$$
F(x) = \frac{\pi}{2} - 4\sum_{k=0}^{\infty} \frac{1}{(2k+1)^2\pi} \cos(2k+1)x.
$$

由于 $f(x)$ 在 $x = 0$ 处连续且左右可导, 所以 $F(0) = f(0)$, 从而可得

$$
\sum_{k=0}^{\infty} \frac{1}{(2k+1)^2} = \frac{\pi^2}{8}.
$$

再利用 Parseval 等式得

$$
\frac{\pi^2}{2} + \frac{16}{\pi^2}\sum_{k=0}^{\infty} \frac{1}{(2k+1)^4} = \frac{1}{\pi}\int_{-\pi}^{\pi} |f(x)|^2 \, \mathrm{d}x = \frac{2\pi^2}{3},
$$

因而

$$
\sum_{k=0}^{\infty} \frac{1}{(2k+1)^4} = \frac{\pi^4}{96}.
$$

2.4 傅里叶级数的进一步认识

这一节我们从信号处理的角度来重新审视傅里叶级数. 傅里叶级数就是将一个函数表示成一些不同频率的谐波的和, 如图 2.8 所示. 另一方面, 傅里叶级数也可以看成从 L^2 空间到 l^2 空间的变换: 输入一个函数 $f(t)$, 输出这个函数对应的傅里叶系数的序列 $\{\alpha_k\}$. 这个变换的意义是什么呢? 为了初步回答这个问题, 我们首先介绍本书接下来会经常面对的对象——信号与信息.

信号是表示消息的物理量, 是运载消息的工具, 是消息的载体. 从广义上讲, 它包含光信号、声信号和电信号等. 例如, 古代人利用点燃烽火而产生的滚滚狼烟, 向远方军队传递敌人入侵的消息, 这属于光信号; 当我们说话时, 声波传递到他人的耳朵, 使他人了解我们的意图, 这属于声信号; 遨游太空的各种无线电波、四通八达的电话网中的电流等, 都可以用来向远方表达各种消息, 这属于电信号.

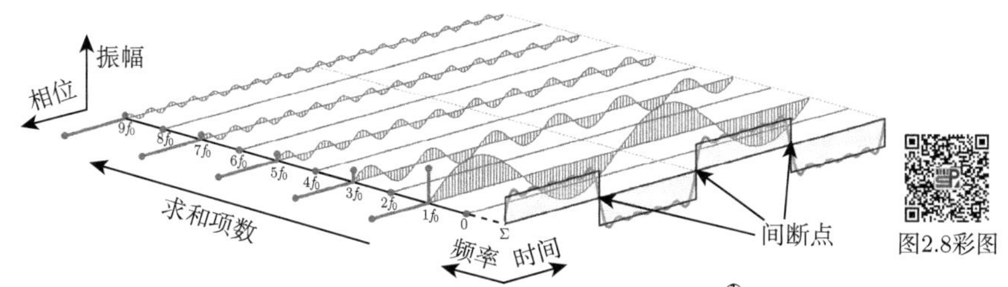

图 2.8 傅里叶级数示意图, 黑色曲线表示给定的函数, 蓝色曲线[①]分别是该函数不同频率的分解, 其系数显示在另外一个平面上

信息是对一个物理系统状态或特性的描述. 著名科学家香农 (Shannon) 认为"信息是用来消除随机不确定性的东西", 而控制论创始人维纳 (Wiener) 认为"信息是人们在适应外部世界, 并使这种适应反作用于外部世界的过程中, 同外部世界进行互相交换的内容的名称". 从数学上讲, 信号定义为一个或多个独立变量的函数, 该函数含有物理系统的信息或表示物理系统状态或行为. 人们通过对光、声、电信号进行接收, 才知道对方要表达的消息, 这就是信息. 所以, 信号分析与处理的一个根本任务是提取信息.

傅里叶级数和提取信息有什么关系呢? 从数学上看, 我们可以认为信号就是一个函数. 一旦我们知道这个函数 $f(t)$, 那么这个信号所包含的所有的信息都应该知道. 然而, 即使我们知道一个函数在每一个点的值, 并不等于我们了解这个函数. 比如我们看下面这个例子. 为了直观了解一个函数, 我们给出这个函数的图像, 如图 2.9 所示. 从这个图像中我们应该很难看出这个函数包含什么信息. 但是如果我们看右边的四个图像, 则很容易知道每一个图像都表示某个三角函数. 而事实上, 图 2.9 中左边的信号就是右边的四个信号的和. 虽然这两个图中的信号包含的信息完全一样, 但是对我们而言, 表示成右图的形式更加有利于提取相应的信息.

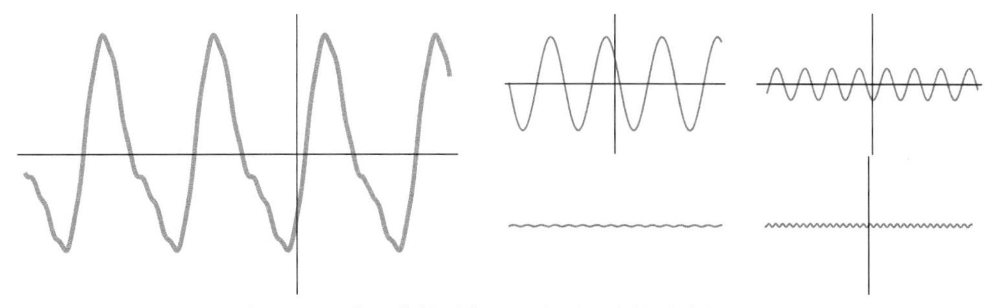

图 2.9 一个函数的图像以及它所对应的谐波的展开

① 扫描二维码查看彩图.

傅里叶级数理论告诉我们, 任意给定一个周期函数, 在 L^2 范数意义下, 可以表示成一系列正弦和余弦函数的和. 因此, 如图 2.10 所示, 给定一个固定区间 $[-T,T]$ 上的一个函数 (信号)$f(x)$, 首先我们对这个信号进行周期延拓, 就可以得到一个周期为 $2T$ 的函数 $f_T(x)$. 由傅里叶级数理论, $f_T(x)$ 可以分解成一些谐波的和, 即

$$f_T(x)=\sum_{k\in\mathbf{Z}}\alpha_k \mathrm{e}^{\mathrm{i}\frac{k\pi x}{T}},$$

其中第 k 个谐波对应的系数 $\alpha_k=\frac{1}{2T}\int f(x)\mathrm{e}^{-\mathrm{i}\frac{k\pi x}{T}}\mathrm{d}x$. $\{\alpha_k\}$ 包含了原始信号的所有信息. 虽然, 信号本身和系数序列 $\{\alpha_k\}$ 包含的信息是完全一样的, 但是原本隐藏在函数中的一些信息可以通过系数序列得到. 比如, 系数 α_k 是复数, 也可以用振幅和相位来表示这个系数. 一般来说, 振幅反映了该信号和第 k 个谐波的相似性, 这是直接从原始信号没有办法得到的信息.

然而, 傅里叶级数有两个弊端, 一个是它只能处理周期信号, 另外一个是它将一个连续的量变成了一个离散的序列. 这两个弊端可以在下一章用类似的方法克服.

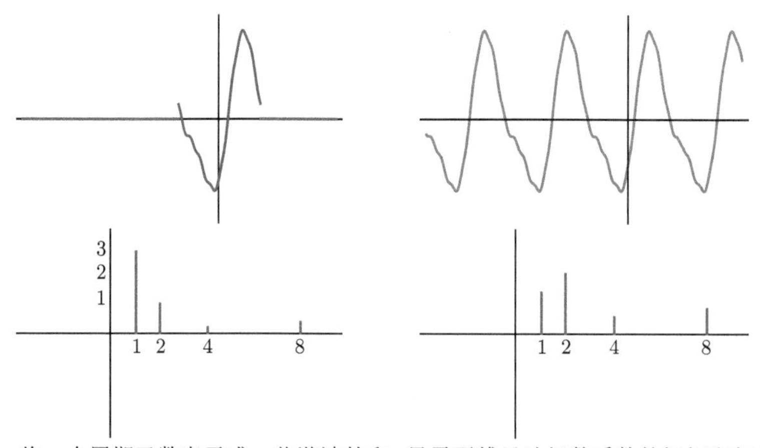

图 2.10　将一个周期函数表示成一些谐波的和, 只需要傅里叶级数系数的振幅和相位就可以在范数意义下恢复原始函数. 从而, 傅里叶级数可以看出从 L^2 空间到 l^2 空间的变换

习　题　2

1. 试证明引理 2.1.
2. 试证明引理 2.2.
3. 试证明定理 2.3.

4. 如果 $f(t)$ 是一个实函数, 它的复的傅里叶级数的系数为 α_k, 它的实的傅里叶级数的系数是 a_k, b_k, 试证明

$$\alpha_0 = a_0, \tag{2.18}$$

$$\alpha_k = \frac{1}{2}(a_k - \mathrm{i}b_k). \tag{2.19}$$

5. 函数 $f(x)$ 定义如下:

$$f(x) = \begin{cases} x, & 0 \leqslant x \leqslant \dfrac{\pi}{2}, \\ \pi - x, & \dfrac{\pi}{2} \leqslant x \leqslant \pi. \end{cases}$$

将 $f(x)$ 偶延拓到 $[-\pi, 0]$ 上并可展成一个周期为 2π 的周期函数就可以得到锯齿波, 试计算锯齿波的傅里叶级数展开.

6. 求解下面的热力学方程:

$$u_t(x,t) = u_{xx}(x,t), \quad t > 0, 0 \leqslant x \leqslant 1,$$

$$u(x,0) = x - x^2, \quad 0 \leqslant x \leqslant 1,$$

$$u(0,t) = 0, \quad u(1,t) = 0.$$

7. 求解下面的热力学方程:

$$u_t(x,t) = u_{xx}(x,t), \quad t > 0, 0 \leqslant x \leqslant 1,$$

$$u(x,0) = 2 - x^2, \quad 0 \leqslant x \leqslant 1,$$

$$u(0,t) = 2, \quad u(1,t) = 1.$$

8. 设函数 $f(x)$ 在 $[-\pi, \pi]$ 上有界可积, 其傅里叶级数的系数为 a_n, b_n, 则级数

$$\frac{a_0^2}{2} + \sum_{i=1}^{\infty}(a_n^2 + b_n^2)$$

收敛, 且

$$\frac{a_0^2}{2} + \sum_{i=1}^{\infty}(a_n^2 + b_n^2) \leqslant \frac{1}{\pi}\int_{\mathbf{R}} f^2(x)\mathrm{d}x.$$

9. 证明

$$\int_0^{\pi} \frac{\sin\left(n + \dfrac{1}{2}\right)t}{2\sin\dfrac{t}{2}}\mathrm{d}t = \frac{\pi}{2}, \tag{2.20}$$

并利用它证明

$$\int_0^{\infty} \frac{\sin(x)}{x}\mathrm{d}x = \frac{\pi}{2}.$$

10. 证明:

$$\int_0^{\pi} \left(\frac{\sin(nt/2)}{\sin(t/2)} \right)^2 \mathrm{d}t = n\pi.$$

11. 针对例 2.3 中的函数, 分析其傅里叶级数在间断点的 Gibbs 现象.
12. 证明定理 2.7.
13. 证明: 如果 $f(x)$ 在区间 $[-\pi, \pi]$ 上二阶可微, 则它的傅里叶级数一致收敛到它本身.
14. 证明定理 2.8.

第 3 章　傅里叶变换

CHAPTER

这一章详细讨论傅里叶变换和傅里叶逆变换. 第 2 章介绍的傅里叶级数可以看成将一个函数变成傅里叶系数的变换, 而傅里叶变换可以看成傅里叶级数的连续形式, 它将一个函数分解成频率 λ 的函数, 这里 λ 可以是任意实数, 甚至是复数. 傅里叶变换本身具有很重要的意义, 而且对后续小波变换的理解也非常重要.

3.1　从傅里叶级数到傅里叶变换

傅里叶级数展开要求函数 $f(x)$ 是一个周期函数. 然而, 在实际应用中信号一般都不是周期函数. 对于一个非周期函数 $f(x)$, 通常会选择一个有限闭区间, 然后将 $f(x)$ 限制在该区间上并周期延拓到整个实数轴上. 但是, 该如何选择这样的闭区间呢? 这个闭区间的选择对傅里叶级数的展开有什么影响呢? 为了回答这些问题, 我们先看一个简单的例子.

例 3.1　设

$$f(x)=\begin{cases}1, & -1<x<1,\\ 0, & \text{其他}.\end{cases}$$

由于 $f(x)$ 不是周期函数, 对任意的 $T\geqslant 1$, 将 $f(x)$ 限制在区间 $[-T,T]$ 上并延拓成周期是 $2T$ 的函数 $f_T(x)$, 其中在区间 $[-T,T]$ 上,

$$f_T(x)=\begin{cases}1, & -1<x<1,\\ 0, & [-T,-1]\cup[1,T].\end{cases}$$

易算得 $f_T(x)$ 展开成傅里叶级数的系数

$$\begin{aligned}c_n^T&=\frac{1}{2T}\int_{-1}^{1}\mathrm{e}^{-\mathrm{i}w_n^T x}\mathrm{d}x\\&=\frac{1}{T}\frac{\sin(w_n^T)}{w_n^T},\end{aligned}$$

这里 $w_n^T=\dfrac{n\pi}{T}$, $c_0^T=\dfrac{1}{T}$. 很难从上面的计算结果中看出特别的规律. 但是对不同的 T, 如果考察点列 $\left\{\left(n\dfrac{\pi}{T},c_n^T\dfrac{T}{\pi}\right)\right\}$ 应该就可以看出一些规律.

图 3.1 和图 3.2 分别显示了 $T=4$, $T=8$, $T=16$ 和 $T=32$, $T=64$, $T=256$ 时点列 $\left\{\left(n\frac{\pi}{T}, c_n^T\frac{T}{\pi}\right)\right\}$ 的图像. 我们可以很容易发现, 虽然 $f_T(x)$ 对于不同的周期 T 不一样, 但是这些函数展开成傅里叶级数后的系数形成的图像却几乎一样. 注意到, 令一个周期函数的周期趋向无穷时, 这个函数就会趋向一个非周期函数, 即当 T 趋向无穷时, $f_T(x)$ 就趋向 $f(x)$. 因此, 研究周期是无穷的傅里叶级数的系数应该可以给出傅里叶级数内蕴的一些性质.

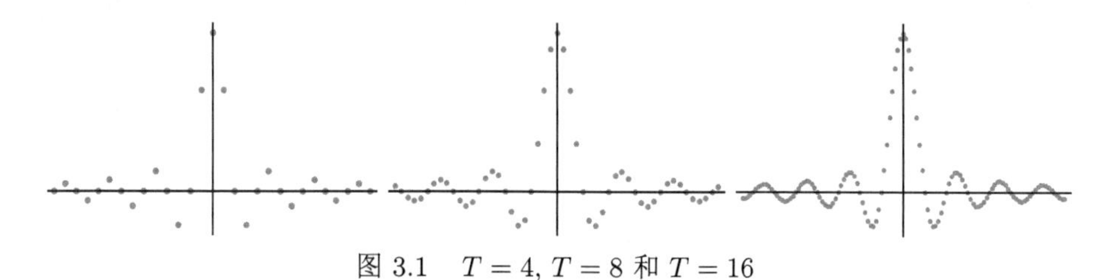

图 3.1　$T=4, T=8$ 和 $T=16$

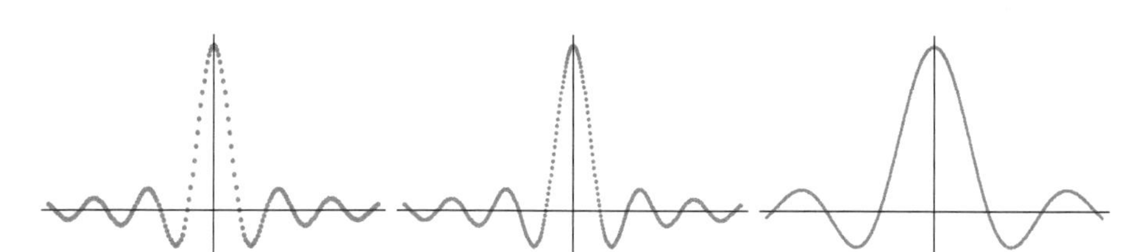

图 3.2　$T=32, T=64$ 和 $T=256$

现在从傅里叶级数出发, 让函数的周期 T 趋向无穷, 我们看看会发生什么. 假设给定一个周期为 $2T$ 的周期函数 $f(x)$, 则 $f(x)$ 可以展开成如下的傅里叶级数形式:

$$f(x)=\sum_{k=-\infty}^{+\infty}\alpha_k \mathrm{e}^{\mathrm{i}\frac{k\pi x}{T}}.$$

其中

$$\alpha_k=\frac{1}{2T}\int_{-T}^{T}f(t)\mathrm{e}^{-\mathrm{i}\frac{k\pi t}{T}}\mathrm{d}t.$$

将 α_k 代入傅里叶级数中并令 T 趋向无穷, 可得

$$\begin{aligned}f(x)&=\lim_{T\to\infty}\left[\sum_{k=-\infty}^{+\infty}\left(\frac{1}{2T}\int_{-T}^{T}f(t)\mathrm{e}^{-\mathrm{i}\frac{k\pi t}{T}}\mathrm{d}t\right)\mathrm{e}^{\mathrm{i}\frac{k\pi x}{T}}\right]\\&=\lim_{T\to\infty}\left[\sum_{k=-\infty}^{+\infty}\frac{1}{2T}\int_{-T}^{T}f(t)\mathrm{e}^{\mathrm{i}\frac{k\pi(x-t)}{T}}\mathrm{d}t\right].\end{aligned}$$

我们将右边的和式写成积分的 Riemann 和的形式. 令 $\lambda_k = \dfrac{k\pi}{T}$, $\Delta\lambda = \lambda_{k+1} - \lambda_k = \dfrac{\pi}{T}$, 则有

$$f(x) = \lim_{T\to\infty}\left[\sum_{k=-\infty}^{+\infty}\frac{1}{2\pi}\int_{-T}^{T} f(t)\mathrm{e}^{\mathrm{i}\frac{k\pi(x-t)}{T}}\mathrm{d}t\right]\Delta\lambda.$$

令

$$F_T(\lambda) = \sum_{k=-\infty}^{+\infty}\frac{1}{2\pi}\int_{-T}^{T} f(t)\mathrm{e}^{\mathrm{i}\frac{k\pi(x-t)}{T}}\mathrm{d}t,$$

则

$$f(x) = \lim_{T\to\infty} F_T(\lambda)\Delta\lambda = \lim_{T\to\infty}\int_{-\infty}^{+\infty} F_T(\lambda)\mathrm{d}\lambda.$$

另一方面, 当 $T\to\infty$, $F_T(\lambda)$ 即为积分 $\dfrac{1}{2\pi}\displaystyle\int_{-\infty}^{+\infty} f(t)\mathrm{e}^{\mathrm{i}\frac{k\pi(x-t)}{T}}\mathrm{d}t$, 因此有

$$f(x) = \frac{1}{2\pi}\int_{-\infty}^{+\infty}\int_{-\infty}^{+\infty} f(t)\mathrm{e}^{\mathrm{i}\lambda(x-t)}\mathrm{d}t\mathrm{d}\lambda. \tag{3.1}$$

记

$$\hat{f}(\lambda) = \frac{1}{\sqrt{2\pi}}\int_{-\infty}^{+\infty} f(t)\mathrm{e}^{-\mathrm{i}\lambda t}\mathrm{d}t, \tag{3.2}$$

则

$$f(x) = \frac{1}{\sqrt{2\pi}}\int_{-\infty}^{+\infty}\hat{f}(\lambda)\mathrm{e}^{\mathrm{i}\lambda x}\mathrm{d}\lambda. \tag{3.3}$$

称(3.2)式为函数 $f(x)$ 的傅里叶变换, (3.3)式为 $\hat{f}(\lambda)$ 的傅里叶逆变换. 在本书中, 我们常用一个新的记号 $\mathfrak{F}[f](\lambda)$ 来表示傅里叶变换 $\hat{f}(\lambda)$. 傅里叶逆变换则表示为 $\mathfrak{F}^{-1}[\hat{f}](x)$. 图 3.3 给出了一个傅里叶变换的例子.

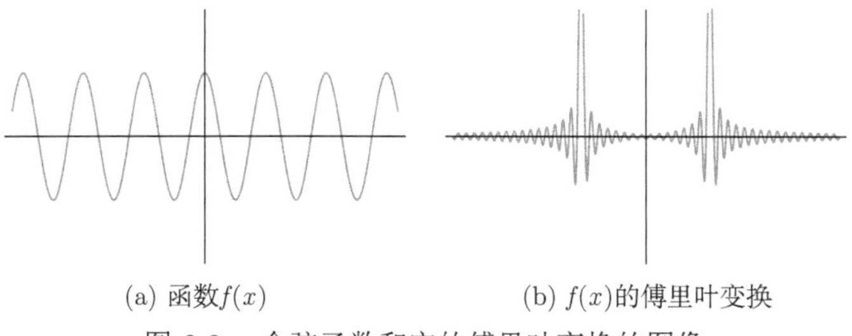

(a) 函数$f(x)$ (b) $f(x)$的傅里叶变换

图 3.3 余弦函数和它的傅里叶变换的图像

傅里叶变换具有非常明确的几何意义. 假设 $f(t)$ 是一个实值函数, 固定 λ, 记

$$x_\lambda(t)=\frac{1}{\sqrt{2\pi}}f(t)\cos\lambda t,\quad y_\lambda(t)=\frac{1}{\sqrt{2\pi}}f(t)\sin\lambda t,$$

则 $(x_\lambda(t),y_\lambda(t))$ 表示关于参数 t 的一条参数曲线. 注意到傅里叶变换可以写成

$$\begin{aligned}\hat{f}(\lambda)&=\frac{1}{\sqrt{2\pi}}\int_{-\infty}^{+\infty}f(t)\cos\lambda t\mathrm{d}t-\mathrm{i}\frac{1}{\sqrt{2\pi}}\int_{-\infty}^{+\infty}f(t)\sin\lambda t\mathrm{d}t\\&=\int_{-\infty}^{+\infty}x_{-\lambda}(t)\mathrm{d}t+\mathrm{i}\int_{-\infty}^{+\infty}y_{-\lambda}(t)\mathrm{d}t.\end{aligned}$$

因此傅里叶变换的实部和虚部正比于参数曲线 $(x_{-\lambda}(t),y_{-\lambda}(t))$ 围成区域的重心坐标 (x,y). 为了进一步说明这个想法, 这里给出一个例子. 对图 3.3 中的函数

$$f(x)=\begin{cases}\cos x, & -100\leqslant x\leqslant 100,\\ 0, & \text{其他}.\end{cases}$$

它对应的参数曲线在 $\lambda=3$, $\lambda=0.5$, $\lambda=0.33$, $\lambda=1$ 时的图像如图 3.4(a)~(d) 所示. 这些图像的中心坐标对应了傅里叶变换的实部与虚部. 可以看出, 在 $\lambda=1$ 时, 对应图像的重心离原点的距离最大, 即傅里叶变换的模在 $\lambda=1$ 时最大.

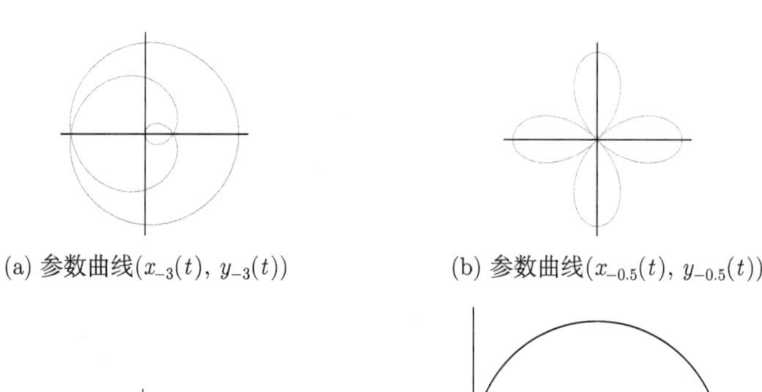

(a) 参数曲线$(x_{-3}(t),\ y_{-3}(t))$　　(b) 参数曲线$(x_{-0.5}(t),\ y_{-0.5}(t))$

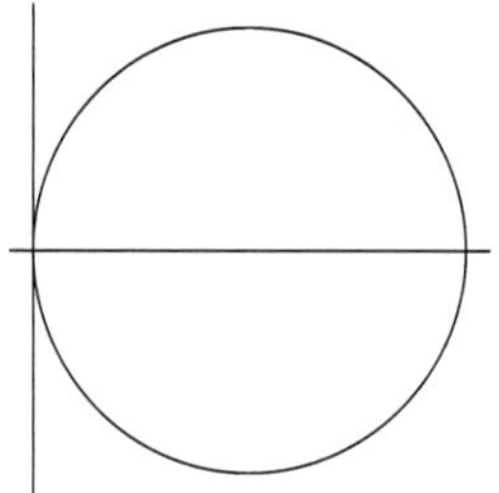

(c) 参数曲线$(x_{-0.33}(t),\ y_{-0.33}(t))$　　(d) 参数曲线$(x_{-1}(t),\ y_{-1}(t))$

图 3.4　余弦函数和对应参数曲线在 $\lambda=3$, $\lambda=0.5$, $\lambda=0.33$, $\lambda=1$ 的图像

下面给出一些傅里叶变换的例子.

例 3.2　计算图 3.5 所示的矩形波的傅里叶变换:

$$r_\pi(x)=\begin{cases}1, & -\pi\leqslant x\leqslant\pi,\\ 0, & \text{其他}.\end{cases}$$

解

$$\begin{aligned}\hat{r}_{\pi}(\lambda) &= \frac{1}{\sqrt{2\pi}}\int_{-\infty}^{+\infty} f(x)\mathrm{e}^{-\mathrm{i}\lambda x}\mathrm{d}x \\ &= \frac{1}{\sqrt{2\pi}}\int_{-\pi}^{\pi} \cos\lambda x\mathrm{d}x \\ &= \frac{\sqrt{2}\sin\lambda\pi}{\sqrt{\pi}\lambda}.\end{aligned}$$

傅里叶变换图像如图 3.5 所示. 如前述, 傅里叶变换 $\hat{f}(\lambda)$ 表示了频率 λ 的分量. 在这个例子中, $f(x)$ 是分段常值函数, 而常值函数的频率是 0, 因此 $\hat{f}(\lambda)$ 的最大值出现在 $\lambda=0$ 处.

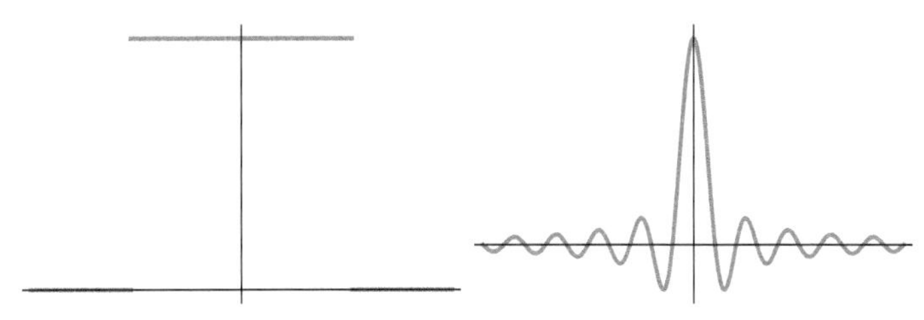

图 3.5 矩形波和它的傅里叶变换的图像

例 3.3 计算

$$f(x)=\begin{cases}\cos 2x, & -\pi\leqslant x\leqslant\pi, \\ 0, & \text{其他}\end{cases}$$

的傅里叶变换.

解

$$\begin{aligned}\hat{f}(\lambda) &= \frac{1}{\sqrt{2\pi}}\int_{-\infty}^{+\infty} f(x)\mathrm{e}^{-\mathrm{i}\lambda x}\mathrm{d}x \\ &= \frac{1}{\sqrt{2\pi}}\int_{-\pi}^{\pi} \cos 2x\cos\lambda x\mathrm{d}x \\ &= \frac{1}{2\sqrt{2\pi}}\left(\int_{-\pi}^{\pi}\cos(2-\lambda)x\mathrm{d}x+\int_{-\pi}^{\pi}\cos(2+\lambda)x\mathrm{d}x\right) \\ &= -\frac{\sqrt{2}\lambda\sin\lambda\pi}{\sqrt{\pi}(4-\lambda^2)}.\end{aligned}$$

傅里叶变换的图像如图 3.6 所示.

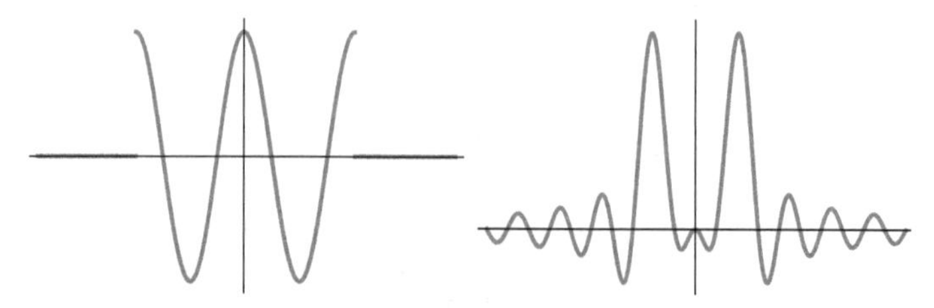

图 3.6　分段余弦函数和它的傅里叶变换的图像

例 3.4　计算

$$f(x)=\begin{cases}\sin 2x, & -\pi\leqslant x\leqslant \pi,\\ 0, & \text{其他}\end{cases}$$

的傅里叶变换.

解

$$\begin{aligned}\hat{f}(\lambda)&=\frac{1}{\sqrt{2\pi}}\int_{-\infty}^{+\infty}f(x)\mathrm{e}^{-\mathrm{i}\lambda x}\mathrm{d}x\\&=\frac{1}{\sqrt{2\pi}}\int_{-\pi}^{+\pi}\mathrm{i}\sin 2x\sin\lambda x\mathrm{d}x\\&=\frac{2\sqrt{2}\mathrm{i}\sin\lambda\pi}{\sqrt{\pi}(4-\lambda^2)}.\end{aligned}$$

注意这里傅里叶变换是一个纯虚数, 因此绘制的图像是这个纯虚数乘以 i 得到的图像, 如图 3.7 所示.

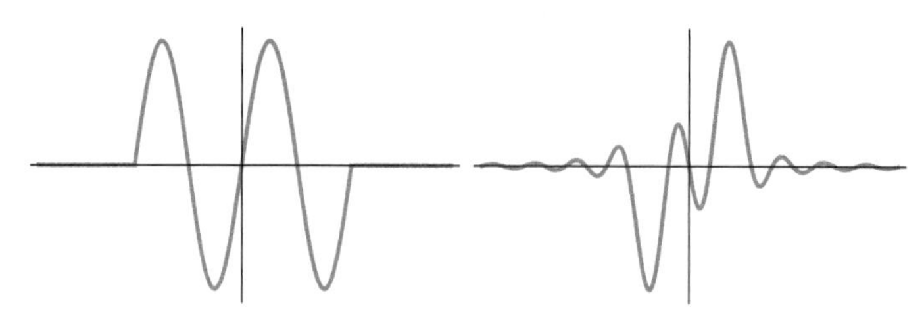

图 3.7　分段正弦函数和它的傅里叶变换的图像

在上面两个例子中, $f(x)$ 是分段余弦 (正弦) 函数, 它们的频率是 2, 因此 $\hat{f}(\lambda)$ 的最大值出现在 $\lambda=2,-2$ 附近.

例 3.5　计算图 3.8 给出的三角波函数的傅里叶变换:

$$f(x)=\begin{cases}x+\pi, & -\pi\leqslant x\leqslant 0,\\ \pi-x, & 0<x\leqslant\pi,\\ 0, & \text{其他}.\end{cases}$$

解

$$
\begin{aligned}
\hat{f}(\lambda) &= \frac{1}{\sqrt{2\pi}}\int_{-\infty}^{+\infty} f(x)\mathrm{e}^{-\mathrm{i}\lambda x}\mathrm{d}x \\
&= \frac{2}{\sqrt{2\pi}}\int_0^{\pi}(\pi - x)\cos(\lambda x)\mathrm{d}x \\
&= \frac{2}{\sqrt{2\pi}}\frac{1}{\lambda}(\pi - x)\sin(\lambda x)\Big|_0^{\pi} + \frac{2}{\lambda\sqrt{2\pi}}\int_0^{\pi}\sin(\lambda x)\mathrm{d}x \\
&= \frac{2}{\sqrt{2\pi}}\frac{1}{\lambda}(\pi - x)\sin\lambda x.
\end{aligned}
$$

傅里叶变换的图像如图 3.8 所示. 注意到, 在这个例子中, $f(x)$ 是一个连续函数, 它所对应的傅里叶变换 $\hat{f}(\lambda)$ 会更快地趋向零.

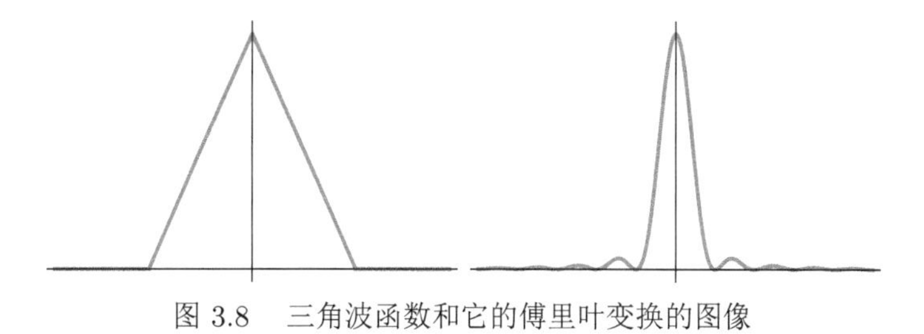

图 3.8 三角波函数和它的傅里叶变换的图像

例 3.6 计算

$$
f(x) = \begin{cases} 1 - x^2, & x \in [-1, 1], \\ 0, & \text{其他} \end{cases}
$$

的傅里叶变换.

解

$$
\begin{aligned}
\hat{f}(\lambda) &= \frac{1}{\sqrt{2\pi}}\int_{-1}^{1}(1 - x^2)\mathrm{e}^{-\mathrm{i}\lambda x}\mathrm{d}x \\
&= \frac{1}{\sqrt{2\pi}}\left(\frac{\mathrm{e}^{-\mathrm{i}\lambda x}}{-\mathrm{i}\lambda}(1 - x^2)\Big|_{x=-1}^{1} - \frac{2}{\mathrm{i}\lambda}\int_{-1}^{1} x\mathrm{e}^{-\mathrm{i}\lambda x}\mathrm{d}x\right) \\
&= -\frac{1}{\sqrt{2\pi}}\frac{2}{\mathrm{i}\lambda}\left(\frac{\mathrm{e}^{-\mathrm{i}\lambda x}}{-\mathrm{i}\lambda}x\Big|_{x=-1}^{1} + \frac{1}{\mathrm{i}\lambda}\int_{-1}^{1}\mathrm{e}^{-\mathrm{i}\lambda x}\mathrm{d}x\right) \\
&= -\frac{1}{\sqrt{2\pi}}\frac{2}{\mathrm{i}\lambda}\left(\frac{\mathrm{e}^{-\mathrm{i}\lambda x}}{-\mathrm{i}\lambda}\left(x + \frac{1}{\mathrm{i}\lambda}\right)\Big|_{x=-1}^{1}\right)
\end{aligned}
$$

$$= -\frac{1}{\sqrt{2\pi}}\frac{2}{\mathrm{i}\lambda}\left(\frac{\mathrm{e}^{-\mathrm{i}\lambda}\left(1+\dfrac{1}{\mathrm{i}\lambda}\right)-\mathrm{e}^{\mathrm{i}\lambda}\left(-1+\dfrac{1}{\mathrm{i}\lambda}\right)}{-\mathrm{i}\lambda}\right)$$

$$= -\frac{1}{\sqrt{2\pi}}\left(\frac{4\cos\lambda}{\lambda^2}-\frac{4\sin\lambda}{\lambda^3}\right).$$

傅里叶变换的图像如图 3.9 所示.

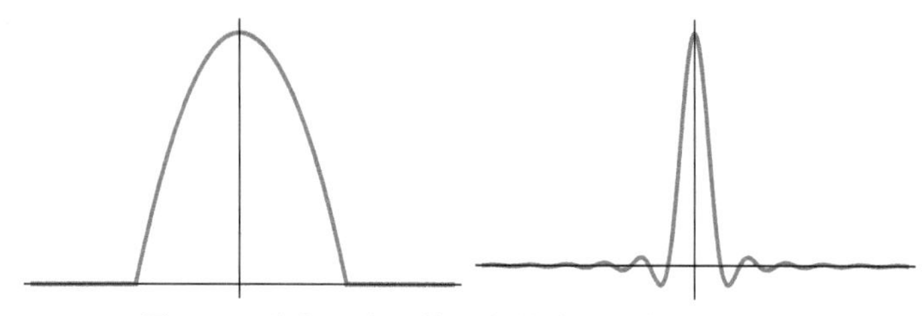

图 3.9　分段二次函数和它的傅里叶变换的图像

例 3.7　设 $a>0$, 计算 $f(x)=\begin{cases}\mathrm{e}^{-ax}, & x>0,\\ 0, & x\leqslant 0\end{cases}$ 的傅里叶变换.

解

$$\begin{aligned}\widehat{f}(\lambda) &= \frac{1}{\sqrt{2\pi}}\int_{\mathbf{R}} f(x)\mathrm{e}^{-\mathrm{i}\lambda x}\mathrm{d}x\\ &= \frac{1}{\sqrt{2\pi}}\int_0^{\infty}\mathrm{e}^{-(ax+\mathrm{i}\lambda x)}\mathrm{d}x\\ &= \frac{1}{\sqrt{2\pi}}\frac{\mathrm{e}^{-(ax+\mathrm{i}\lambda x)}}{-(a+\mathrm{i}\lambda)}\bigg|_0^{\infty}\\ &= \frac{1}{\sqrt{2\pi}(a+\mathrm{i}\lambda)} = \frac{1}{\sqrt{2\pi(a^2+\lambda^2)}}\mathrm{e}^{-\mathrm{i}\arctan\frac{\lambda}{a}}.\end{aligned}$$

傅里叶变换的振幅和相位的图像如图 3.10 所示.

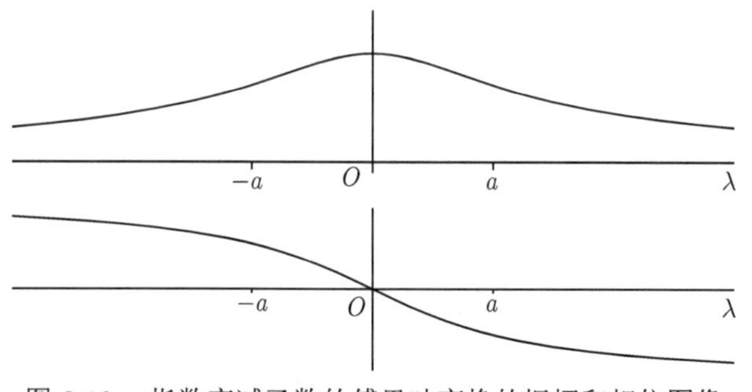

图 3.10　指数衰减函数的傅里叶变换的振幅和相位图像

例 3.8 计算 $g(x)=\mathrm{e}^{-ax^2}$ 的傅里叶变换.

解

$$\begin{aligned}
g(\lambda)&=\frac{1}{\sqrt{2\pi}}\int_{\mathbf{R}}\mathrm{e}^{-ax^2}\mathrm{e}^{-\mathrm{i}\lambda x}\mathrm{d}x\\
&=\frac{1}{\sqrt{2\pi}}\int_{\mathbf{R}}\mathrm{e}^{-\left(ax^2+\mathrm{i}\lambda x\right)}\mathrm{d}x\\
&=\frac{1}{\sqrt{2\pi}}\int_{\mathbf{R}}\mathrm{e}^{-a\left(x+\frac{\mathrm{i}\lambda}{2a}\right)^2-\frac{\lambda^2}{4a}}\mathrm{d}x\\
&=\frac{1}{\sqrt{2\pi}}\mathrm{e}^{-\frac{\lambda^2}{4a}}\int_{\mathbf{R}}\mathrm{e}^{-\left(\sqrt{a}x+\frac{\mathrm{i}\lambda}{2\sqrt{a}}\right)^2}\mathrm{d}x\\
&=\frac{1}{\sqrt{2\pi}}\mathrm{e}^{-\frac{\lambda^2}{4a}}\int_{\mathbf{R}}\mathrm{e}^{-x^2}\frac{1}{\sqrt{a}}\mathrm{d}x\\
&=\sqrt{\frac{2}{a\pi}}\mathrm{e}^{-\frac{\lambda^2}{4a}}\int_0^{\infty}\mathrm{e}^{-x^2}\mathrm{d}x\\
&=\frac{1}{\sqrt{2a}}\mathrm{e}^{-\frac{\lambda^2}{4a}}.
\end{aligned}$$

对于例 3.8, 我们有

$$\frac{1}{\sqrt{2a}}\mathrm{e}^{-\frac{\lambda^2}{4a}}=\mathfrak{F}[\mathrm{e}^{-ax^2}](\lambda)=\frac{1}{\sqrt{2\pi}}\int_{\mathbf{R}}\mathrm{e}^{-ax^2}\mathrm{e}^{-\mathrm{i}\lambda x}\mathrm{d}x,$$

从而, 如果记 $f(x)=\mathrm{e}^{-ax^2}$, 它的傅里叶变换为 $\hat{f}(\lambda)$, 则

$$\begin{aligned}
f(x)=\mathrm{e}^{-ax^2}&=\frac{\sqrt{2a}}{\sqrt{2\pi}}\int_{\mathbf{R}}\mathrm{e}^{-\frac{\lambda^2}{4a}}\mathrm{e}^{-\mathrm{i}\lambda x}\mathrm{d}\lambda\\
&=\frac{1}{\sqrt{2\pi}}\int_{\mathbf{R}}\frac{1}{\sqrt{2a}}\mathrm{e}^{-\frac{\lambda^2}{4a}}\mathrm{e}^{\mathrm{i}\lambda x}\mathrm{d}\lambda\\
&=\frac{1}{\sqrt{2\pi}}\int_{-\infty}^{\infty}\hat{f}(\lambda)\mathrm{e}^{\mathrm{i}\lambda x}\mathrm{d}\lambda.
\end{aligned}$$

即 $f(x)$ 可以表示成傅里叶变换 $\hat{f}(\lambda)$ 的积分形式. 上式不是巧合, 它对于一大类函数都是成立的, 这个式子称为傅里叶逆变换,

$$\mathfrak{F}^{-1}\left[\mathfrak{F}[f]\right]=f.$$

这个论述的严格描述可以概括为定理 3.1. 在给出定理之前, 我们先给出下面的引理.

引理 3.1　如果 $f(x)$ 连续且属于 $L^1(\mathbf{R})$, 则

$$\lim_{\alpha\to 0^+}\int_{\mathbf{R}} g_\alpha(x-t)f(t)\mathrm{d}t = f(x),$$

其中 $g_\alpha(u) = \dfrac{1}{\alpha\sqrt{\pi}}\mathrm{e}^{-\frac{u^2}{\alpha^2}}$, $\alpha > 0$.

证明　首先, $g_\alpha(u)$ 满足

$$\int_{\mathbf{R}} g_\alpha(u)\mathrm{d}u = 1,$$

而且

$$\begin{aligned} g_\alpha(u) &= \frac{1}{\alpha\sqrt{\pi}}\mathrm{e}^{-\frac{u^2}{\alpha^2}} \leqslant \frac{1}{\alpha\sqrt{\pi}}\frac{1}{1+\dfrac{u^2}{\alpha^2}} \\ &\leqslant \begin{cases} \dfrac{1}{\alpha\sqrt{\pi}}, \\ \dfrac{1}{\alpha\sqrt{\pi}}\dfrac{\alpha^2}{u^2} = \dfrac{\alpha}{\sqrt{\pi}u^2}, \end{cases} \end{aligned}$$

记 $C = \dfrac{1}{\sqrt{\pi}}$. 由于 f 连续, 所以对任意的 $\epsilon > 0$, 存在 $H > 0$, 使得对任意的 $0 < h < H$,

$$\frac{1}{2h}\int_{-h}^{h}|f(x-t) - f(x)|\mathrm{d}t \leqslant \frac{\epsilon}{24C}. \tag{3.4}$$

对上述的 H, 存在 $\delta > 0$, 使得

$$\frac{C\delta||f||_1}{H^2} + |f(x)|\int_{|t|\geqslant\frac{H}{\delta}}|g_1(t)|\mathrm{d}t < \frac{\epsilon}{2},$$

上式成立是因为 $\int_{\mathbf{R}}|g_1(t)|\mathrm{d}t = 1$, 从而 $\lim\limits_{T\to\infty}\int_{|t|\geqslant T} g_1(t)\mathrm{d}t = 0$.

下面证明当 $0 < \alpha < \delta$ 时, $\left|\int_{\mathbf{R}} g_\alpha(x-t)f(t)\mathrm{d}t - f(x)\right| < \epsilon$.

$$\begin{aligned} &\left|\int_{\mathbf{R}} g_\alpha(x-t)f(t)\mathrm{d}t - f(x)\right| \\ \leqslant &\left|\int_{\mathbf{R}} g_\alpha(t)(f(x-t) - f(x))\mathrm{d}t\right| \\ \leqslant &\int_{\mathbf{R}} g_\alpha(t)|f(x-t) - f(x)|\mathrm{d}t \end{aligned}$$

$$
\begin{aligned}
&= \int_{\Omega_1} g_\alpha(t)|f(x-t)-f(x)|\mathrm{d}t + \int_{\Omega_2} g_\alpha(t)|f(x-t)-f(x)|\mathrm{d}t \\
&\doteq I_1 + I_2,
\end{aligned}
$$

其中, $\Omega_1 = \{t||t| < H\}$, $\Omega_2 = \{t||t| \geqslant H\}$.

首先, 当 $|t| \geqslant H$ 时,

$$
\begin{aligned}
\int_{\Omega_2} |f(x-t)|g_\alpha(t)\mathrm{d}t &\leqslant \frac{C\alpha}{H^2}\int_{\Omega_2}|f(x-t)|\mathrm{d}t \\
&\leqslant \frac{C\alpha}{H^2}\int_{\mathbf{R}}|f(x-t)|\mathrm{d}t = \frac{C\alpha}{H^2}||f||_1.
\end{aligned}
$$

从而

$$
\begin{aligned}
I_2 &= \int_{\Omega_2} g_\alpha(t)|f(x-t)-f(x)|\mathrm{d}t \\
&\leqslant \int_{\Omega_2} g_\alpha(t)|f(x-t)|\mathrm{d}t + \int_{\Omega_2} g_\alpha(t)|f(x)|\mathrm{d}t \\
&\leqslant \frac{C\alpha}{H^2}||f||_1 + |f(x)|\int_{\Omega_2} g_\alpha(t)\mathrm{d}t \\
&\leqslant \frac{C\alpha}{H^2}||f||_1 + |f(x)|\int_{\{|t|\geqslant \frac{H}{\delta}\}} g_1(t)\mathrm{d}t < \frac{\epsilon}{2}.
\end{aligned}
$$

再证当 $0<\alpha<\delta$ 时, $I_1 < \dfrac{\epsilon}{2}$. 这里包含两种情况, 如果 $\alpha \geqslant H$, 则

$$
\begin{aligned}
I_1 = \int_{\Omega_1} g_\alpha(t)|f(x-t)-f(x)|\mathrm{d}t &\leqslant \frac{C}{\alpha}\int_{-H}^{H}|f(x-t)-f(x)|\mathrm{d}t \\
\leqslant \frac{C}{\alpha}\frac{2H\epsilon}{24C} \leqslant \frac{\epsilon}{12} < \frac{\epsilon}{2}.
\end{aligned}
$$

如果 $\alpha < H$, 则存在唯一的非负整数 K, 使得 $2^K \leqslant \dfrac{H}{\alpha} < 2^{K+1}$. 令

$$
E_k = \{t|2^{-k}H \leqslant |t| < 2^{-k+1}H\}, \quad k=1,\cdots,K,
$$

$$
E_{K+1} = \{t||t| < 2^{-K}H\},
$$

则

$$
(-H,H) = \bigcup_{k=1}^{K+1} E_k.
$$

因而

$$I_1=\sum_{k=1}^{K+1}\int_{E_k}g_\alpha(t)|f(x-t)-f(x)|\mathrm{d}t.$$

当 $t\in E_k$ 时, $2^{-k}H\leqslant|t|<2^{-k+1}H$, 所以 $g_\alpha(t)<\dfrac{C\alpha}{t^2}\leqslant\dfrac{C\alpha 2^{2k}}{H^2}$, $k=1,\cdots,K$.

当 $t\in E_{K+1}$ 时, $g_\alpha(t)<\dfrac{C}{\alpha}$. 故

$$\begin{aligned}I_1&\leqslant\frac{C\alpha}{H^2}\sum_{k=1}^{K}2^{2k}\int_{E_k}|f(x-t)-f(x)|\mathrm{d}t+\frac{C}{\alpha}\int_{E_{K+1}}|f(x-t)-f(x)|\mathrm{d}t\\&\leqslant\frac{C\alpha}{H^2}\sum_{k=1}^{K}2^{2k}\int_{\{|t|<2^{-k+1}H\}}|f(x-t)-f(x)|\mathrm{d}t\\&\quad+\frac{C}{\alpha}\int_{\{|t|<2^{-K}H\}}|f(x-t)-f(x)|\mathrm{d}t.\end{aligned}$$

由式(3.4)得

$$\int_{\{|t|<2^{-k+1}H\}}|f(x-t)-f(x)|\mathrm{d}t\leqslant\frac{2\times2^{-k+1}H\epsilon}{24C},$$

$$\int_{\{|t|<2^{-K}H\}}|f(x-t)-f(x)|\mathrm{d}t\leqslant\frac{2\times2^{-K}H\epsilon}{24C}.$$

因此

$$\begin{aligned}I_1&\leqslant\frac{C\alpha}{H^2}\frac{4H\epsilon}{24C}\sum_{k=1}^{K}2^k+\frac{C}{\alpha}\frac{2H\epsilon2^{-K}}{24C}\\&=\frac{\epsilon\alpha}{6H}(2^{K+1}-2)+\frac{\epsilon}{12}\frac{2^{-K}H}{\alpha}\\&<\frac{2^{K+1}\epsilon}{6}2^{-K}+\frac{\epsilon2^{-K}}{12}2^{K+1}=\frac{\epsilon}{2}.\end{aligned}$$

这样就完成了引理的证明. #

定理 3.1 如果 $f(t)\in L^1(\mathbf{R})$, $\hat{f}(\lambda)\in L^1(\mathbf{R})$, 则

$$f(x)=\frac{1}{\sqrt{2\pi}}\int_{-\infty}^{+\infty}\hat{f}(\lambda)\mathrm{e}^{\mathrm{i}\lambda t}\mathrm{d}\lambda.$$

证明 利用 $\hat{f}(\lambda)$ 的表达式可得

$$\frac{1}{\sqrt{2\pi}}\int_{-\infty}^{+\infty}\hat{f}(\lambda)\mathrm{e}^{\mathrm{i}\lambda t}\mathrm{d}\lambda=\frac{1}{2\pi}\int_{-\infty}^{+\infty}\int_{-\infty}^{+\infty}f(t)\mathrm{e}^{\mathrm{i}\lambda(x-t)}\mathrm{d}t\mathrm{d}\lambda.$$

由于 $f(t)\mathrm{e}^{\mathrm{i}\lambda(x-t)}$ 在 $\mathbf{R}^2$ 上不可积, 不能直接用 Fubini 定理, 所以我们用 $\mathrm{e}^{\frac{-\epsilon^2\lambda^2}{4}}$ 去乘以 $f(t)\mathrm{e}^{\mathrm{i}\lambda(x-t)}$. 注意到当 ϵ 趋向 0 时, $\mathrm{e}^{\frac{-\epsilon^2\lambda^2}{4}}$ 趋向 1, 定义

$$I_\epsilon(x)=\frac{1}{2\pi}\int_{-\infty}^{+\infty}\left(\int_{-\infty}^{+\infty}f(t)\mathrm{e}^{\frac{-\epsilon^2\lambda^2}{4}}\mathrm{e}^{\mathrm{i}\lambda(x-t)}\mathrm{d}t\right)\mathrm{d}\lambda,$$

利用 Fubini 定理, 我们采用两种不同的方法计算 $I_\epsilon(x)$. 将上式对 t 求积分得到

$$I_\epsilon(x)=\frac{1}{\sqrt{2\pi}}\int_{-\infty}^{+\infty}\hat{f}(\lambda)\mathrm{e}^{\frac{-\epsilon^2\lambda^2}{4}}\mathrm{e}^{\mathrm{i}\lambda x}\mathrm{d}\lambda.$$

因为 $\left|\hat{f}(\lambda)\mathrm{e}^{\frac{-\epsilon^2\lambda^2}{4}}\mathrm{e}^{\mathrm{i}\lambda x}\right|\leqslant|\hat{f}(\lambda)|$, 而且 $\hat{f}(\lambda)$ 可积, 应用控制收敛定理可得

$$\lim_{\epsilon\to 0}I_\epsilon(x)=\frac{1}{\sqrt{2\pi}}\int_{-\infty}^{+\infty}\hat{f}(\lambda)\mathrm{e}^{\mathrm{i}\lambda x}\mathrm{d}\lambda. \tag{3.5}$$

另一方面, 应用 Fubini 定理对 λ 积分可得

$$I_\epsilon(x)=\int_{-\infty}^{+\infty}g_\epsilon(x-t)f(t)\mathrm{d}t,$$

其中 $g_\epsilon(u)=\frac{1}{2\pi}\int_{-\infty}^{+\infty}\mathrm{e}^{\mathrm{i}u\lambda}\mathrm{e}^{\frac{-\epsilon^2\lambda^2}{4}}\mathrm{d}\lambda$. 由例 3.8可知

$$g_\epsilon(u)=\frac{1}{\epsilon\sqrt{\pi}}\mathrm{e}^{-\frac{u^2}{\epsilon^2}}.$$

因而, 根据引理 3.1可得

$$\lim_{\epsilon\to 0}\int_{-\infty}^{+\infty}|I_\epsilon(x)-f(x)|\,\mathrm{d}x=\lim_{\epsilon\to 0}\iint g_\epsilon(x-t)\,|f(x)-f(t)|\,\mathrm{d}x\mathrm{d}t=0.$$

再结合 (3.5) 式即可证明定理. #

说明 3.1 需要说明的是, 在上面的定理中, 两个函数相等是在测度意义下, 即 $f(x)$ 和右端的积分除了一个零测集外处处相等.

3.2　频谱的意义

傅里叶变换最重要的贡献之一是引入了频谱. 我们的世界是一个随时间变化的动态世界. 物体的运动随着时间不停地改变, 我们可以用一个随时间变换的函数来描述这些运动, 这种以时间作为参照来观察动态世界的方法称为时域分析. 其中, 有些运动, 比如太阳系中行星的运动、钟摆的摆动、发球器发出球的轨迹等, 可以给出运动规律的精确函数表达. 而另外有些运动, 比如股票的走势、不同人身高的变化、在拥挤路面上汽车运动的轨迹等都会随着时间发生改变, 很难给出运动规律的精确函数描述, 只能给出它们在一些离散时间点的行为. 这一章的结论告诉我们, 在不改变时域分析的信息的情况下, 还存在一种新的观察世界的方法, 称为频谱分析. 找出一个信号在不同频率下的信息 (可能是幅度、功率、强度或相位等) 就是频谱分析. 一个函数的傅里叶变换就是建立信号在不同频率下的信息, 它包括了原始信号中的所有信息, 只是表示的形式不同, 因此可以用傅里叶逆变换来重建原始的信号.

频谱分析在实际中非常常见. 比如, 复色光中有着各种波长 (或频率) 的光, 这些光在介质中有着不同的折射率. 因此, 当复色光通过具有一定几何外形的介质 (如三棱镜) 之后, 波长不同的光线会因出射角的不同而发生色散现象, 投映出连续的或不连续的彩色光带. 光带的颜色表示其频率, 而明暗可表示其比例的多寡, 这就是光的频谱, 一般称为光谱. 这个原理亦被应用于著名的太阳光的色散实验, 如图 3.11 所示. 太阳光呈现白色, 当它通过三棱镜折射后, 将形成由红、橙、

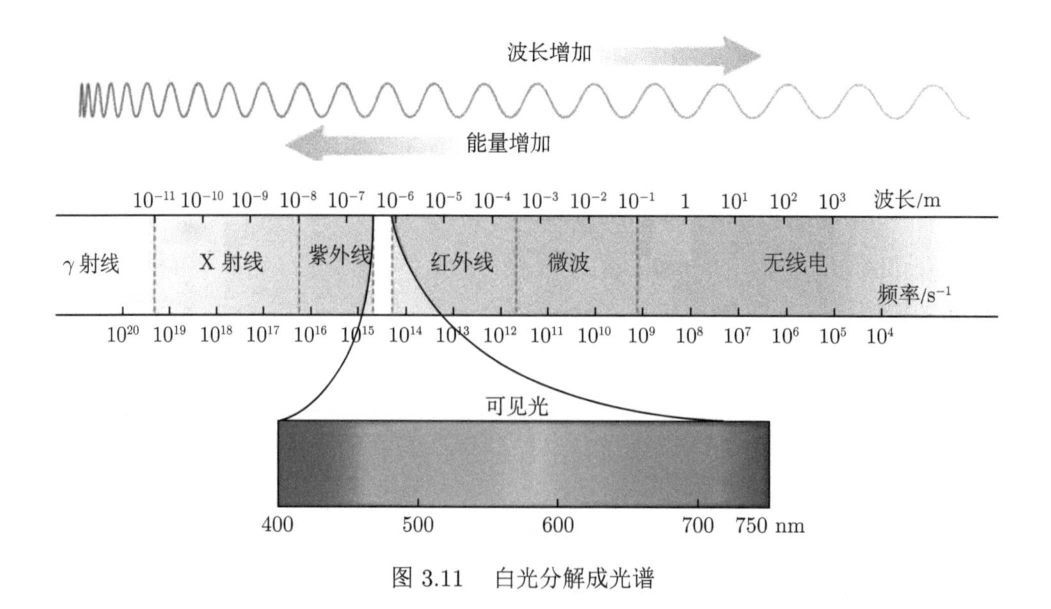

图 3.11　白光分解成光谱

黄、绿、蓝、靛、紫顺次连续分布的彩色光谱, 覆盖了大约在 390 到 770 纳米的可见光区. 历史上, 这一实验由英国科学家牛顿于 1665 年完成, 使得人们第一次接触到了光的客观和定量的特征.

声音是由物体振动产生的声波, 是通过介质 (空气或固体、液体) 传播并能被人或动物听觉器官所感知的波动现象. 最初发出振动的物体叫声源. 声音以波的形式振动传播. 作为波的一种, 频率和振幅是描述声音的重要属性. 频率的大小与我们通常所说的音高对应, 而振幅决定声音的大小. 傅里叶级数理论告诉我们, 任何周期函数都可以看作是不同振幅、不同相位的正弦波的叠加. 对于声音而言, 这个结论我们可以理解为: 利用对不同琴键不同力度、不同时间点的敲击, 可以组合出任何一首乐曲, 如图 3.12 所示的音符与声音波形的对应.

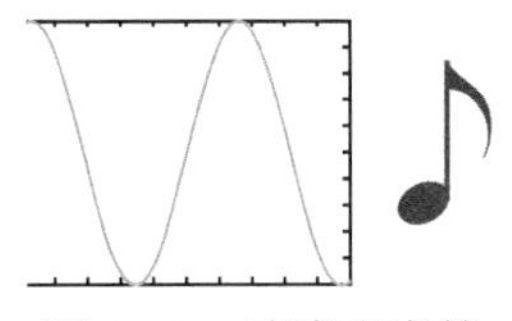

图 3.12 声音和音符

在广播及通信领域, 频谱会由许多不同的信号来源共享. 每个广播电台及电视台所传送信号的频率均须在各自指定的范围内, 称为 “信道”. 任何一个广播接收器只能接收单一信道的信号, 因此会使用某种电路来选择单一的信道或频率范围, 然后将接收到的信号解调制, 得到需要的信息. 当许多广播同时发送信号时, 各个信道上有各自独立的信息, 广播的频谱即为所有个别信道信号的总和, 分布在很广的频率范围内.

我们常见的二维图像也可以在频谱中表示. 图像的频率是表征图像中灰度变化剧烈程度的指标, 是灰度在平面空间上的梯度. 如: 大面积的沙漠在图像中是一片灰度变化缓慢的区域, 对应的频率值很低; 而对于地表属性变换剧烈的边缘区域在图像中是一片灰度变化剧烈的区域, 对应的频率值较高. 对于图像而言, 傅里叶变换的物理意义是将图像的灰度分布函数变换为图像的频率分布函数, 傅里叶逆变换是将图像的频率分布函数变换为灰度分布函数. 可以看出, 如果频谱图中暗的点数更多, 那么实际图像是比较柔和的 (因为各点与邻域差异都不大, 梯度相对较小), 反之, 如果频谱图中亮的点数多, 那么实际图像一定是尖锐的, 边界分明且边界两边像素差异较大的. 一般来说, 图像经过傅里叶变换后不能直接表达原始图像的内容, 但是它在处理去噪、压缩等操作时非常方便. 图 3.13 给出一个图像利用傅里叶变换进行去噪的例子. 其中, 图 (a) 是原始的带噪声的图像, 图 (b) 是图 (a) 的傅里叶变换的振幅的图像, 图 (c) 的图像与图 (a) 和 (b) 的大小一样, 每一个像素的灰度值介于 0 到 1 之间, 然后将图 (b) 和图 (c) 对应的像素值相乘得到一个新的图像, 并将这个图像作傅里叶逆变换的图像就是图 (d). 可以看出图 (d) 很好地去除了图 (a) 的噪声.

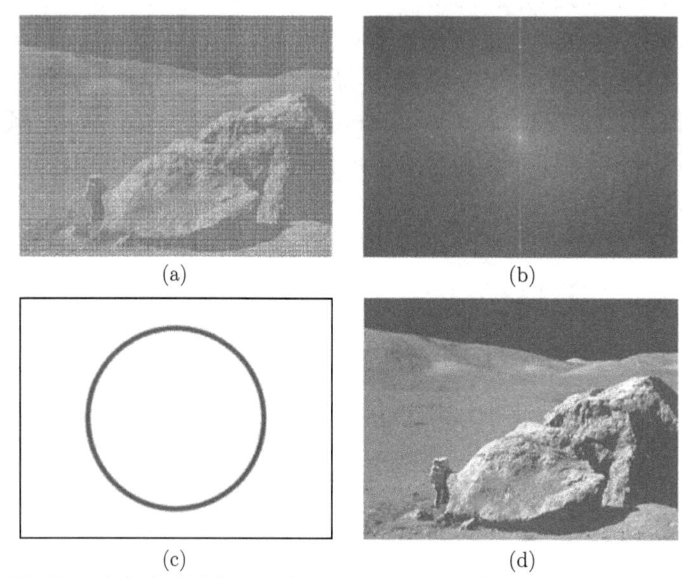

图 3.13 利用傅里叶变换对图像进行去噪. (a) 是原始图像, (b) 是傅里叶变换后的结果, (c) 是用来去噪的算子函数, (d) 是去噪后的结果

3.3 傅里叶变换的性质

下面给出傅里叶变换和傅里叶逆变换的基本性质, 其中假设函数 f 和 g 都是定义在实轴上的可微函数, 并且当 $|x|$ 充分大时, 有 $f(x)=g(x)\to 0$.

性质 1 傅里叶变换是 $L^1(\mathbf{R})$ 到 $L^\infty(\mathbf{R})$ 的有界线性算子.

性质 2 如果 $f\in L^1(\mathbf{R})$, 那么 $\hat{f}(\lambda)$ 在 $\mathbf{R}$ 上一致连续.

性质 3 如果 $f\in L^1(\mathbf{R})$, 那么 $\lim_{\lambda\to\infty}\hat{f}(\lambda)=0$.

这三个性质的证明都留作作业. 其中第三个性质的证明和 Riemann 引理的证明非常类似.

给定一个函数 $f(x)\in L^1(\mathbf{R})$, 它的傅里叶变换

$$
\begin{aligned}
\mathfrak{F}[f](\lambda)&=\frac{1}{\sqrt{2\pi}}\int_{-\infty}^{\infty}f(x)\mathrm{e}^{-\mathrm{i}\lambda x}\mathrm{d}x\\
&=\frac{1}{\sqrt{2\pi}}\int_{-\infty}^{\infty}f(x)\cos(\lambda x)\mathrm{d}x-\mathrm{i}\frac{1}{\sqrt{2\pi}}\int_{-\infty}^{\infty}f(x)\sin(\lambda x)\mathrm{d}x\\
&\doteq R(\lambda)+I(\lambda)\mathrm{i}.
\end{aligned}
$$

记

$$|\mathfrak{F}[f](\lambda)| = \sqrt{R^2(\lambda) + I^2(\lambda)}, \quad \varphi(\lambda) = \arctan\left(\frac{I(\lambda)}{R(\lambda)}\right), \tag{3.6}$$

分别称 $|\mathfrak{F}[f](\lambda)|$ 与 $\varphi(\lambda)$ 为傅里叶变换的振幅与相位.

如果 $f(x)$ 是一个实值函数, 则

$$R(-\lambda) = \frac{1}{\sqrt{2\pi}} \int_{-\infty}^{\infty} f(x)\cos(-\lambda x)\mathrm{d}x = R(\lambda).$$

$$I(-\lambda) = \frac{1}{\sqrt{2\pi}} \int_{-\infty}^{\infty} f(x)\sin(-\lambda x)\mathrm{d}x = -I(\lambda).$$

此时振幅是一个偶函数, 而相位是一个奇函数. 进一步, 如果 $f(x)$ 是一个实的偶函数, 则 $I(\lambda) = 0$, 从而它的傅里叶变换就是一个实的偶函数. 如果 $f(x)$ 是一个实的奇函数, 则 $R(\lambda) = 0$, 从而它的傅里叶变换就是一个纯虚的奇函数. 同样, 如果 $f(x)$ 是一个纯虚函数, 则

$$R(-\lambda) = \frac{1}{\sqrt{2\pi}} \int_{-\infty}^{\infty} f(x)\sin(-\lambda x)\mathrm{d}x = -R(\lambda).$$

$$I(-\lambda) = \frac{1}{\sqrt{2\pi}} \int_{-\infty}^{\infty} f(x)\cos(-\lambda x)\mathrm{d}x = I(\lambda).$$

即振幅是一个奇函数, 而相位是一个偶函数.

下面给出傅里叶变换的运算性质.

性质 4 傅里叶变换和逆变换是线性算子, 即对任意的常数 c, 有

$$\mathfrak{F}[f+g] = \mathfrak{F}[f] + \mathfrak{F}[g], \quad \mathfrak{F}[cf] = c\mathfrak{F}[f]. \tag{3.7}$$

$$\mathfrak{F}^{-1}[f+g] = \mathfrak{F}^{-1}[f] + \mathfrak{F}^{-1}[g], \quad \mathfrak{F}^{-1}[cf] = c\mathfrak{F}^{-1}[f]. \tag{3.8}$$

性质 5 设 $f(x), xf(x) \in L^1(\mathbf{R})$, 则 $\mathfrak{F}[f](\lambda)$ 可微, 并且

$$\mathfrak{F}[xf(x)](\lambda) = \mathrm{i}\mathfrak{F}[f]'(\lambda). \tag{3.9}$$

证明 考虑差商

$$\frac{\widehat{f}(\lambda+h) - \widehat{f}(\lambda)}{h} = \frac{1}{\sqrt{2\pi}} \int_{\mathbf{R}} f(x)\left(\frac{\mathrm{e}^{-\mathrm{i}xh} - 1}{h}\right)\mathrm{e}^{-\mathrm{i}x\lambda}\mathrm{d}x. \tag{3.10}$$

从而有不等式

$$\left|f(x)\left(\frac{\mathrm{e}^{-\mathrm{i}xh} - 1}{h}\right)\right| \leqslant |x||f(x)| \in L^1(\mathbf{R}),$$

而且

$$\lim_{h\to 0} f(x)\left(\frac{\mathrm{e}^{-\mathrm{i}xh}-1}{h}\right) = -\mathrm{i}xf(x).$$

在(3.10)式中, 令 h 趋于 0 并由控制收敛定理有

$$\mathfrak{F}[f]'(\lambda) = \frac{1}{\sqrt{2\pi}}\int_{\mathbf{R}} f(x)(-\mathrm{i}x)\mathrm{e}^{-\mathrm{i}\lambda x}\mathrm{d}x = -\mathrm{i}\mathfrak{F}[xf(x)](\lambda). \qquad \#$$

性质 6　设 $f(x)\in L^1(\mathbf{R})$, 其在任何有界闭区间上绝对连续, 且 $f'(x)\in L^1(\mathbf{R})$, 则

$$\mathfrak{F}[f'(x)](\lambda) = \mathrm{i}\lambda\mathfrak{F}[f(x)](\lambda). \tag{3.11}$$

证明　因为 $f(x)$ 和 $\mathrm{e}^{-\mathrm{i}\lambda x}$ 绝对连续, 且 $f'(x)$ 在 $\mathbf{R}$ 上可积, 所以对任意的 $A>0$ 与 $B>0$, 由分部积分得

$$\int_{-B}^{A} f'(x)\mathrm{e}^{-\mathrm{i}\lambda x}\mathrm{d}x = f(x)\mathrm{e}^{-\mathrm{i}\lambda x}\Big|_{-B}^{A} + \mathrm{i}\lambda\int_{-B}^{A} f(x)\mathrm{e}^{-\mathrm{i}\lambda x}\mathrm{d}x.$$

下面证明

$$\lim_{x\to+\infty} f(x) = \lim_{x\to-\infty} f(x) = 0.$$

由于 $f(x)$ 在任何有界闭区间上绝对连续, 因此有

$$f(x) - f(0) = \int_0^x f'(u)\mathrm{d}u.$$

又 $f'(x)\in L^1(\mathbf{R})$, 故存在 c_1, c_2 使得

$$\lim_{x\to+\infty} f(x) = c_1, \quad \lim_{x\to-\infty} f(x) = c_2.$$

下面证明 $c_1 = 0$. 否则, 不妨设 $c_1>0$, 则存在 A, 使得当 $x>A$, $f(x)>\dfrac{c_1}{2}$, 从而当 $N>A$, 有

$$\int_A^N f(x)\mathrm{d}x \geqslant \frac{c_1}{2}(N-A) \to +\infty,$$

这与 f 可积矛盾. 同理可证明 $c_2 = 0$. 定理证毕.　#

傅里叶变换的高阶导数和高阶导数的傅里叶变换可以直接从第二个性质得到. 可以证明, 在一定条件下下式成立:

$$\mathfrak{F}[x^n f(x)](\lambda) = \mathrm{i}^n\frac{\partial^n}{\partial\lambda^n}\mathfrak{F}[f](\lambda), \quad \mathfrak{F}^{-1}[\lambda^n f(\lambda)](x) = \mathrm{i}^n\frac{\mathrm{d}^n}{\mathrm{d}x^n}\mathfrak{F}^{-1}[f](x). \tag{3.12}$$

$$\mathfrak{F}[f^{(n)}(x)](\lambda) = (\mathrm{i}\lambda)^n \mathfrak{F}[f](\lambda), \quad \mathfrak{F}^{-1}[f^{(n)}(\lambda)](x) = (-\mathrm{i}x)^n \mathfrak{F}^{-1}[f](x). \tag{3.13}$$

下面给出的几个性质和对傅里叶变换的理解以及傅里叶变换在工程上的应用息息相关.

性质 7 时移和频移性:

$$\mathfrak{F}[f(x-a)](\lambda) = \mathrm{e}^{-\mathrm{i}\lambda a}\mathfrak{F}[f](\lambda), \quad \mathfrak{F}[\mathrm{e}^{\mathrm{i}ax}f(x)](\lambda) = \mathfrak{F}[f](\lambda - a). \tag{3.14}$$

证明 对于第一个式子,

$$\begin{aligned}
\mathfrak{F}[f(x-a)](\lambda) &= \frac{1}{\sqrt{2\pi}}\int_{-\infty}^{\infty} f(x-a)\mathrm{e}^{-\mathrm{i}\lambda x}\mathrm{d}x \\
&= \frac{1}{\sqrt{2\pi}}\int_{-\infty}^{\infty} f(x)\mathrm{e}^{-\mathrm{i}\lambda(x+a)}\mathrm{d}x \\
&= \mathrm{e}^{-\mathrm{i}\lambda a}\frac{1}{\sqrt{2\pi}}\int_{-\infty}^{\infty} f(x)\mathrm{e}^{-\mathrm{i}\lambda x}\mathrm{d}x = \mathrm{e}^{-\mathrm{i}\lambda a}\mathfrak{F}[f](\lambda).
\end{aligned}$$

对于第二个式子,

$$\begin{aligned}
\mathfrak{F}[\mathrm{e}^{\mathrm{i}ax}f(x)](\lambda) &= \frac{1}{\sqrt{2\pi}}\int_{-\infty}^{\infty} f(x)\mathrm{e}^{\mathrm{i}ax}\mathrm{e}^{-\mathrm{i}\lambda x}\mathrm{d}x \\
&= \frac{1}{\sqrt{2\pi}}\int_{-\infty}^{\infty} f(x)\mathrm{e}^{-\mathrm{i}(\lambda-a)x}\mathrm{d}x \\
&= \mathfrak{F}[f](\lambda - a).
\end{aligned}$$

#

从这个公式可以看出, 时间的延迟对应到频率的移相. 就是说, 时间的延迟不会改变信号在频率域的振幅, 只是在它对应的相位上移动一个和频率相关的角度. 频移特性产生频谱的位移, 也称为调制特性. 由

$$\mathfrak{F}[f(x)\cos(\lambda_0 x)] = \mathfrak{F}\left[f(x)\frac{\mathrm{e}^{\mathrm{i}\lambda_0 x} + \mathrm{e}^{-\mathrm{i}\lambda_0 x}}{2}\right] = \frac{\mathfrak{F}[f](\lambda-\lambda_0) + \mathfrak{F}[f](\lambda+\lambda_0)}{2},$$

$$\mathfrak{F}[f(x)\sin(\lambda_0 x)] = \mathfrak{F}\left[f(x)\frac{\mathrm{e}^{\mathrm{i}\lambda_0 x} - \mathrm{e}^{-\mathrm{i}\lambda_0 x}}{2}\right] = \frac{\mathfrak{F}[f](\lambda-\lambda_0) - \mathfrak{F}[f](\lambda+\lambda_0)}{2}$$

知幅度调制是将信号乘以一高频的正弦或者余弦信号, 该过程在时域中表现为信号改变了正弦或余弦信号的幅度, 在频域中则使频谱产生位移. 在幅度调制中, 将携带信息的信号称为调制信号, 高频的正弦或余弦信号称为载波, 两者相乘的信号称为已调信号.

例 3.9　我们以三角波为例来看一下这个性质, 其中三角波的定义如下:

$$f(x)=\begin{cases}x+\pi, & -\pi\leqslant x\leqslant 0,\\ \pi-x, & 0<x\leqslant\pi,\\ 0, & \text{其他}.\end{cases}$$

它的傅里叶变换图像如图 3.8 所示. 现在来计算时移函数 $g(x)=f(x-3)$ 和调制函数 $h(x)=f(x)\cos(\lambda x)$ 的傅里叶变换. 对于函数 $g(x)$, 我们知道时间的移动对应于傅里叶变换的频率的相位的移动, 其实部、虚部和振幅的图像如图 3.14 所示. 对于函数 $h(x)$, 其傅里叶变换是将 $f(x)$ 的傅里叶变换在频率域平移, 其中 $\lambda=3$ 和 $\lambda=7$ 对应的图像如图 3.15 所示.

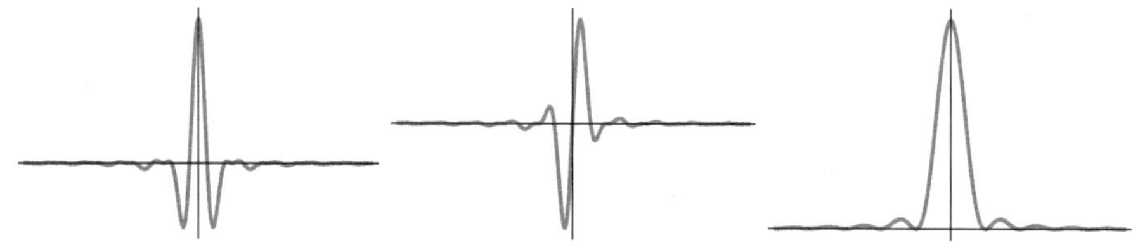

图 3.14　三角波在时间上平移后的傅里叶变换, 上图分别是实部、虚部和振幅对应的图像

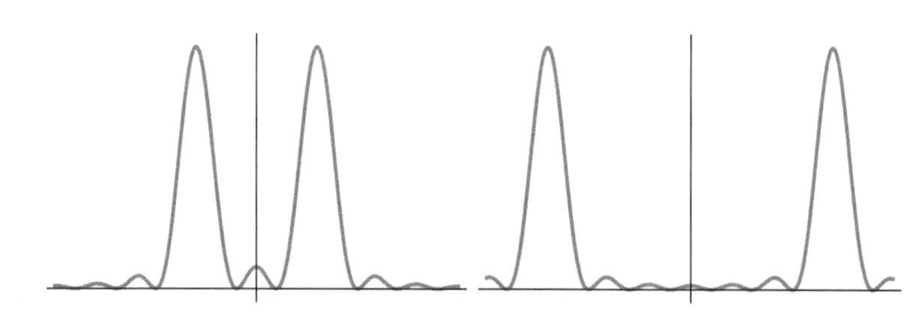

图 3.15　三角波调频后的傅里叶变换, 上图分别是 $\lambda=3$ 和 $\lambda=7$ 对应的图像

性质 8　尺度变换:

$$\mathfrak{F}[f(bx)](\lambda)=\frac{1}{|b|}\mathfrak{F}[f]\left(\frac{\lambda}{b}\right),\quad b\neq 0. \tag{3.15}$$

证明　如果 $b>0$, 则

$$\begin{aligned}\mathfrak{F}[f(bx)](\lambda)&=\frac{1}{\sqrt{2\pi}}\int_{-\infty}^{\infty}f(bx)\mathrm{e}^{-\mathrm{i}\lambda x}\mathrm{d}x\\&=\frac{1}{\sqrt{2\pi}}\int_{-\infty}^{\infty}f(x)\mathrm{e}^{-\mathrm{i}\lambda x/b}\frac{1}{b}\mathrm{d}x\\&=\frac{1}{b}\mathfrak{F}[f]\left(\frac{\lambda}{b}\right).\end{aligned}$$

同理, 如果 $b<0$, 则

$$\begin{aligned}\mathfrak{F}[f(bx)](\lambda) &= \frac{1}{\sqrt{2\pi}}\int_{-\infty}^{\infty} f(bx)\mathrm{e}^{-\mathrm{i}\lambda x}\mathrm{d}x \\ &= \frac{1}{\sqrt{2\pi}}\int_{\infty}^{-\infty} f(x)\mathrm{e}^{-\mathrm{i}\lambda x/b}\frac{1}{b}\mathrm{d}x \\ &= \frac{1}{-b}\mathfrak{F}[f]\left(\frac{\lambda}{b}\right).\end{aligned}$$

从而结论成立. #

说明 3.2 对于尺度变换的性质, 我们需要理解信号 $f(x)$ 和 $f(bx)$ 之间的关系. 不妨设 $b>1$, 如果我们对信号在时域和频域进行测量, 测量的精度有限. 那么信号 $f(bx)$ 在时域中的测量精度比信号 $f(x)$ 的测量精度要高. 然而, 由尺度变换的性质可知, 信号 $f(bx)$ 的傅里叶变换在频域中的测量精度就会比 $f(x)$ 的傅里叶变换的测量精度低. 换句话说, 不可能在时域和频域都达到很高的精度, 这事实上就是后面要讲的测不准原理.

例 3.10 还是以三角波为例来看一下这个性质, 假设 $f(x)$ 是三角波. 现在来考虑 $g(x)=f(bx)$ 的傅里叶变换, 其中 $b=3$ 和 $b=\dfrac{1}{3}$ 对应的图像如图 3.16 所示.

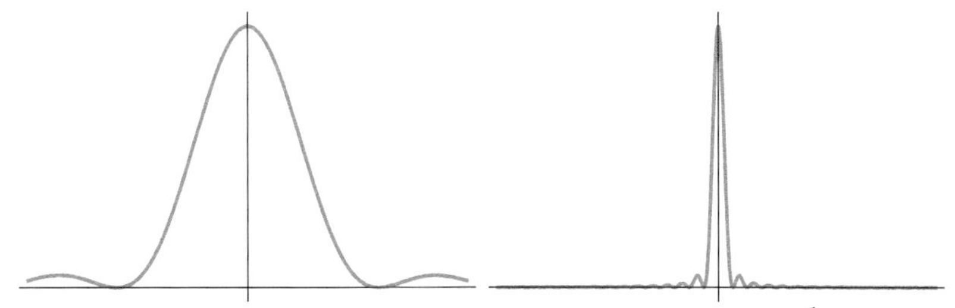

图 3.16 三角波在尺度变换下的傅里叶变换, 分别是 $b=3$ 和 $b=\dfrac{1}{3}$ 对应的图像

接下来我们研究卷积的傅里叶变换.

定义 3.1 设 $f(x)$ 和 $g(x)$ 是实数域 $\mathbf{R}$ 上的两个函数, 如果积分

$$(f*g)(x)=\int_{-\infty}^{\infty} f(x-t)g(t)\mathrm{d}t=\int_{-\infty}^{\infty} f(t)g(x-t)\mathrm{d}t$$

存在, 称其为 f 和 g 的卷积.

例 3.11 求下面两个函数的卷积:

$$f_1(x)=\begin{cases}0, & x<0,\\ \mathrm{e}^{-\alpha x}, & x\geqslant 0.\end{cases}\quad f_2(x)=\begin{cases}0, & x<0,\\ \mathrm{e}^{-\beta x}, & x\geqslant 0.\end{cases}\tag{3.16}$$

这里 $\alpha,\beta>0,\alpha\neq\beta$.

解　如果 $x\leqslant 0$, 则在积分

$$f_1*f_2(x)=\int_{-\infty}^{\infty}f_1(t)f_2(x-t)\mathrm{d}t$$

中, 由于 t 和 $x-t$ 至少有一个不大于零, 从而 $f_1(t)f_2(x-t)=0$, 即

$$f_1*f_2(x)=0.$$

如果 $x>0$, 由卷积的定义可知

$$\begin{aligned}f_1*f_2(x)&=\int_{-\infty}^{\infty}f_1(t)f_2(x-t)\mathrm{d}t\\&=\left(\int_{-\infty}^{0}+\int_{0}^{x}+\int_{x}^{\infty}\right)f_1(t)f_2(x-t)\mathrm{d}t\\&=\int_0^x\mathrm{e}^{-\alpha t}\mathrm{e}^{-\beta(x-t)}\mathrm{d}t\\&=\frac{1}{\beta-\alpha}(\mathrm{e}^{-\alpha x}-\mathrm{e}^{-\beta x}).\end{aligned}$$

定理 3.2　设 $f,g\in L^1(\mathbf{R})$, 则 $(f*g)(x)\in L^1(\mathbf{R})$, 且满足

$$||f*g||_{L^1}\leqslant||f||_{L^1}||g||_{L^1},\tag{3.17}$$

同时

$$\mathfrak{F}[f*g](\lambda)=\sqrt{2\pi}\mathfrak{F}[f](\lambda)\mathfrak{F}[g](\lambda),\quad \mathfrak{F}^{-1}[\widehat{f}\widehat{g}]=\frac{1}{\sqrt{2\pi}}f*g.\tag{3.18}$$

证明

$$\begin{aligned}||f*g||_{L^1}&=\int_{-\infty}^{\infty}\left|\int_{-\infty}^{\infty}f(x)g(t-x)\mathrm{d}x\right|\mathrm{d}t\\&\leqslant\int_{-\infty}^{\infty}|f(x)|\int_{-\infty}^{\infty}|g(t-x)|\mathrm{d}t\mathrm{d}x\\&=||f||_{L^1}||g||_{L^1}.\end{aligned}$$

从而 $(f*g)(x)\in L^1(\mathbf{R})$, 且 $||f*g||_{L^1}\leqslant||f||_{L^1}||g||_{L^1}$.

根据卷积和傅里叶变换的定义,

$$
\begin{aligned}
\mathfrak{F}[f*g](\lambda) &= \frac{1}{\sqrt{2\pi}}\int_{-\infty}^{\infty} f*g(t)\mathrm{e}^{-\mathrm{i}\lambda t}\mathrm{d}t \\
&= \frac{1}{\sqrt{2\pi}}\int_{-\infty}^{\infty}\int_{-\infty}^{\infty} f(t-x)g(x)\mathrm{d}x\mathrm{e}^{-\mathrm{i}\lambda t}\mathrm{d}t \\
&= \frac{1}{\sqrt{2\pi}}\int_{-\infty}^{\infty}\int_{-\infty}^{\infty} f(t-x)\mathrm{e}^{-\mathrm{i}\lambda(t-x)}g(x)\mathrm{d}t\mathrm{e}^{-\mathrm{i}\lambda x}\mathrm{d}x \\
&= \frac{1}{\sqrt{2\pi}}\int_{-\infty}^{\infty}\int_{-\infty}^{\infty} f(t)\mathrm{e}^{-\mathrm{i}\lambda t}g(x)\mathrm{d}t\mathrm{e}^{-\mathrm{i}\lambda x}\mathrm{d}x \\
&= \sqrt{2\pi}\mathfrak{F}[f](\lambda)\mathfrak{F}[g](\lambda).
\end{aligned}
$$

第二个式子可以利用傅里叶变换的逆变换公式. #

接下来我们研究傅里叶变换保能量的性质, 也就是 Parseval 和 Plancherel 等式.

定理 3.3 设 $f, g \in L^1(\mathbf{R}) \cap L^2(\mathbf{R})$, 则

$$
\langle f, g\rangle = \langle \widehat{f}, \widehat{g}\rangle. \tag{3.19}
$$

特别地, 如果 $g = f$, 则得到 Plancherel 等式

$$
||f||_{L^2} = ||\widehat{f}||_{L^2}. \tag{3.20}
$$

证明 令 $h = f * G$, 其中 $G(t) = \overline{g(-t)}$. 则

$$
\begin{aligned}
\widehat{G}(\lambda) &= \frac{1}{\sqrt{2\pi}}\int_{\mathbf{R}} G(t)\mathrm{e}^{-\mathrm{i}\lambda t}\mathrm{d}t \\
&= \frac{1}{\sqrt{2\pi}}\int_{\mathbf{R}} \overline{g(-t)}\mathrm{e}^{-\mathrm{i}\lambda t}\mathrm{d}t \\
&= \frac{1}{\sqrt{2\pi}}\int_{\mathbf{R}} \overline{g(-t)\mathrm{e}^{\mathrm{i}\lambda t}}\mathrm{d}t \\
&= \frac{1}{\sqrt{2\pi}}\int_{\mathbf{R}} \overline{g(t)\mathrm{e}^{-\mathrm{i}\lambda t}}\mathrm{d}t = \overline{\widehat{g}(\lambda)}.
\end{aligned}
$$

由于 $h \in L^1(\mathbf{R})$, 由卷积性质有

$$
\widehat{h}(\lambda) = \sqrt{2\pi}\widehat{f}(\lambda)\widehat{G}(\lambda) = \sqrt{2\pi}\widehat{f}(\lambda)\overline{\widehat{g}(\lambda)}.
$$

将傅里叶逆变换应用到 $\widehat{h}$, 并计算 $h(0)$ 得

$$
\langle f, g\rangle = h(0) = \frac{1}{\sqrt{2\pi}}\int_{-\infty}^{\infty} \widehat{h}(\lambda)\mathrm{d}\lambda = \langle \widehat{f}, \widehat{g}\rangle.
$$

特别地, 如果我们取 $g(t) = f(t)$, 就可以得到 Plancherel 等式. #

最后研究函数的正则性与傅里叶变换之间的关系.

定理 3.4 如果

$$\int_{-\infty}^{\infty} |\widehat{f}(\lambda)|(1+|\lambda|^p)\mathrm{d}\lambda < \infty,$$

则 f 及其直到 p 阶导数连续有界.

证明 $p=0$ 的情形留作作业. 对于 $p=1$, 注意到

$$\frac{f(x+h)-f(x)}{h} = \frac{1}{\sqrt{2\pi}}\int_{\mathbf{R}} \widehat{f}(\lambda)\left(\frac{\mathrm{e}^{-\mathrm{i}\lambda h}-1}{h}\right)\mathrm{e}^{\mathrm{i}\lambda x}\mathrm{d}\lambda. \tag{3.21}$$

由于

$$\left|\int_{\mathbf{R}} \widehat{f}(\lambda)\left(\frac{\mathrm{e}^{-\mathrm{i}\lambda h}-1}{h}\right)\right| \leqslant \int_{\mathbf{R}} |\widehat{f}(\lambda)|(1+|\lambda|)\mathrm{d}\lambda < \infty,$$

从而上式的右端可积. 令 h 趋于 0, 可得上式的左边就是 $f'(x)$, 即 $f(x)$ 可微, 并且

$$|f'(t)| \leqslant \frac{1}{\sqrt{2\pi}}\int_{-\infty}^{\infty} |\widehat{f}(\lambda)||\lambda|\mathrm{d}\lambda < \infty.$$

对于 $p>1$, 首先通过归纳可以证明 f 的 $p-1$ 阶导数都存在, 且连续有界. 对于 p 阶导数, 在式(3.21)中将 $f(x)$ 换成 $f^{(p-1)}(x)$ 并利用导数的傅里叶变换公式即可证明其 p 阶导数存在且连续有界. #

作为总结, 这里给出傅里叶变换性质的一个总览, 见表 3.1.

表 3.1

性质	函数 $f(x)$	傅里叶变换 $\widehat{f}(\lambda)$
逆变换	$\widehat{f}(x)$	$f(-\lambda)$
卷积	$f_1 * f_2(x)$	$\sqrt{2\pi}\widehat{f}_1(\lambda)\widehat{f}_2(\lambda)$
乘积	$f_1 f_2(x)$	$\frac{1}{\sqrt{2\pi}}\widehat{f}_1 * \widehat{f}_2(\lambda)$
平移	$f(x-a)$	$\mathrm{e}^{-\mathrm{i}a\lambda}\widehat{f}(\lambda)$
调制	$\mathrm{e}^{\mathrm{i}\lambda_0 x}f(x)$	$\widehat{f}(\lambda-\lambda_0)$
尺度	$f(bx)$	$\frac{1}{\|b\|}\mathfrak{F}[f]\left(\frac{\lambda}{b}\right)$
时域求导	$f^{(k)}(x)$	$(\mathrm{i}\lambda)^k\widehat{f}(\lambda)$
频域求导	$(-\mathrm{i}x)^k f(x)$	$\widehat{f^{(k)}}(\lambda)$

下面给出更多傅里叶变换的例子.

例 3.12 先看一个通用的矩形波的傅里叶变换:

$$f(x)=\begin{cases}H, & C-W\leqslant x\leqslant C+W,\\ 0, & \text{其他}.\end{cases}$$

我们可以利用傅里叶变换公式直接计算. 但是, 这样的计算量比较大, 如果利用傅里叶变换的性质就可以大大减少计算量.

注意到, $f(x)=Hr_{\pi}\left(\dfrac{\pi}{W}(x-C)\right)$, 从而

$$\begin{aligned}\widehat{f}(\lambda)&=H\frac{W}{\pi}\mathrm{e}^{-\mathrm{i}C\lambda}\widehat{r_{\pi}}\left(\frac{W\lambda}{\pi}\right)\\&=H\frac{W}{\pi}\mathrm{e}^{-\mathrm{i}C\lambda}\frac{\sqrt{2}\sin\dfrac{W\lambda}{\pi}\pi}{\sqrt{\pi}\dfrac{W\lambda}{\pi}}\\&=\sqrt{\frac{2}{\pi}}\frac{H}{\lambda}\sin(W\lambda)\mathrm{e}^{-\mathrm{i}C\lambda}.\end{aligned}$$

例 3.13 接下来看一个变化高度的组合矩形波的傅里叶变换:

$$s(x)=\begin{cases}2, & -2<x\leqslant -1,\\ 1, & 0<x\leqslant 2,\\ 0.5, & 2<x\leqslant 3,\\ 0, & \text{其他}.\end{cases}$$

可以看出, 上述函数是三个通用的矩形波的和 $s(x)=f_1(x)+f_2(x)+f_3(x)$, 其中 $H_1=2,C_1=-1.5,W_1=0.5$, $H_2=1,C_2=1,W_2=1$, $H_3=0.5,C_3=2.5,W_3=0.5$. 从而利用例 3.12 的结论可得

$$\widehat{s}(\lambda)=\sqrt{\frac{2}{\pi}}\frac{1}{\lambda}\left(2\sin\frac{\lambda}{2}\mathrm{e}^{\mathrm{i}\frac{3\lambda}{2}}+\sin\lambda\mathrm{e}^{-\mathrm{i}\lambda}+\frac{1}{2}\sin\frac{\lambda}{2}\mathrm{e}^{-\mathrm{i}\frac{5\lambda}{2}}\right).$$

例 3.14 最后看一个组合的线性信号的傅里叶变换:

$$f(x)=\begin{cases}0, & x\leqslant -\dfrac{5}{8},\\ 4\left(x+\dfrac{5}{8}\right), & -\dfrac{5}{8}<x\leqslant -\dfrac{3}{8},\\ 1, & -\dfrac{3}{8}<x\leqslant \dfrac{3}{8},\\ 4\left(\dfrac{5}{8}-x\right), & \dfrac{3}{8}<x\leqslant \dfrac{5}{8},\\ 0, & \text{其他}.\end{cases}$$

可以看出 $f'(x)$ 是一个组合的矩形波函数, 其中 $H_1 = 4$, $C_1 = -\frac{1}{2}$, $W_1 = \frac{1}{8}$, $H_2 = 4$, $C_2 = \frac{1}{2}$, $W_2 = \frac{1}{8}$. 所以 $f'(x)$ 的傅里叶变换是

$$\sqrt{\frac{2}{\pi}}\frac{8\mathrm{i}}{\lambda}\sin\frac{\lambda}{8}\sin\frac{\lambda}{2}.$$

进而 $f(x)$ 的傅里叶变换

$$\begin{aligned}\widehat{f}(\lambda) &= \frac{1}{\mathrm{i}\lambda}\sqrt{\frac{2}{\pi}}\frac{8\mathrm{i}}{\lambda}\sin\frac{\lambda}{8}\sin\frac{\lambda}{2} \\ &= \sqrt{\frac{2}{\pi}}\frac{8}{\lambda^2}\sin\frac{\lambda}{8}\sin\frac{\lambda}{2}.\end{aligned}$$

3.4 L^2 空间上的傅里叶变换

如果 $f(x) \in L^2(\mathbf{R})$ 但是 $f(x) \notin L^1(\mathbf{R})$, 则 $f(x)$ 的傅里叶变换不能用 3.3 节的公式来计算, 因为函数 $f(x)\mathrm{e}^{-\mathrm{i}\lambda t}$ 可能不可积. 然而, 傅里叶变换和小波变换面对的对象是 $L^2(\mathbf{R})$ 空间中的函数, 因此我们需要建立理论来计算 $L^2(\mathbf{R})$ 中的傅里叶变换. 这里关键的想法是利用 $L^1(\mathbf{R}) \cap L^2(\mathbf{R})$ 中函数的傅里叶变换的极限来定义原函数的傅里叶变换.

因为连续函数空间在 $L^1(\mathbf{R})$ 和 $L^2(\mathbf{R})$ 中都稠密, 所以空间 $L^1(\mathbf{R}) \cap L^2(\mathbf{R})$ 在 $L^2(\mathbf{R})$ 中稠密. 因此可以找到 $L^1(\mathbf{R}) \cap L^2(\mathbf{R})$ 中收敛到 f 的函数列 $\{f_n, n = 1, \cdots, \infty\}$ 使得

$$\lim_{n\to\infty} ||f_n - f||_{L^2} = 0.$$

由于 $\{f_n, n = 1, \cdots, \infty\}$ 收敛, 所以 $\{f_n, n = 1, \cdots, \infty\}$ 是一个 Cauchy 序列, 故当 m, n 足够大的时候, $||f_m - f_n||$ 可以任意小.

由于 $f_n \in L^1(\mathbf{R})$, 所以可以定义 f_n 的傅里叶变换 $\widehat{f_n}(\lambda)$. 因而由 Plancherel 等式有

$$||\widehat{f_n}(\lambda) - \widehat{f_m}(\lambda)|| = ||f_n - f_m||,$$

从而 $\widehat{f_n}(\lambda)$ 也是一个 Cauchy 列. 由 Hilbert 空间的完备性知, 存在 $\widehat{f}(\lambda) \in L^2(\mathbf{R})$ 使得

$$\lim_{n\to\infty} ||\widehat{f_n} - \widehat{f}||_{L^2} = 0.$$

$\widehat{f}$ 被定义为 f 的傅里叶变换.

当傅里叶变换扩充到 $L^2(\mathbf{R})$ 后, Parseval 等式、Plancherel 等式以及卷积定理都成立. 但是, 卷积定理的证明稍有些不同. 首先我们给出下面的定理.

定理 3.5 如果 $f(x), g(x) \in L^2(\mathbf{R})$, 则

$$\mathfrak{F}[f(x)g(x)](\lambda) = \frac{1}{\sqrt{2\pi}}(\widehat{f} * \widehat{g})(\lambda).$$

证明 固定 λ, 记 $h(x) = \overline{g(x)}e^{i\lambda x}$, 则有

$$\begin{aligned}\widehat{h}(u) &= \frac{1}{\sqrt{2\pi}} \lim_{r\to\infty} \int_{-r}^{r} \overline{g(x)} e^{i\lambda x} e^{-iux} dx \\ &= \frac{1}{\sqrt{2\pi}} \lim_{r\to\infty} \int_{-r}^{r} \overline{g(x) e^{-i(\lambda-u)x}} dx \\ &= \overline{\widehat{g}(\lambda-u)}.\end{aligned}$$

因为 $(fg) \in L^2(\mathbf{R})$, 从而

$$\begin{aligned}\widehat{fg}(\lambda) &= \frac{1}{\sqrt{2\pi}} \int_{\mathbf{R}} f(x)g(x)e^{-i\lambda x} dx \\ &= \frac{1}{\sqrt{2\pi}} \int_{\mathbf{R}} f(x)\overline{h(x)} dx \\ &= \frac{1}{\sqrt{2\pi}} \int_{\mathbf{R}} \widehat{f}(u)\overline{\widehat{h}(u)} du \\ &= \frac{1}{\sqrt{2\pi}} \int_{R} \widehat{f}(u)\widehat{g}(\lambda-u) du \\ &= \frac{1}{\sqrt{2\pi}} (\widehat{f} * \widehat{g})(\lambda).\end{aligned}$$

#

在上面的定理中, 我们只讨论了函数 $f(x)g(x)$ 的傅里叶变换, 这是因为 $f(x)g(x) \in L^2(\mathbf{R})$, 所以我们可以定义它的傅里叶变换. 但是, 即使 $f(x), g(x) \in L^2(\mathbf{R})$, 我们一般不能得到 $f(x) * g(x) \in L^2(\mathbf{R})$, 从而不能讨论 $f(x) * g(x)$ 的傅里叶变换. 但是如果 f 和 g 至少有一个在 $L^1(\mathbf{R})$ 中, $f(x) * g(x)$ 的傅里叶变换就可以定义了.

定理 3.6 如果 $f(x) \in L^2(\mathbf{R})$, $g(x) \in L^1(\mathbf{R})$, 则

$$\mathfrak{F}[f(x) * g(x)](\lambda) = \sqrt{2\pi}\widehat{f}(\lambda)\widehat{g}(\lambda).$$

证明 因为 $\|f * g\|_{L^2} \leqslant \|f\|_{L^2}\|g\|_{L^1}$, 所以 $f * g \in L^2(\mathbf{R})$. 另一方面, 由 $\widehat{f} \in L^2(\mathbf{R})$, $\widehat{g} \in L^\infty(\mathbf{R})$, 可知 $\widehat{f}\widehat{g} \in L^2(\mathbf{R})$. 以下只需证明

$$\mathfrak{F}^{-1}[\widehat{f}\widehat{g}] = \frac{1}{2\pi} f * g.$$

记 $f_r(x)=\int_{-r}^{r}\widehat{f}(\lambda)\mathrm{e}^{\mathrm{i}\lambda x}\mathrm{d}\lambda$, 则

$$\begin{aligned}\frac{1}{\sqrt{2\pi}}\int_{-r}^{r}\widehat{f}(\lambda)\widehat{g}(\lambda)\mathrm{e}^{\mathrm{i}\lambda x}\mathrm{d}\lambda&=\frac{1}{2\pi}\int_{-r}^{r}\widehat{f}(\lambda)\mathrm{e}^{\mathrm{i}\lambda x}\left(\int_{\mathbf{R}}g(u)\mathrm{e}^{-\mathrm{i}\lambda u}\mathrm{d}u\right)\mathrm{d}\lambda\\&=\frac{1}{2\pi}\int_{\mathbf{R}}g(u)\left(\int_{-r}^{r}\widehat{f}(\lambda)\mathrm{e}^{\mathrm{i}\lambda(x-u)}\mathrm{d}\lambda\right)\mathrm{d}u\\&=\frac{1}{2\pi}\int_{\mathbf{R}}g(u)f_r(x-u)\mathrm{d}u=\frac{1}{2\pi}(f_r*g)(x).\end{aligned}$$

另一方面, $\lim_{r\to\infty}||f_r-f||_{L^2}=0$, 因此

$$||f_r*g-f*g||_{L^2}\leqslant||f_r-f||_{L^2}||g||_{L^1}\to0,\quad r\to\infty.$$

从而

$$\mathfrak{F}^{-1}[\widehat{f}\widehat{g}]=\frac{1}{2\pi}f*g.$$

再在上式两边做傅里叶变换即可证明定理. #

例 3.15 计算函数 $f(x)=\frac{1}{\beta\sqrt{\pi}}\mathrm{e}^{-\frac{x^2}{\beta^2}},\beta>0$ 的傅里叶变换.

解 这里我们用另外一个办法来计算函数 $g(x)=\mathrm{e}^{-\frac{x^2}{\beta^2}}$ 的傅里叶变换. 对 $g(x)$ 求导得

$$g'(x)=-\frac{2x}{\beta^2}\mathrm{e}^{-\frac{x^2}{\beta^2}},$$

对上式两边取傅里叶变换得

$$\mathrm{i}\lambda\mathfrak{F}[g](\lambda)=\frac{-2\mathrm{i}}{\beta^2}\frac{\mathrm{d}}{\mathrm{d}\lambda}\mathfrak{F}[g](\lambda),$$

于是

$$\mathfrak{F}[g](\lambda)=C\mathrm{e}^{-\frac{\beta^2\lambda^2}{4}},$$

其中

$$\begin{aligned}C&=\frac{1}{2\pi}\int_{-\infty}^{\infty}g(x)\mathrm{d}x\\&=\frac{1}{2\pi}\int_{-\infty}^{\infty}\mathrm{e}^{-\frac{x^2}{\beta^2}}\mathrm{d}x\\&=\frac{\beta}{\sqrt{2}},\end{aligned}$$

从而 $\mathfrak{F}\left[\frac{1}{\beta\sqrt{\pi}}\mathrm{e}^{-\frac{x^2}{\beta^2}}\right]=\frac{1}{\sqrt{2\pi}}\mathrm{e}^{-\frac{\beta^2}{4}\lambda^2}$.

下面仔细研究函数 $f(x)=\frac{1}{\beta\sqrt{\pi}}\mathrm{e}^{-\frac{x^2}{\beta^2}}$. 首先, 可以证明 (留作作业) 对任意的 $\beta>0$,

$$\int_{-\infty}^{\infty}f(x)\mathrm{d}x=1.$$

另一方面, 当 β 越来越小并趋向零的时候, 对于 $x\neq 0$, $f(x)$ 的值会趋向 0, 而 $f(0)$ 的值会趋向无穷. 就是说函数 $f(x)$ 随着 β 趋向零的极限是一个非常古怪的函数, 它在除了零之外的所有点的值都是零, 但是它的积分值恒为 1.

这个函数在物理和信号处理中非常有名, 称为 δ 函数. δ 函数最开始的定义是该函数在零点为无穷大、其他点都是零的实函数, 同时它在实数轴上积分为 1. 这个定义在数学上有着明显的缺陷. 一般来说, 函数的值不能是无穷大. 当然可以认为这是广义上的函数, 把值域扩充到包含有无穷大. 这样说勉强可以接受, 但这个在 0 点是无穷大, 其他处处为 0 的函数, 对黎曼积分没定义, 勒贝格的积分也是 0, 这和积分的定义矛盾. 麻烦还不仅于此. 在数学上, 函数是从定义域到值域的一个映射, 以此确定了函数的所有性质. 上述的定义并非如此, 定义的前半部分建立了自变量与函数值的对应关系, 已经完全确定了函数. 此函数乘以常数 c, 仍然保持相同的映射, 即保持函数不变, 它的积分也应该保持不变; 而在定义的后半部分, 此函数乘以一个常数 c, 从积分的线性关系, 积分值将变成 c. 应用定义的不同部分, 推导出不同的结果, 说明定义中有矛盾, 这在数学上是不允许的. 为了理解 δ 函数, 我们需要介绍一些广义函数的基础知识.

3.5 广义函数

在物理学上, 我们经常使用点量来描述对应的物理对象, 比如点质量、点电荷、偶极子、瞬时打击力、瞬时源等. 这些物理量描述起来不仅方便、物理含义清楚, 而且还可以当作普通函数参加运算, 所得到的数学结论和物理结论是吻合的, 如对其进行微分和傅里叶变换, 将其参与微分方程求解等. 经典函数定义了数和数的对应关系, 然而它却在处理物理现象中的点量概念时无能为力, 这就迫使人们要为这类怪函数确立严格的数学基础.

历史上第一个广义函数是由物理学家狄拉克引进的, 他因为陈述量子力学中某些量的关系时的需要引入了 “δ 函数”: 这个函数除了在零处是无穷大, 在其他所有点的值都是零. 最初理解的方式之一是把这种怪函数设想成直线上某种分布所对应的 “密度” 函数. 所以广义函数又称为分布函数, 广义函数论又叫做分布理论. 用分布的观念为这些怪函数建立基础虽然很直观, 但对于复杂情况就又显得繁琐而不很明确. 后来随着泛函分析的发展, 施瓦兹用泛函分析的观点为广义函数建立了一整套严格的理论 (1945 年), 接着盖尔范德对广义函数论又作了重要发展. 广义函数理论使得微分学摆脱了由于不可微函数的存在带来的某些困难, 这是通过把它扩充到比可微函数大得多的一类函数空间中实现的, 同时它保持了微积分原来的形式. 广义函数被广泛地应用于数学、物理、力学以及分析数学的其他分支, 例如微分方程、随机过程、流形理论等等, 它还被应用到群的表示理论, 特别是它有力地促进了偏微分方程近三十年来的发展.

3.5.1　基本空间

为了定义广义函数, 首先我们需要定义基本函数空间. 我们希望考虑的空间足够光滑, 而且不仅自身可积, 它乘以任意可积的函数后还可积. 记 $C^\infty(\mathbf{R})$ 为实数域 $\mathbf{R}$ 上具有任意阶连续微商的函数全体组成的空间, 该空间足够光滑但是在 $\mathbf{R}$ 上不一定可积. 为此, 我们选择 $C^\infty(\mathbf{R})$ 中具有紧支集的函数作为基本空间, 并记作 $C_0^\infty(\mathbf{R})$. 注意到 $C_0^\infty(\mathbf{R})$ 是不为空集的 (留作作业).

定义 3.2　设 $\varphi_j, \varphi \in C_0^\infty(\mathbf{R})$, 如果

- 存在 $\mathbf{R}$ 中的紧集 K, 使得 φ_j, φ 的支集都包含在 K 中,
- φ_j 以及任意阶导数都一致收敛到 φ 和 φ 的相应导数,

则线性空间 $C_0^\infty(\mathbf{R})$ 在给定上述收敛后的空间称为基本空间, 记作 D.

定义 3.3　设 $\varphi_j \in D$, 如果

- 存在 $\mathbf{R}$ 中的紧集 K, 使得 φ_j 的支集都包含在 K 中,
- $$\lim_{i,j\to\infty}\left(\max_{x\in K}|D^m\varphi_j - D^m\varphi_i|\right) = 0,$$

则称 φ_j 是基本空间 D 中的基本列.

事实上, 我们可以证明基本空间 D 一定是完备的, 即下面的引理成立 (证明留作练习).

引理 3.2　D 中的基本列一定是收敛列, 即 D 是完备的.

定义 3.4　基本空间 D 上的连续线性泛函称为 D 上的广义函数, 即如果 D 上的实值线性泛函 u 满足

- 对任意的 $\varphi_1, \varphi_2 \in D$, $c_1, c_2 \in \mathbf{R}$,
$$u(c_1\varphi_1 + c_2\varphi_2) = c_1u(\varphi_1) + c_2u(\varphi_2),$$
- 如果 $\{\varphi_j\}, \varphi \in D$, 且 $\varphi_j \to \varphi$, 则
$$u(\varphi_j) \to u(\varphi),$$

则称 u 是 D 上的广义函数.

例 3.16 设 f 是 $\mathbf{R}$ 上任意紧集上都可积的函数, 定义 D 上的泛函

$$u_f(\varphi)=\int_{\mathbf{R}} f(x)\varphi(x)\mathrm{d}x,\quad \varphi\in D,$$

很容易证明上述泛函是 D 上的线性连续泛函. 由上式所确定的广义函数称为正则的.

例 3.17 定义广义函数 δ 函数为

$$\delta(\varphi)=\varphi(0),\quad \forall\varphi\in D.$$

首先, 它显然是 D 上的线性泛函, 并且如果 $\lim_{j\to\infty}\varphi_j=0$, 则有

$$|\delta(\varphi_j)|=|\varphi_j(0)|\leqslant \sup_{x\in\mathbf{R}}|\varphi_j(x)|\to 0,$$

即 δ 函数连续. 因此 δ 函数是广义函数.

不过 δ 函数不是正则的. 事实上, 假设存在可积函数 $f(x)$ 使得

$$\delta(\varphi)=\varphi(0)=\int_{\mathbf{R}} f(x)\varphi(x)\mathrm{d}x,\quad \forall\varphi\in D.$$

取

$$\varphi_a(x)=\begin{cases}\mathrm{e}^{-\frac{a^2}{a^2-x^2}}, & |x|<a,\\ 0, & |x|\geqslant a.\end{cases}$$

则有

$$\int_{\mathbf{R}} f(x)\varphi_a(x)\mathrm{d}x=\varphi_a(0)=\mathrm{e}^{-1},$$

但是上式左边的积分

$$\begin{aligned}\left|\int_{\mathbf{R}} f(x)\varphi_a(x)\mathrm{d}x\right| &= \left|\int_{|x|<a} f(x)\mathrm{e}^{-\frac{a^2}{a^2-x^2}}\mathrm{d}x\right|\\ &\leqslant \int_{|x|<a}|f(x)|\mathrm{d}x \xrightarrow{a\to 0} 0.\end{aligned}$$

显然矛盾! 因此 δ 函数不是正则的.

3.5.2 广义函数序列的极限

广义函数空间中的函数序列也可以定义极限.

定义 3.5 设 $\{u_j\}_{j=1}^{\infty}, u$ 是广义函数, 如果对每一个 $\varphi\in D$, 有

$$\lim_{j\to\infty} u_j(\varphi)=u(\varphi),$$

就称广义函数序列 $\{u_j\}$ 收敛到 u, 记作 $\lim_{j\to\infty}u_j=u$.

例 3.18　设 $f_j(x)=\frac{1}{\pi}\frac{\sin jx}{x}, j=1,2,\cdots,\infty$, 则

$$\lim_{j\to\infty} f_j(x)=\delta(x).$$

事实上, 可以证明对任意的 $\varphi\in D$ 有

$$\lim_{j\to\infty}\frac{1}{\pi}\int_{\mathbf{R}}\varphi(x+t)\frac{\sin jt}{t}\mathrm{d}t=\varphi(x).$$

在上式中取 $x=0$, 便可以得到

$$\lim_{j\to\infty} f_j(\varphi)=\lim_{j\to\infty}\int_{\mathbf{R}}\frac{1}{\pi}\frac{\sin jx}{x}\varphi(x)\mathrm{d}x=\varphi(0)=\delta(\varphi),$$

即

$$\lim_{j\to\infty} f_j(x)=\delta.$$

3.5.3　广义函数的微商

这一节给出广义函数微商的定义. 假设 $f(x)$ 是 $\mathbf{R}$ 上连续可微的函数, $\varphi\in D$, 由分部积分可得

$$\begin{aligned}\int_{\mathbf{R}} f'(x)\varphi(x)\mathrm{d}x&=f(x)\varphi(x)\Big|_{-\infty}^{+\infty}-\int_{\mathbf{R}} f(x)\varphi'(x)\mathrm{d}x\\&=-\int_{\mathbf{R}} f(x)\varphi'(x)\mathrm{d}x.\end{aligned}$$

所以, 对于广义函数可以定义微商 $f'(\varphi)=-f(\varphi'), \forall\varphi\in D$.

定义 3.6　设 u 是广义函数, 定义 u 的微商 u' 是 D 上的线性泛函, 并且满足

$$u'(\varphi)=-u(\varphi'),\quad \forall\varphi\in D.$$

不难证明, 若 $u\in D$, 则 $u'\in D$, 从而我们可以证明广义函数具有任意阶导数, 并且

$$\mathrm{D}^m u(\varphi)=(-1)^m u(\mathrm{D}^m\varphi). \tag{3.22}$$

例 3.19　函数 $H(x)$ 为

$$H(x)=\begin{cases}1, & x\geqslant 0,\\ 0, & x<0.\end{cases}$$

则

$$\begin{aligned}H'(\varphi) &= -H(\varphi') \\ &= -\int_{\mathbf{R}} H(x)\varphi'(x)\mathrm{d}x \\ &= -\int_0^{\infty} \varphi'(x)\mathrm{d}x \\ &= \varphi(0) = \delta(\varphi).\end{aligned}$$

所以 $H'(x) = \delta(x)$.

例 3.20 设 $f(x) \in C^1(\mathbf{R} \setminus \{0\})$, 记 $a = f(+0) - f(-0)$, 又设 f 和 f' 在紧集上可积, 则

$$\frac{\mathrm{d}}{\mathrm{d}x} f = a\delta + f'.$$

事实上, 对于任意的 $\varphi \in D$,

$$\begin{aligned}\frac{\mathrm{d}}{\mathrm{d}x} f(\varphi) &= -f(\varphi') \\ &= -\int_{-\infty}^{0} f(x)\varphi'(x)\mathrm{d}x - \int_0^{\infty} f(x)\varphi'(x)\mathrm{d}x \\ &= -f(-0)\varphi(0) + \int_{-\infty}^{0} f'(x)\varphi(x)\mathrm{d}x + f(+0)\varphi(0) + \int_0^{\infty} f'(x)\varphi(x)\mathrm{d}x \\ &= a\varphi(0) + \int_{\mathbf{R}} f'(x)\varphi(x)\mathrm{d}x \\ &= a\delta(\varphi) + f'(\varphi).\end{aligned}$$

这个例子告诉我们, 如果 $f \in C^1(\mathbf{R})$, 则广义函数的导数和经典的导数定义一致, 但是如果函数具有第一类间断点, 则广义函数的导数会在间断点处引入 δ 函数.

我们还可以定义广义函数和无穷次可微函数的乘积以及相应的导数.

定义 3.7 设 u 是广义函数, $f \in C^{\infty}(\mathbf{R})$, 则它们的乘积 fu 定义为

$$(fu)(\varphi) = u(f\varphi), \quad \forall \varphi \in D.$$

很容易验证 fu 是一个广义函数. 类似地, 我们也可以定义乘积对应的广义函数的导数. 不难证明:

$$\mathrm{D}(fu) = fu' + uf', \tag{3.23}$$

这是因为

$$
\begin{aligned}
(\mathrm{D}(fu))(\varphi) &= -(fu)(\varphi') = -u(f\varphi') = -u\left((f\varphi)' - \varphi f'\right) \\
&= u'(f\varphi) + u(\varphi f') = (fu' + uf')(\varphi).
\end{aligned}
$$

3.5.4 广义函数的卷积

如前所述, 两个可积函数 $f(x)$, $g(x)$ 的卷积定义为

$$
(f * g)(x) = \int_{\mathbf{R}} f(x-y)g(y)\mathrm{d}y,
$$

从而如果将它看成一个正则的广义函数, 则

$$
\begin{aligned}
(f * g)(\varphi) &= \int_{\mathbf{R}} (f * g)(z)\varphi(z)\mathrm{d}z \\
&= \int_{\mathbf{R}} \left(\int_{\mathbf{R}} f(z-y)g(y)\mathrm{d}y\right)\varphi(z)\mathrm{d}z \\
&= \int_{\mathbf{R}} g(y)\left(\int_{\mathbf{R}} f(z-y)\varphi(z)\mathrm{d}z\right)\mathrm{d}y \\
&= \int_{\mathbf{R}} g(y)\left(\int_{\mathbf{R}} f(z)\varphi(z+y)\mathrm{d}z\right)\mathrm{d}y.
\end{aligned}
$$

因此, 两个广义函数的卷积可以如下定义.

定义 3.8　设 u, v 是两个广义函数, 如果由下式定义的 ω 是一个广义函数,

$$
\omega(\varphi) = v_y\left[u_x(\varphi(x+y))\right],
$$

则称 ω 是 u, v 的卷积, 记作 $\omega = u * v$. 其中上式的定义中 u_x 表示广义函数 u 的定义以 x 作为积分变量.

说明 3.3　上述卷积的定义不是对所有的广义函数都成立, 因为在这个定义中我们需要 $\varphi(x) \in D$ 时, $\varphi(x+y) \in D$. 这个不是对所有的广义函数成立. 这里我们给出一个卷积可以定义的充分条件. 设 u, v 是广义函数, 记 A, B 是 u, v 的支集, 给定一个紧集 F, 定义

$$
\widetilde{F} = \{(x,y) | x+y \in F\},
$$

如果对任意的紧集 F, $\widetilde{F}$ 都是有界集, 则 $u * v$ 就是一个广义函数.

例 3.21 $\delta(x)$ 有以下性质:

(1) $\delta(ax)=\dfrac{1}{|a|}\delta(x)$, 特别地, $\delta(-x)=\delta(x)$;

(2) $x\delta(x)=0$, $x\delta(x-a)=a\delta(x-a)$;

(3) $\dfrac{\mathrm{d}}{\mathrm{d}x}\delta(x-a)=-\delta(x-a)\dfrac{\mathrm{d}}{\mathrm{d}x}$;

(4) $f*\delta=f(x)$.

证明 第 (1)、(3)、(4) 式的证明留作作业. 对于第二个式子, 由广义函数的运算法则有

$$\begin{aligned}(g(x)\delta(x-y),\varphi(x))&=(\delta(x-y),g(x)\varphi(x))\\&=g(y)\varphi(y)=(g(y)\delta(x-y),\varphi(x)).\end{aligned}$$

从而

$$g(x)\delta(x-y)=g(y)\delta(x-y).$$

故

$$x\delta(x)=0\delta(x)=0.$$

于是对任意 a 有 $0=(x-a)\delta(x-a)$, 即

$$x\delta(x-a)=a\delta(x-a).$$

#

物理学者和工程师凭借想象和直观的类比, 不严谨地套用公式, 有时也可以得到丰硕的成果, 但有时也错得离谱. 即便是历史上的数学大师, 如费马、欧拉等, 也以其丰富的类比想象而硕果累累, 但也有些不靠谱的错误论断. 数学上严谨的证明, 如同物理实验一样, 在逻辑上验证类比猜想的正确性. 所以, 在数学的学习和应用中, 不仅要知其然, 还要知其所以然, 对应用对象有真实的感觉和经验, 才能用虚拟世界里的想象, 指引现实天空中的飞翔.

3.5.5 傅里叶变换对

前面介绍了在工程计算中 δ 函数具有非常重要的意义和应用背景. 但是, 按照传统的傅里叶变换的定义, 我们不能对 δ 函数做傅里叶变换, 为此我们首先定义了广义函数, 并给出 δ 函数严格的数学定义, 再从广义函数的定义出发定义其傅里叶变换. 具体来说, 给定一个广义函数 u, u 的傅里叶变换 $\widehat{u}$ 也是一个连续线性泛函, 且满足

$$\widehat{u}(\varphi)=u(\widehat{\varphi}),\quad \varphi\in D.$$

然而上述定义存在一个问题, 就是如果 $\varphi \in D$, 我们不能保证 $\widehat{\varphi} \in D$. 因此, 为了定义广义函数的傅里叶变换, 我们不能直接在基本空间上定义, 需要寻找另外一个空间上的连续线性泛函, 这个空间就是速降空间. 这里, 我们不准备介绍有关细节, 具体的内容可以参考相关书籍 [2].

注意到傅里叶变换和傅里叶逆变换的形式非常类似, 它们具有一定的对称性. 事实上, 如果 $f(t)$ 的傅里叶变换是 $\widehat{f}(\lambda)$, 且 $\widehat{f} \in L^1(\mathbf{R})$, 则 $\widehat{f}$ 作为一个函数也可以计算它的傅里叶变换. 它的傅里叶变换是

$$\mathfrak{F}[\widehat{f}](\lambda) = f(-\lambda).$$

实际上, 由

$$f(x) = \mathfrak{F}^{-1}[\widehat{f}](x) = \frac{1}{\sqrt{2\pi}} \int_{-\infty}^{\infty} \widehat{f}(\lambda) \mathrm{e}^{\mathrm{i}\lambda x} \mathrm{d}\lambda,$$

我们有

$$f(-x) = \frac{1}{\sqrt{2\pi}} \int_{-\infty}^{\infty} \widehat{f}(\lambda) \mathrm{e}^{-\mathrm{i}\lambda x} \mathrm{d}\lambda = \mathfrak{F}[\widehat{f}(\lambda)](x).$$

也就是说, 一个函数和它的傅里叶变换称为一个傅里叶变换对.

例 3.22　求 $\delta(x)$ 函数的傅里叶变换对.

解

$$\mathfrak{F}[\delta](\lambda) = \frac{1}{\sqrt{2\pi}} \int_{-\infty}^{\infty} \delta(x) \mathrm{e}^{-\mathrm{i}\lambda x} \mathrm{d}x = \frac{1}{\sqrt{2\pi}} \mathrm{e}^{-\mathrm{i}\lambda x}|_{x=0} = \frac{1}{\sqrt{2\pi}}.$$

因此 $\delta(x)$ 和常函数 $\dfrac{1}{\sqrt{2\pi}}$ 构成一个傅里叶变换对, 即

$$\mathfrak{F}[\delta(x)](\lambda) = \frac{1}{\sqrt{2\pi}}, \quad \mathfrak{F}\left[\frac{1}{\sqrt{2\pi}}\right](\lambda) = \delta(-\lambda) = \delta(\lambda).$$

同理, 由

$$\mathfrak{F}[\delta(x-a)](\lambda) = \frac{1}{\sqrt{2\pi}} \int_{-\infty}^{\infty} \delta(x-a) \mathrm{e}^{-\mathrm{i}\lambda x} \mathrm{d}x = \frac{1}{\sqrt{2\pi}} \mathrm{e}^{-\mathrm{i}\lambda x}|_{x=a} = \frac{1}{\sqrt{2\pi}} \mathrm{e}^{-\mathrm{i}a\lambda},$$

知 $\delta(x-a)$ 和常函数 $\dfrac{1}{\sqrt{2\pi}} \mathrm{e}^{-\mathrm{i}a\lambda}$ 构成一个傅里叶变换对, 即

$$\mathfrak{F}[\delta(x-a)](\lambda) = \frac{1}{\sqrt{2\pi}} \mathrm{e}^{-\mathrm{i}a\lambda}, \quad \mathfrak{F}\left[\frac{1}{\sqrt{2\pi}} \mathrm{e}^{-\mathrm{i}ax}\right](\lambda) = \delta(-\lambda - a) = \delta(\lambda + a).$$

例 3.23 求正弦函数 $f(t)=\sin(\lambda_0 t)$ 的傅里叶变换.

解
$$\begin{aligned}\mathfrak{F}[f(x)](\lambda)&=\mathfrak{F}\left[\frac{\mathrm{e}^{\mathrm{i}\lambda_0 x}-\mathrm{e}^{-\mathrm{i}\lambda_0 x}}{2\mathrm{i}}\right]\\&=\sqrt{\frac{\pi}{2}}\mathrm{i}\left(\delta(\lambda+\lambda_0)-\delta(\lambda-\lambda_0)\right).\end{aligned}$$

例 3.24 设 $H(x)=\begin{cases}0, & x<0,\\ \dfrac{1}{2}, & x=0,\\ 1, & x>0,\end{cases}$ 证明: $H(x)$ 的傅里叶变换是

$$\mathfrak{F}[H(x)](\lambda)=\frac{1}{\sqrt{2\pi}}\left(\frac{1}{\mathrm{i}\lambda}+\pi\delta(\lambda)\right).$$

解 这里不直接计算函数 $H(x)$ 的傅里叶变换, 而改成计算函数 $\dfrac{1}{\sqrt{2\pi}}\left(\dfrac{1}{\mathrm{i}\lambda}+\pi\delta(\lambda)\right)$ 的逆傅里叶变换.

$$\begin{aligned}\mathfrak{F}^{-1}\left[\frac{1}{\sqrt{2\pi}}\left(\frac{1}{\mathrm{i}\lambda}+\pi\delta(\lambda)\right)\right](x)&=\frac{1}{2\pi}\int_{-\infty}^{\infty}\left(\frac{1}{\mathrm{i}\lambda}+\pi\delta(\lambda)\right)\mathrm{e}^{\mathrm{i}\lambda x}\mathrm{d}\lambda\\&=\frac{1}{2\pi}\int_{-\infty}^{\infty}\pi\delta(\lambda)\mathrm{e}^{\mathrm{i}\lambda x}\mathrm{d}\lambda+\frac{1}{2\pi}\int_{-\infty}^{\infty}\frac{1}{\mathrm{i}\lambda}\mathrm{e}^{\mathrm{i}\lambda x}\mathrm{d}\lambda\\&=\frac{1}{2}+\frac{1}{2\pi}\int_{-\infty}^{\infty}\frac{\cos(\lambda x)+\mathrm{i}\sin(\lambda x)}{\mathrm{i}\lambda}\mathrm{d}\lambda\\&=\frac{1}{2}+\frac{1}{2\pi}\int_{-\infty}^{\infty}\frac{\sin(\lambda x)}{\lambda}\mathrm{d}\lambda\\&=H(x),\end{aligned}$$

最后一个等式是因为

$$\int_0^{\infty}\frac{\sin(\lambda x)}{\lambda}\mathrm{d}\lambda=\begin{cases}\dfrac{\pi}{2}, & x>0,\\ -\dfrac{\pi}{2}, & x<0.\end{cases}$$

因此, $H(x)$ 和 $\dfrac{1}{\sqrt{2\pi}}\left(\dfrac{1}{\mathrm{i}\lambda}+\pi\delta(\lambda)\right)$ 构成一个傅里叶变换对.

例 3.25 求函数 $H(x)\mathrm{e}^{-\beta x},\beta\neq 0$ 的傅里叶变换.

解 $$\begin{aligned}\mathfrak{F}[H(x)\mathrm{e}^{-\beta x}](\lambda) &= \frac{1}{\sqrt{2\pi}}\int_{-\infty}^{\infty}(H(x)\mathrm{e}^{-\beta x})\mathrm{e}^{-\mathrm{i}\lambda x}\mathrm{d}x \\ &= \frac{1}{\sqrt{2\pi}}\int_{-\infty}^{\infty}H(x)\mathrm{e}^{-\mathrm{i}(\lambda-\beta\mathrm{i})x}\mathrm{d}x \\ &= \frac{1}{\sqrt{2\pi}}\left(\frac{1}{\mathrm{i}(\lambda-\beta\mathrm{i})}+\pi\delta(\lambda-\beta\mathrm{i})\right) \\ &= \frac{1}{\sqrt{2\pi}}\frac{1}{\beta+\mathrm{i}\lambda}.\end{aligned}$$

作为总结, 下面给出五个最常见的傅里叶变换对, 见表 3.2.

表 3.2

函数 $f(x)$	傅里叶变换 $\widehat{f}(\lambda)$
$\delta(x)$	$\frac{1}{\sqrt{2\pi}}$
$\delta(x-a)$	$\frac{1}{\sqrt{2\pi}}\mathrm{e}^{-\mathrm{i}a\lambda}$
$H(x)$	$\frac{1}{\sqrt{2\pi}}\left(\frac{1}{\mathrm{i}\lambda}+\pi\delta(\lambda)\right)$
$H(x)\mathrm{e}^{-\beta x}$	$\frac{1}{\sqrt{2\pi}}\frac{1}{\beta+\mathrm{i}\lambda}$
$\mathrm{e}^{-\beta x^2}$	$\frac{1}{\sqrt{2\beta}}\mathrm{e}^{-\frac{\lambda^2}{4\beta}}$

3.6　线性时不变滤波器

滤波器这个名词想必大家也不陌生, 比如带有 “降噪” 功能的麦克风, 说白了就是把高频的噪声信号给过滤掉. 更专业一点, 滤波器是能过滤某些特定频段, 留下需要信号的部件, 比如低通滤波器 (只留下低频分量)、高通滤波器 (只留下高频分量)、带通滤波器 (只留下特定范围内的分量).

从数学的观点看, 信号就是一个函数, 而滤波器可以看成一个变换 L, 它将信号 f 映射到另外一个信号. 如果滤波器是线性的, 则变换 L 必须满足下面两个性质:

- **加性**　$L[f+g]=L[f]+L[g]$.
- **齐性**　$L[cf]=cL[f]$, 其中 c 是常数.

除此之外, 一般的滤波器还满足的另外一个性质是时不变性. 举例说, 假设我们正在放一张旧的有杂音的唱片, 如果将声音信号通过一个去噪滤波器去噪, 就可以听到清晰的音乐. 现假设我们第二天放同样的唱片, 通过同样的滤波器, 那么我们应该听到同样的清晰的音乐, 这个就是时不变性. 从数学上时不变性可以这样定义.

定义 3.9 变换 L 称为时不变的, 是指对于任意的信号 f 和实数 a, 有

$$L[f_a](t) = (Lf)(t-a),$$

这里 $f_a(t) = f(t-a)$. 也就是说, 如果信号延时 a 个单位, 则经过变换后的信号就是原始变换的信号延时 a 个单位.

例 3.26 设 $h(t)$ 是一个具有有限支撑的函数, 对于信号 f, 令

$$(Lf)(t) = (h * f)(t) = \int_{-\infty}^{\infty} h(t-x)f(x)\mathrm{d}x,$$

则线性算子 L 是时不变的.

事实上, 对任意的 a 有

$$\begin{aligned}(Lf)(t-a) &= \int_{-\infty}^{\infty} h(t-a-x)f(x)\mathrm{d}x \\ &= \int_{-\infty}^{\infty} h(t-y)f(y-a)\mathrm{d}y \\ &= \int_{-\infty}^{\infty} h(t-y)f_a(y)\mathrm{d}y \\ &= (Lf_a)(t),\end{aligned}$$

即 L 是时不变的.

但是, 并不是所有的线性变换是时不变的, 比如下面的例子.

例 3.27 令

$$(Lf)(t) = \int_0^t f(x)\mathrm{d}x,$$

则一方面有

$$L[f_a](t) = \int_0^t f(x-a)\mathrm{d}x = \int_{-a}^{t-a} f(x)\mathrm{d}x,$$

另一方面有

$$(Lf)(t-a) = \int_0^{t-a} f(x)\mathrm{d}x,$$

可以看出, 当 $a \neq 0$ 时, $L[f_a](t)$ 和 $(Lf)(t-a)$ 一般不相等, 也就是说 L 不是时不变的.

下面的定理说明, 卷积就是典型的时不变线性滤波器, 并且每一个时不变滤波器都对应一个函数, 而且这个函数可以非常容易确定.

定理 3.7 设 L 是线性时不变的, 其作用的信号是分段连续的, 则存在一个可积函数 h, 使得对所有的信号 f, 有

$$L(f) = f * h.$$

证明 这个证明包含两步. 第一步, 我们证明对任意的 $\lambda \in \mathbf{R}$, 存在 h 满足

$$L\left[\mathrm{e}^{\mathrm{i}\lambda x}\right](t) = \sqrt{2\pi}\hat{h}(\lambda)\mathrm{e}^{\mathrm{i}\lambda t}, \quad t \in \mathbf{R}.$$

事实上, 定义函数

$$h^{\lambda}(t) = L\left[\mathrm{e}^{\mathrm{i}\lambda x}\right](t), \quad t \in \mathbf{R}.$$

因为 L 是时不变的, 所以对任意的 $a \in \mathbf{R}$,

$$L\left[\mathrm{e}^{\mathrm{i}\lambda(x-a)}\right](t) = h^{\lambda}(t-a),$$

又因为 L 是线性的, 我们有

$$L\left[\mathrm{e}^{\mathrm{i}\lambda(x-a)}\right](t) = \mathrm{e}^{-\mathrm{i}\lambda a}L\left[\mathrm{e}^{\mathrm{i}\lambda x}\right](t) = \mathrm{e}^{-\mathrm{i}\lambda a}h^{\lambda}(t),$$

从而对任意的 $a \in \mathbf{R}$,

$$h^{\lambda}(t-a) = \mathrm{e}^{-\mathrm{i}\lambda a}h^{\lambda}(t).$$

特别地, 当 $t = a$ 时有

$$h^{\lambda}(0) = \mathrm{e}^{-\mathrm{i}\lambda a}h^{\lambda}(a).$$

从而对任意的 $t \in \mathbf{R}$,

$$h^{\lambda}(t) = \mathrm{e}^{\mathrm{i}\lambda t}h^{\lambda}(0).$$

于是,

$$L\left[\mathrm{e}^{\mathrm{i}\lambda x}\right](t) = h^{\lambda}(t) = h^{\lambda}(0)\mathrm{e}^{\mathrm{i}\lambda t}.$$

令 $\hat{h}(\lambda) = \dfrac{h^{\lambda}(0)}{\sqrt{2\pi}}$ 即可.

第二步就是利用 $\hat{h}(\lambda)$ 来确定算子 L. 将算子 L 作用于傅里叶变换反演公式

$$f(x) = \frac{1}{\sqrt{2\pi}}\int_{\mathbf{R}}\hat{f}(\lambda)\mathrm{e}^{\mathrm{i}\lambda x}\mathrm{d}\lambda$$

的两边得

$$
\begin{aligned}
L[f](t) &= L\left[\frac{1}{\sqrt{2\pi}}\int_{\mathbf{R}}\hat{f}(\lambda)\mathrm{e}^{\mathrm{i}\lambda x}\mathrm{d}\lambda\right](t) \\
&= \frac{1}{\sqrt{2\pi}}\int_{\mathbf{R}}\hat{f}(\lambda)L\left[\mathrm{e}^{\mathrm{i}\lambda x}\right]\mathrm{d}\lambda \\
&= \frac{1}{\sqrt{2\pi}}\int_{\mathbf{R}}\hat{f}(\lambda)\left(\sqrt{2\pi}\hat{h}(\lambda)\mathrm{e}^{\mathrm{i}\lambda t}\right)\mathrm{d}\lambda \\
&= (f*h)(t).
\end{aligned}
$$

定理证毕. #

这里函数 $h(t)$ 具有明确的意义. 事实上在上式中令 $f(x)=\delta(x)$, 就可以得到

$$
L\left[\delta(x)\right](t) = \left(\delta(x)*h(x)\right)(t) = h(t),
$$

即 $h(t)$ 是脉冲信号通过 L 后的响应函数.

说明 3.4 定理 3.7有着非常明确的意义和应用价值. 它表明, 时不变线性算子等价于一个函数的卷积, 因此该定理具有很好的普适性, 同时从另外一个方面说明了卷积在信号处理中的重要地位. 在实际应用中, L 通常对应一个线性滤波器. 这个定理告诉我们即使我们不知道这个滤波器有什么作用, 我们也可以知道这个滤波器是怎么工作的, 也就是输入信号和某个函数 h 的卷积. 同时 h 可以非常容易确定, 即在滤波器中输入一个脉冲信号, 输出的响应函数就是 h.

3.7 采样定理

在前面的介绍中, 我们都假设信号是一个连续函数. 但是在实际中, 我们都需要将一个连续信号转换成一个离散序列. 采样是将一个信号 (即时间或空间上的连续函数) 转换成一个数值序列 (即时间或空间上的离散函数) 的过程. 通常, 采样就是以间隔 s 记录信号 $\{f(js), j\in\mathbf{Z}\}$ 的值. 所以一个自然的问题就是如何从这些离散函数恢复出原始的信号. 下面介绍的采样定理指出, 如果信号是带限的 (信号中高于某一给定值的频率成分必须是零, 或至少非常接近于零. 严格的定义见定义 3.10), 那么只要 s 足够小, 原来的连续信号就可以从采样样本中完全重建出来. 采样定理, 又称香农采样定理或奈奎斯特 (Nyquist) 采样定理, 是信息论特别是通信与信号处理中最重要最基本的理论之一.

很显然, 对于任意的信号, 从有限的采样点中恢复出原始信号应该是不可能的. 所以, 一个自然的问题是: 在什么样的条件下, 一个信号可以从有限采样中恢复呢? 为此, 我们先给出一个简单的例子, 来看看采样定理如何发生的.

给定一个带指针的圆盘, 假设这个指针按顺时针旋转, 针转一圈至多需要 1 秒. 但是我们并不知道这些信息, 我们希望可以通过采样指针的离散信息来获取这个指针的运行情况, 即隔一段时间记录指针当前的位置.

- 如果采样的时间间隔是 $\frac{1}{3}$ 秒, 我们可以重复得到时刻 0 秒, $\frac{1}{3}$ 秒, $\frac{2}{3}$ 秒的信息. 这时, 我们可以计算出此时满足条件的最大的周期是 1 秒, 而且, 可以判断出它是顺时针旋转.
- 如果采样的时间间隔是 $\frac{1}{2}$ 秒, 我们可以重复得到时刻 0 秒, $\frac{1}{2}$ 秒的信息. 这个情况下, 我们可以计算出它此时满足条件的最大的周期是 1 秒, 但是不能确定是顺时针还是逆时针旋转.
- 如果采样的时间间隔是 $\frac{2}{3}$ 秒, 那么我们可以重复得到时刻 0 秒, $\frac{2}{3}$ 秒, $\frac{4}{3}$ 秒的信息. 这个情况下, 我们也可以计算出此时满足条件的最大周期是 1 秒, 不过指针是逆时针旋转.
- 如果采样的时间间隔是 1 秒, 那么我们只能看到一幅静止的图片, 我们会认为指针根本就没动, 所以它的周期和方向都没有办法计算.

从这个简单的例子可以看出, 是否可以恢复原始信号和信号本身的频率的界 (假设指针转一圈至少需要 1 秒) 有关系, 同时和采样的密度 (采样的时间间隔) 有非常密切的联系. 下面给出这个结果的理论基础.

定义 3.10 如果存在常数 $\Omega > 0$, 使得

$$\widehat{f}(\lambda) = 0, \quad |\lambda| > \Omega,$$

则函数 f 称为频率带限信号. 当 Ω 是满足上式的最小的频率时, 自然频率 $\nu = \frac{\Omega}{2\pi}$ 称为 Nyquist 频率, $2\nu = \frac{\Omega}{\pi}$ 称为 Nyquist 采样率.

定理 3.8 假设 $\widehat{f}(\lambda)$ 是分段光滑且连续的, 而且对于 $\lambda > \Omega$, 有 $\widehat{f}(\lambda) = 0$, 其中 Ω 是一个固定的正数. 则

$$f(t) = \sum_{j=-\infty}^{\infty} f\left(\frac{j\pi}{\Omega}\right) \frac{\sin(\Omega t - j\pi)}{\Omega t - j\pi}.$$

证明 将 $\widehat{f}(\lambda)$ 在 $[-\Omega, \Omega]$ 上展开成傅里叶级数:

$$\widehat{f}(\lambda) = \sum_{k=-\infty}^{\infty} c_k e^{\frac{i\pi k\lambda}{\Omega}}, \quad c_k = \frac{1}{2\Omega} \int_{-\Omega}^{\Omega} \widehat{f}(\lambda) e^{\frac{-i\pi k\lambda}{\Omega}} d\lambda,$$

由于 $\lambda > \Omega$, 有 $\widehat{f}(\lambda) = 0$, 所以上面的积分区间可以改成负无穷到正无穷:

$$c_k=\frac{1}{2\Omega}\int_{-\infty}^{\infty}\widehat{f}(\lambda)\mathrm{e}^{\frac{-\mathrm{i}\pi k\lambda}{\Omega}}\mathrm{d}\lambda.$$

注意到上式可以写成

$$c_k=\frac{\sqrt{2\pi}}{2\Omega}\frac{1}{\sqrt{2\pi}}\int_{-\infty}^{\infty}\widehat{f}(\lambda)\mathrm{e}^{\frac{-\mathrm{i}\pi k\lambda}{\Omega}}\mathrm{d}\lambda=\frac{\sqrt{2\pi}}{2\Omega}f\left(-\frac{k\pi}{\Omega}\right).$$

将上式代入到级数展开式中, 同时将求和指标 k 换成 $j=-k$, 得

$$\widehat{f}(\lambda)=\sum_{j=-\infty}^{\infty}\frac{\sqrt{2\pi}}{2\Omega}f\left(\frac{j\pi}{\Omega}\right)\mathrm{e}^{\frac{-\mathrm{i}\pi j\lambda}{\Omega}}.$$

由于 $\widehat{f}(\lambda)$ 是分段光滑的函数, 所以上述级数是一致收敛的. 从而我们有

$$\begin{aligned}f(t)&=\frac{1}{\sqrt{2\pi}}\int_{-\infty}^{\infty}\widehat{f}(\lambda)\mathrm{e}^{\mathrm{i}\lambda t}\mathrm{d}\lambda\\&=\frac{1}{\sqrt{2\pi}}\int_{-\Omega}^{\Omega}\widehat{f}(\lambda)\mathrm{e}^{\mathrm{i}\lambda t}\mathrm{d}\lambda\\&=\sum_{j=-\infty}^{\infty}\frac{\sqrt{2\pi}}{2\Omega}f\left(\frac{j\pi}{\Omega}\right)\frac{1}{\sqrt{2\pi}}\int_{-\Omega}^{\Omega}\mathrm{e}^{\frac{-\mathrm{i}\pi j\lambda}{\Omega}+\mathrm{i}\lambda t}\mathrm{d}\lambda\\&=\sum_{j=-\infty}^{\infty}f\left(\frac{j\pi}{\Omega}\right)\frac{\sin(\Omega t-j\pi)}{\Omega t-j\pi}.\end{aligned}$$ #

下面我们看一个例子.

例 3.28 记 $f(t)=\dfrac{4\sin t-4t\cos t}{t^3}$, 则 $f(t)$ 的傅里叶变换是

$$\begin{aligned}\widehat{f}(\lambda)&=\frac{1}{\sqrt{2\pi}}\int_{-\infty}^{\infty}f(t)\mathrm{e}^{-\mathrm{i}\lambda t}\mathrm{d}t\\&=\begin{cases}\sqrt{2\pi}(1-\lambda^2), & |\lambda|\leqslant 1,\\ 0, & |\lambda|>1.\end{cases}\end{aligned}$$

即 $f(t)$ 是一个频率带限信号. 因此只要我们取 $\Omega\geqslant 1$, 就可以对原始信号完全重构.

我们再从另一个角度来看采样定理, 如图 3.17 所示, 设 $a=\dfrac{\pi}{\Omega}$, 记 $\phi_a(t)=\dfrac{\sin(\pi t/a)}{\pi t/a}$, 由采样定理有

$$f(t)=\sum_{j=-\infty}^{\infty}f(ja)\phi_a(t-ja)=\phi_a*\sum_{j=-\infty}^{\infty}f(ja)\delta(t-ja).$$

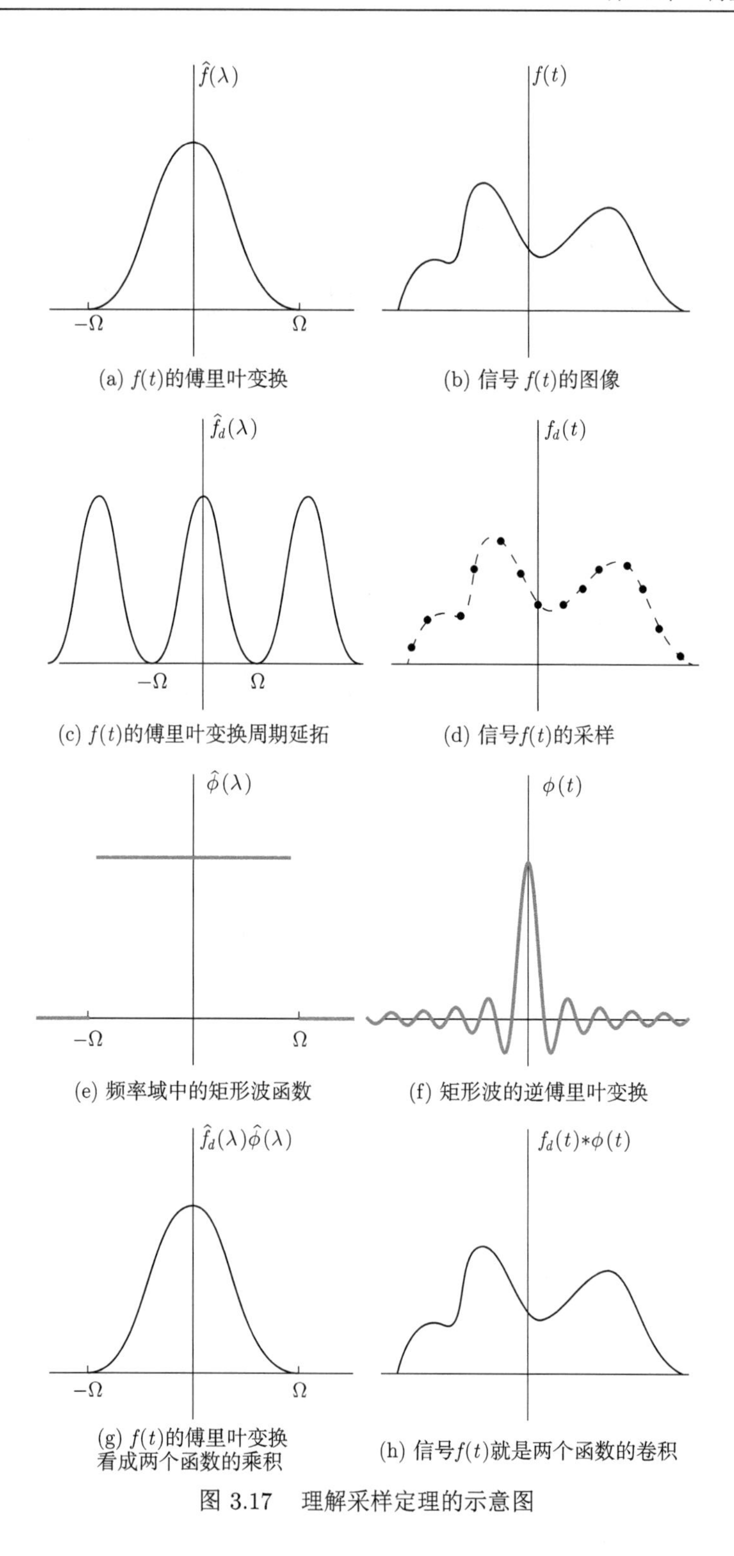

图 3.17　理解采样定理的示意图

注意到 $\sum_{j=-\infty}^{\infty} f(ja)\delta(t-ja)$ 对应于一个信号 f 的任意均匀采样 $f_d(t)$:

$$f_d(t) = \sum_{j=-\infty}^{\infty} f(ja)\delta(t-ja),$$

这样采样定理表明

$$\widehat{f}(\lambda) = \sqrt{2\pi}\widehat{\phi}_a(\lambda)\widehat{f}_d(\lambda) = r_{a,\Omega}(\lambda)\widehat{f}_d(\lambda),$$

这里 $r_{a,b}(\lambda) = \begin{cases} a, & -b \leqslant \lambda \leqslant b, \\ 0, & \text{其他}. \end{cases}$

进一步可以证明 $f_d(t)$ 的傅里叶变换是 (见 [3])

$$\widehat{f}_d(\lambda) = \frac{1}{a}\sum_{j=-\infty}^{\infty} \widehat{f}(\lambda - 2k\Omega).$$

如果 $\widehat{f}$ 的支集超出区间 $[-\Omega,\Omega]$ 的范围, 则对于某些非零的 $j \neq 0$, $\widehat{f}(\lambda-2j\Omega)$ 的支集和 $[-\Omega,\Omega]$ 相交, 于是高频部分折叠到了低频区间, 这个称之为混叠. 由于存在混叠, $\dfrac{1}{a}\sum_{j=-\infty}^{\infty} \widehat{f}(\lambda-2k\Omega)$ 完全不同于 $\widehat{f}$ 的支集属于 $[-\Omega,\Omega]$ 的情形, 这个过程可以用图 3.18 来解释.

我们看一个具体实例.

例 3.29 考虑高频振荡

$$f(t) = \cos(\lambda_0 t) = \frac{e^{i\lambda_0 t} + e^{-i\lambda_0 t}}{2},$$

其傅里叶变换是

$$\widehat{f}(\lambda) = \sqrt{\frac{\pi}{2}}(\delta(\lambda-\lambda_0) + \delta(\lambda+\lambda_0)).$$

如果 $\Omega < \lambda_0 < 2\Omega$, 则

$$\sqrt{2\pi}\widehat{\phi}_a(\lambda)\widehat{f}_d(\lambda) = \sqrt{\frac{\pi}{2}}(\delta(\lambda - 2\Omega + \lambda_0) + \delta(\lambda + 2\Omega - \lambda_0)).$$

因此, 混叠将高频 λ_0 移至低频 $2\Omega - \lambda_0 \in [-\Omega,\Omega]$.

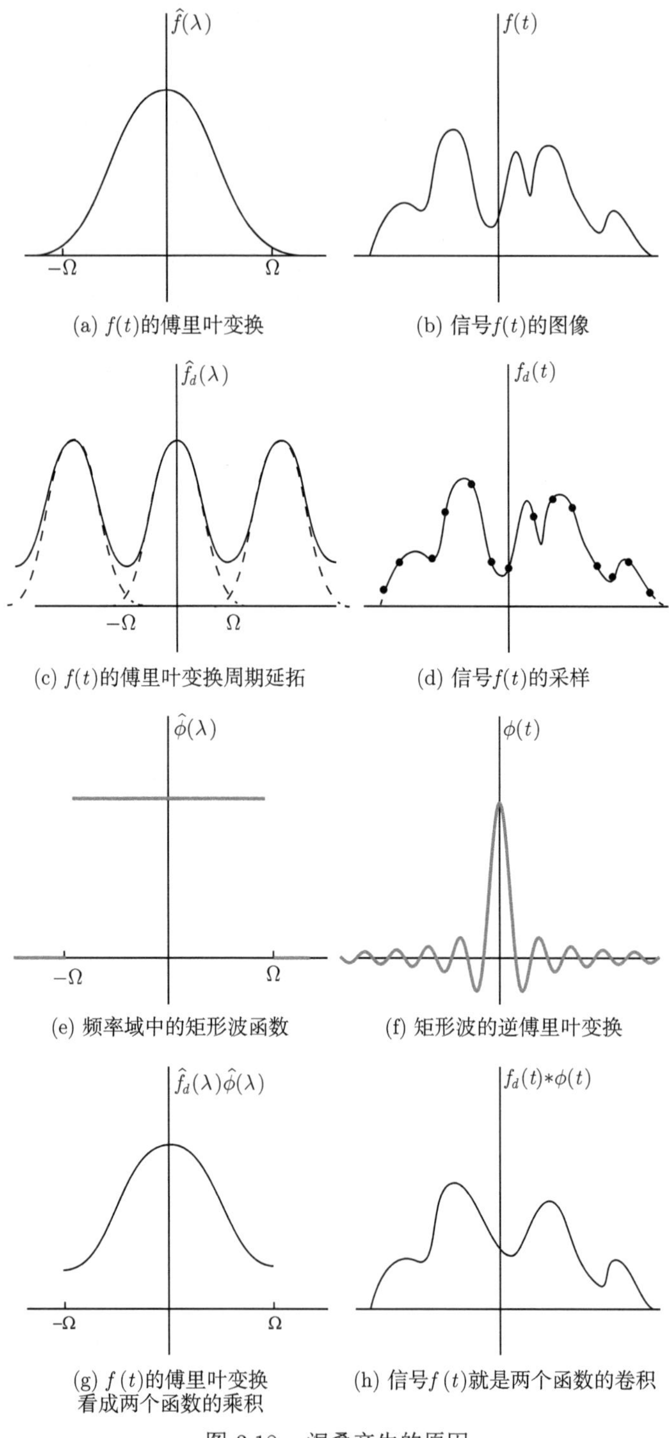

图 3.18　混叠产生的原因

3.8 离散傅里叶变换

傅里叶变换可以用来分析连续的信号, 然而在许多的应用场合, 信号本身已经是离散的, 在这种情况下, 需要利用傅里叶变换的离散形式来分析离散信号. 为此, 我们先看几个例子来探求如何去定义离散傅里叶变换.

例 3.30 我们先看一下如何近似计算傅里叶系数

$$\alpha_k = \frac{1}{2\pi}\int_0^{2\pi} f(t)\mathrm{e}^{-\mathrm{i}kt}\mathrm{d}t.$$

解 利用梯形积分公式

$$\begin{aligned}\alpha_k &\approx \frac{1}{2\pi}\frac{2\pi}{n}\sum_{j=0}^{n-1} f\left(\frac{2\pi j}{n}\right)\mathrm{e}^{-\frac{2\pi\mathrm{i}jk}{n}} \\ &= \frac{1}{n}\sum_{j=0}^{n-1} f\left(\frac{2\pi j}{n}\right)\mathrm{e}^{-\frac{2\pi\mathrm{i}jk}{n}} \\ &= \frac{1}{n}\sum_{j=0}^{n-1} y_j\overline{\omega}^{jk},\end{aligned}$$

其中 $y_j = f\left(\dfrac{2\pi j}{n}\right)$, $\omega = \mathrm{e}^{\frac{2\pi\mathrm{i}}{n}}$.

例 3.31 假设 f 是以 2π 为周期的函数, 并且已知 f 在等距结点 $x_j = \dfrac{2\pi j}{n}, j = 0, 1, \cdots, n-1$ 的值 $y_j = f(x_j)$, 求三角多项式

$$p(x) = \sum_{k=0}^{n-1} c_k\mathrm{e}^{\mathrm{i}kx},$$

使得 $p(x)$ 在结点 x_j 插值 $f(x_j)$.

解 很显然这个问题可以转化成线性方程组

$$\sum_{k=0}^{n-1} c_k\mathrm{e}^{\frac{2\pi\mathrm{i}jk}{n}} = y_j, \quad 0 \leqslant j \leqslant n-1.$$

对任意的 $0 \leqslant p \leqslant n-1$,

$$\sum_{j=0}^{n-1} y_j\mathrm{e}^{-\frac{2\pi\mathrm{i}jp}{n}} = \sum_{j=0}^{n-1}\sum_{k=0}^{n-1} c_k\mathrm{e}^{\frac{2\pi\mathrm{i}j(k-p)}{n}}$$

$$=\sum_{k=0}^{n-1}c_k\sum_{j=0}^{n-1}\mathrm{e}^{\frac{2\pi\mathrm{i}j(k-p)}{n}}.$$

由

$$\sum_{j=0}^{n-1}\mathrm{e}^{\frac{2\pi\mathrm{i}j(k-p)}{n}}=\begin{cases}n, & k=p,\\ 0, & k\neq p.\end{cases}$$

可得

$$\sum_{j=0}^{n-1}y_j\mathrm{e}^{-\frac{2\pi\mathrm{i}jp}{n}}=nc_p,$$

因此

$$c_k=\frac{1}{n}\sum_{j=0}^{n-1}y_j\mathrm{e}^{-\frac{2\pi\mathrm{i}jk}{n}}.$$

例 3.32　假设 f 的支集位于 $[a,b]$ 内, 且在 $[a,b)$ 上连续, $f(b)=f(a)$. 已知 f 在 $a+j\dfrac{b-a}{n}, j=0,1,\cdots,n-1$ 处的采样值, 数值计算傅里叶变换

$$\widehat{f}(\lambda)=\frac{1}{\sqrt{2\pi}}\int_a^b f(t)\mathrm{e}^{-\mathrm{i}\lambda t}\mathrm{d}t.$$

解　由变量代换 $\theta=2\pi\dfrac{t-a}{b-a}$, 可得

$$\begin{aligned}\widehat{f}(\lambda)&=\frac{1}{\sqrt{2\pi}}\frac{b-a}{2\pi}\int_0^{2\pi}f\left(a+\frac{(b-a)\theta}{2\pi}\right)\mathrm{e}^{-\mathrm{i}\lambda\left(a+\frac{(b-a)\theta}{2\pi}\right)}\mathrm{d}\theta\\&=\frac{b-a}{(2\pi)^{3/2}}\mathrm{e}^{-\mathrm{i}\lambda a}\int_0^{2\pi}f\left(a+\frac{(b-a)\theta}{2\pi}\right)\mathrm{e}^{-\mathrm{i}\lambda\left(\frac{(b-a)\theta}{2\pi}\right)}\mathrm{d}\theta.\end{aligned}$$

令 $g(\theta)=f\left(a+\dfrac{(b-a)\theta}{2\pi}\right)$, $\lambda_k=\dfrac{2\pi}{b-a}k$, 则

$$\widehat{f}(\lambda_k)=\frac{b-a}{\sqrt{2\pi}}\mathrm{e}^{-\mathrm{i}\lambda_k a}\left(\frac{1}{2\pi}\int_0^{2\pi}g(\theta)\mathrm{e}^{-\mathrm{i}k\theta}\mathrm{d}\theta\right).$$

对任意的 $0\leqslant j\leqslant n-1$, 令 $y_j=g\left(\dfrac{2\pi j}{n}\right)=f\left(a+j\dfrac{b-a}{n}\right)$, 可以近似求得

$$\widehat{f}(\lambda_k)=\frac{b-a}{n\sqrt{2\pi}}\mathrm{e}^{-\mathrm{i}\lambda_k a}\sum_{j=0}^{n-1}y_j\mathrm{e}^{-\frac{2\pi\mathrm{i}jk}{n}}.$$

上面几个例子都涉及形如 $\sum_{j=0}^{n-1} y_j\overline{\omega_n}^{jk}, \omega_n = \mathrm{e}^{\frac{2\pi\mathrm{i}}{n}}$ 的计算, 这个就是所谓的离散傅里叶变换.

定义 3.11 令 $\mathbb{S}_n$ 表示以 n 为周期的复序列空间, 即对任意的 $y=\{y_i\}\in\mathbb{S}_n$, $y_{i+n}=y_i$. 假设 $y=\{y_i\}\in\mathbb{S}_n$, 则 y 的离散傅里叶变换序列 $\mathfrak{F}y=\{\widehat{y}_k\}$, 其中

$$\widehat{y}_k=\sum_{j=0}^{n-1} y_j\overline{\omega_n}^{jk}, \quad \omega_n = \mathrm{e}^{\frac{2\pi\mathrm{i}}{n}}.$$

离散傅里叶变换可以写成下面的矩阵形式:

$$\mathfrak{F}_n[y]=\widehat{y}=(\overline{F}_n)\cdot(y),$$

其中, $y=(y_0,y_1,\cdots,y_{n-1})$, $\widehat{y}=(\widehat{y}_0,\widehat{y}_1,\cdots,\widehat{y}_{n-1})$, 并且

$$F_n=\begin{pmatrix} 1 & 1 & 1 & \cdots & 1 \\ 1 & \omega_n & \omega_n^2 & \cdots & \omega_n^{n-1} \\ 1 & \omega_n^2 & \omega_n^4 & \cdots & \omega_n^{2(n-1)} \\ \vdots & \vdots & \vdots & & \vdots \\ 1 & \omega_n^{n-1} & \omega_n^{2(n-1)} & \cdots & \omega_n^{(n-1)^2} \end{pmatrix}. \tag{3.24}$$

3.8.1 离散傅里叶变换的性质

和连续傅里叶变换类似, 离散傅里叶变换具有很多类似的性质.

性质 1′ $\mathfrak{F}_n$ 是从 $\mathbb{S}_n$ 到 $\mathbb{S}_n$ 的线性算子.

性质 2′ 设 $y=(y_0,y_1,\cdots,y_{n-1})\in\mathbb{S}_n$, $\widehat{y}=\mathfrak{F}_n[y]$, 则

$$y_j=\frac{1}{n}\sum_{k=0}^{n-1}\widehat{y}_k\omega_n^{jk}.$$

性质 3′ 设 $y=\{y_k\}\in\mathbb{S}_n$, $z=\{z_k\}\in\mathbb{S}_n$ 而且 $z_k=y_{-k}$, 则

$$\mathfrak{F}_n[z]_j=\mathfrak{F}_n[y]_{-j}.$$

性质 4′ 设 $y=\{y_k\}\in\mathbb{S}_n$, $z=\{z_k\}\in\mathbb{S}_n$ 而且 $z_k=\overline{y_k}$, 则

$$\mathfrak{F}_n[z]_j=\overline{\mathfrak{F}_n[y]_{-j}}.$$

上述性质可以自然得到下面的推论.

- $y=\{y_k\}\in\mathbb{S}_n$ 是奇 (偶) 序列 $\Longleftrightarrow$ $\mathfrak{F}_n[y]$ 是奇 (偶) 序列;
- $y=\{y_k\}\in\mathbb{S}_n$ 是实序列 $\Longleftrightarrow$ $\mathfrak{F}_n[y]_j=\overline{\mathfrak{F}_n[y]_{-j}}$;
- $y=\{y_k\}\in\mathbb{S}_n$ 是实的偶序列 $\Longleftrightarrow$ $\mathfrak{F}_n[y]$ 是实的偶序列;

- $y=\{y_k\}\in\mathbb{S}_n$ 是实的奇序列 $\Longleftrightarrow \mathfrak{F}_n[y]$ 是纯虚的奇序列.

性质 5′　设 $y=\{y_k\}\in\mathbb{S}_n$, $z=\{z_k\}\in\mathbb{S}_n$ 而且 $z_k=y_{k+p}$, 则

$$\mathfrak{F}_n[z]_j=\omega_n^{pj}\mathfrak{F}_n[y]_j.$$

性质 6′　设 $y=\{y_k\}\in\mathbb{S}_n$, $z=\{z_k\}\in\mathbb{S}_n$ 而且 $z_k=\omega_n^{-pk}y_k$, 则

$$\mathfrak{F}_n[z]_j=\mathfrak{F}_n[y]_{j+p}.$$

性质 7′　离散卷积定理.

定义 3.12　假设 $y=\{y_k\}\in\mathbb{S}_n$, $z=\{z_k\}\in\mathbb{S}_n$, 则 y 和 z 的卷积 $y*z\in\mathbb{S}_n$ 定义为

$$(y*z)_k=\sum_{j=0}^{n-1}y_jz_{k-j}=\sum_{j=0}^{n-1}y_{k-j}z_j.$$

假设 $y=\{y_k\}\in\mathbb{S}_n$, $z=\{z_k\}\in\mathbb{S}_n$, 则

$$\mathfrak{F}_n[y*z]=\mathfrak{F}_n[y]\mathfrak{F}_n[z],$$

$$\mathfrak{F}_n[y\times z]=\frac{1}{n}\mathfrak{F}_n[y]*\mathfrak{F}_n[z].$$

性质 8′　假设 $y=\{y_k\}\in\mathbb{S}_n$, 则

$$n\sum_{k=0}^{n-1}|y_k|^2=\sum_{j=0}^{n-1}|\mathfrak{F}[y]_j|^2.$$

3.8.2 利用离散傅里叶变换分析细分曲面的性质

作为离散傅里叶变换在计算机图形学中的一个应用, 我们这里简单介绍一下离散傅里叶变换在分析细分曲面的性质上的一个应用.

在曲面造型中, 由于单一的参数曲面只能表示拓扑同胚于平面的曲面, 难以表示复杂拓扑结构的自由曲面. 而采用多片拼接的方法来表示复杂拓扑的曲面又涉及边界光滑性条件的指定问题. 在这样的需求下, 细分曲面应运而生. 细分曲面是计算机辅助几何设计上继样条参数曲面后发展的一种新的造型技术, 为解决任意拓扑自由曲面提供了一种有效的解决方案.

细分曲面是将一定的拓扑规则和几何规则作用到一个给定的初始网格, 并且不断重复这个过程生成光滑的极限曲面的过程. 1974 年, Chaikin 提出了切角法用来生成自由光滑曲线, 这被公认为细分思想的萌芽. 后来在 1987 年, 这一想法才分别由 Doo-Sabin 和 Catmull-Clark 推广到曲面, 得到了图形学领域里著名的 Doo-Sabin 和 Catmull-Clark 细分格式. Catmull-Clark 细分是将三次均匀 B 样条曲面推广到任意拓扑. Catmull-Clark 的拓扑细分规则就是将一个边数为 n 的

面分裂成 n 个小的四边形. 我们可以看出, 经过一次细分后, 所有的面都是四边形. 它的几何规则如下:

(1) **新面点** 每一个面会增加一个新的点, 称为新面点. 假设 $V_i, i=0,\cdots,n-1$ 是一个面的 n 个顶点, 则新的面点 V_F 通过下式计算:

$$V_F = \frac{\sum_{i=0}^{n-1} V_i}{n}.$$

(2) **新边点** 每一条边会增加一个新的点, 称为新边点. 假设这条边的两个顶点分别是 E_1 和 E_2, 它相邻两个面的新面点分别是 F_1 和 F_2, 则新边点

$$V_E = \frac{E_1 + E_2 + F_1 + F_2}{4}.$$

(3) **新顶点** 每一个原来的顶点会改变它的几何位置. 假设这个点为 V, 和它相连的边有 n 条, 通过这 n 条边和 V 相邻的点分别是 $V_i, i=0,\cdots,n-1$, 假设它相邻的 n 个面的新面点分别是 $F_i, i=0,\cdots,n-1$, 并记 $M_i = \dfrac{V_i+V}{2}$, 则新顶点

$$V_V = \frac{n-3}{n}V + \frac{\sum_{i=0}^{n-1}(2M_i + F_i)}{n^2}.$$

细分技术可以看成一种参数曲面的表示, 但是由于细分技术是基于一个极限的表示形式, 图 3.19 给出了一个 Catmull-Clark 细分曲面的例子. 因此如何计算细分曲面上任意一个参数点对应的值是一个核心的基本问题. 后来, 研究者发现这个问题可以归结到计算细分矩阵的特征信息, 其中细分矩阵是由细分规则确定的. 由于经过一次细分后, 所有的面都是四边形. 所以, 我们不妨假设给定的初始网格的面都是四边形. 如图 3.20 所示, 假设给定一个细分曲面, 它对应的条形区域的表示可以通过传统的三次 B 样条计算, 因此, 只有白色区域的表示是需要另外计算的. 为了计算这一区域的表示, 需要将细分曲面进行一次新的细分. 细分后白色区域中的每一个四边形分成了四个小的四边形, 其中的三个可以通过圆形控制点来计算. 而红色控制点又可以通过初始的控制点的线性组合, 其组合系数就是对应的细分矩阵. 因此, 为了计算细分曲面的表示, 我们需要计算细分矩阵以及

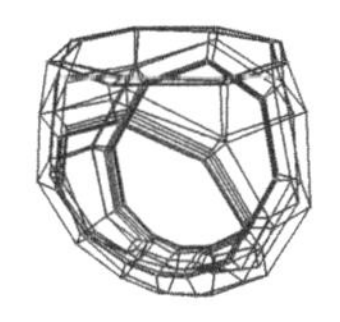
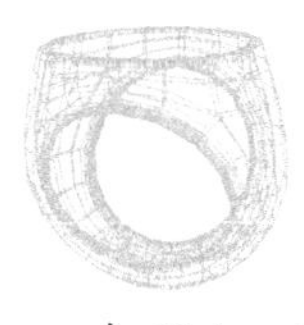
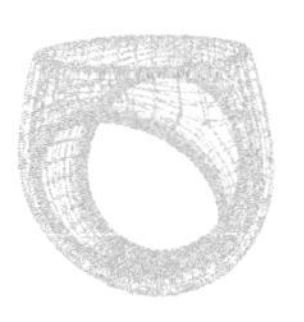
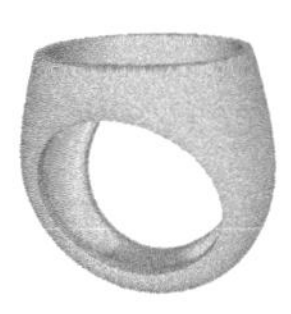

图 3.19 一个 Catmull-Clark 细分曲面的例子

它的所有幂次. 可以看出, 为了分析细分曲面在奇异点的附近的性质, 一个重要的步骤是计算细分矩阵的 n 次方矩阵, $n \to \infty$. 在线性代数中, 我们知道为了计算矩阵的幂次, 需要计算该矩阵的 Jordan 分解. 在这里, 我们将给出如何利用离散傅里叶变换去计算细分矩阵的特征值和 Jordan 分解.

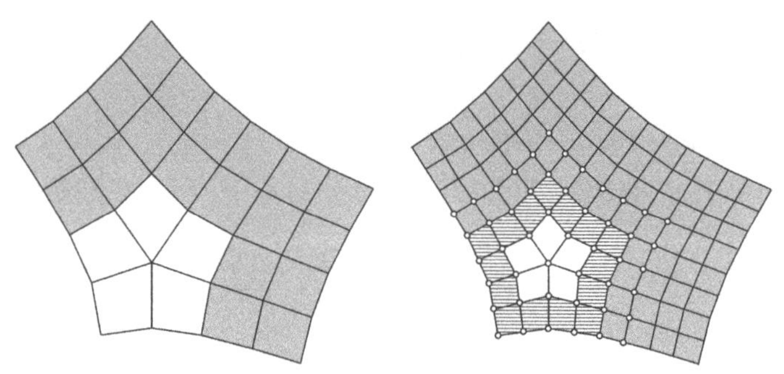

图 3.20　计算 Catmull-Clark 细分曲面的表示

为了简化, 这里只是给出一个 n 度点的一邻居对应的细分矩阵的特征值. 假设在一个度为 n 的顶点 V 周围, 记和它直接相邻的顶点是 E_j, $j = 0, \cdots, n-1$, 每一个相邻面中和它相对的顶点是 F_j, $j = 0, \cdots, n-1$. 经过一次细分后得到新的顶点序列为 $\overline{V}$, $\overline{E}_j$, $\overline{F}_j$, $j = 0, \cdots, n-1$, 那么上述几何规则可以写成一个矩阵形式 M, 使得 $\overline{P} = MP$, 这里

$$P = [V, E_0, \cdots, E_{n-1}, F_0, \cdots, F_{n-1}]^{\mathrm{T}},$$

$$\overline{P} = [\overline{V}, \overline{E}_0, \cdots, \overline{E}_{n-1}, \overline{F}_0, \cdots, \overline{F}_{n-1}]^{\mathrm{T}},$$

$$M = \begin{pmatrix} \dfrac{4n-7}{4n} & \dfrac{3}{2n^2} & \cdots & \dfrac{3}{2n^2} & \dfrac{1}{4n^2} & \cdots & \dfrac{1}{4n^2} \\ \dfrac{3}{8} & \dfrac{3}{8} & \cdots & \dfrac{1}{16} & \dfrac{1}{16} & \cdots & \dfrac{1}{16} \\ \vdots & \vdots & & \vdots & \vdots & & \vdots \\ \dfrac{3}{8} & \dfrac{3}{8} & \cdots & \dfrac{1}{16} & \dfrac{1}{16} & \cdots & \dfrac{1}{16} \\ \dfrac{1}{4} & \dfrac{1}{4} & \cdots & 0 & \dfrac{1}{4} & \cdots & 0 \\ \vdots & \vdots & & \vdots & \vdots & & \vdots \\ \dfrac{1}{4} & \dfrac{1}{4} & \cdots & \dfrac{1}{4} & 0 & \cdots & \dfrac{1}{4} \end{pmatrix}. \tag{3.25}$$

假设 $\{e_k\}$ 和 $\{f_k\}$, $k=0,\cdots,n-1$ 分别是 $\{E_j\}$ 和 $\{F_j\}$ 的离散傅里叶变换, $\{\overline{e}_k\}$ 和 $\{\overline{f}_k\}$, $k=0,\cdots,n-1$ 分别是 $\{\overline{E}_j\}$ 和 $\{\overline{F}_j\}$ 的离散傅里叶变换, 即

$$e_\lambda=\frac{1}{n}\sum_{j=0}^{n-1}E_j\overline{\omega}^{j\lambda},\quad \overline{e}_\lambda=\frac{1}{n}\sum_{j=0}^{n-1}\overline{E}_j\overline{\omega}^{j\lambda}; \tag{3.26}$$

$$E_k=\sum_{\lambda=0}^{n-1}e_\lambda\omega^{k\lambda},\quad \overline{E}_k=\sum_{\lambda=0}^{n-1}\overline{e}_\lambda\omega^{k\lambda}; \tag{3.27}$$

$$f_\lambda=\frac{1}{n}\sum_{j=0}^{n-1}F_j\overline{\omega}^{j\lambda},\quad \overline{f}_\lambda=\frac{1}{n}\sum_{j=0}^{n-1}\overline{F}_j\overline{\omega}^{j\lambda}, \tag{3.28}$$

$$F_k=\sum_{\lambda=0}^{n-1}f_\lambda\omega^{k\lambda},\quad \overline{F}_k=\sum_{\lambda=0}^{n-1}\overline{f}_\lambda\omega^{k\lambda}; \tag{3.29}$$

$$v_0=V,\quad v_\lambda=0,\lambda\neq 0; \tag{3.30}$$

$$\overline{v}_0=\overline{V},\quad \overline{v}_\lambda=0,\lambda\neq 0. \tag{3.31}$$

其中 $\omega=\mathrm{e}^{\frac{2\pi}{n}}, \overline{\omega}=\mathrm{e}^{-\frac{2\pi}{n}}$.

这样, 上述细分关系, 当 $\lambda\neq 0$ 时,

$$\begin{aligned}
\overline{e}_\lambda&=\frac{1}{n}\sum_{j=0}^{n-1}\overline{E}_j\overline{\omega}^{j\lambda}\\
&=\frac{1}{n}\sum_{j=0}^{n-1}\left(\frac{3}{8}V+\frac{3}{8}E_j+\frac{1}{16}(E_{j-1}+E_{j+1})+\frac{1}{16}(F_{j-1}+F_j)\right)\overline{\omega}^{j\lambda}\\
&=\frac{3}{8}e_\lambda+\frac{1}{16}\left(\omega^\lambda+\omega^{-\lambda}\right)e_\lambda+\frac{1}{16}\left(1+\omega^{-\lambda}\right)f_\lambda,\\
\overline{f}_\lambda&=\frac{1}{n}\sum_{j=0}^{n-1}\overline{F}_j\overline{\omega}^{j\lambda}\\
&=\frac{1}{n}\sum_{j=0}^{n-1}\left(\frac{1}{4}V+\frac{1}{4}(E_j+E_{j+1})+\frac{1}{4}F_j\right)\overline{\omega}^{j\lambda}\\
&=\frac{1}{4}f_\lambda+\frac{1}{4}\left(1+\omega^\lambda\right)e_\lambda;
\end{aligned}$$

当 $\lambda=0$ 时, 注意到

$$\overline{V}=\frac{4n-7}{4n}V+\frac{3}{2n^2}\sum_{i=0}^{n-1}E_i+\frac{1}{4n^2}\sum_{i=0}^{n-1}F_i$$

$$= \frac{(n-2)V + \sum_{i=0}^{n-1} E_i + \sum_{i=0}^{n-1} \overline{F}_i}{n},$$

代入即可得

$$\begin{aligned}
\overline{v}_0 &= \frac{1}{4n} f_0 + \frac{3}{2n} e_0 + \frac{4n-7}{4n} v_0, \\
\overline{e}_0 &= \frac{1}{8} f_0 + \frac{1}{2} e_0 + \frac{3}{8} v_0, \\
\overline{f}_0 &= \frac{1}{4} f_0 + \frac{1}{2} e_0 + \frac{1}{4} v_0.
\end{aligned}$$

所以, 如果记

$$\begin{aligned}
p &= [v_0, e_0, f_0, \cdots, e_{n-1}, f_{n-1}]^{\mathrm{T}}, \\
\overline{p} &= [\overline{v}_0, \overline{e}_0, \overline{f}_0, \cdots, \overline{e}_{n-1}, \overline{f}_{n-1}]^{\mathrm{T}}.
\end{aligned}$$

则 $\overline{p} = mp$, 这里

$$m = \begin{pmatrix} T_0 & 0 & \cdots & 0 \\ 0 & T_1 & \cdots & 0 \\ \vdots & \vdots & \ddots & \vdots \\ 0 & 0 & \cdots & T_{n-1} \end{pmatrix}, \tag{3.32}$$

其中

$$T_0 = \begin{pmatrix} \dfrac{4n-7}{4n} & \dfrac{3}{2n} & \dfrac{1}{4n} \\ \dfrac{3}{8} & \dfrac{1}{2} & \dfrac{1}{8} \\ \dfrac{1}{4} & \dfrac{1}{2} & \dfrac{1}{4} \end{pmatrix}.$$

$$T_k = \begin{pmatrix} \dfrac{3}{8} + \dfrac{1}{16}(\omega^k + \omega^{-k}) & \dfrac{1}{16}(1 + \omega^{-k}) \\ \dfrac{1}{4}(1 + \omega^k) & \dfrac{1}{4} \end{pmatrix}.$$

可以求出 T_0 的三个特征值是 $1, \dfrac{3n-7+\sqrt{5n^2-30n+49}}{8n}, \dfrac{3n-7-\sqrt{5n^2-30n+49}}{8n}$. 而对于 $k \neq 0$, T_k 的两个特征值是

$$\lambda_{1,2}^k = \frac{\omega^k + 5 \pm \sqrt{(\omega^k+9)(\omega^k+1)}}{16}.$$

说明 3.5 可以看出, 离散傅里叶变换是求解循环矩阵或者分块循环矩阵特征值的一个利器, 在实际的计算中具有非常重要的地位.

3.8.3 快速傅里叶变换

离散傅里叶变换在诸多领域有广泛的应用, 因此它的快速计算变得十分重要. 1965 年, Cooley 和 Tukey 提出了计算离散傅里叶变换 (DFT) 的快速算法——快速傅里叶变换 (FFT). FFT 将 DFT 的运算量从 $O(n^2)$ 降到了 $O(n\log n)$, 这里 n 是离散序列的长度. 随着对快速傅里叶变换算法的研究不断深入, 数字信号处理这门新兴学科也随之出现并且迅速发展. FFT 在离散傅里叶逆变换和线性卷积等方面也有重要应用.

快速傅里叶变换是根据离散傅里叶变换的奇、偶、虚、实等特性, 对离散傅里叶变换的算法进行改进获得的. FFT 的基本思想是把原始序列依次分解成一系列的短序列, 并充分利用 DFT 计算式中指数因子所具有的对称性和周期性, 进而求出这些短序列相应的 DFT 并进行适当组合, 达到删除重复计算、减少乘法运算和简化结构的目的.

为了理解快速傅里叶变换, 我们重新来审视一下离散傅里叶变换. 对于给定的序列 $y=\{y_k\}, k=0,\cdots,n-1$, 引进 $n-1$ 次多项式 $f(x)=\sum_{j=0}^{n-1} y_j x^j$, 即将 $\{y_k\}$ 对应到一个 $n-1$ 次多项式的系数, 那么它的离散傅里叶变换则是 $\{\widehat{y}_k\}=\{f(\overline{\omega_n}^k)\}$, 即离散傅里叶变换是多项式 $f(x)$ 在 n 个不同点的值. 因此, 从离散傅里叶变换和逆变换可以看出: 给定一个 $n-1$ 次多项式, 求它在 n 个不同点的值 (离散傅里叶变换), 那么这些值也可以完全确定原来的多项式 (离散傅里叶逆变换). 一般来说, 计算一个 $n-1$ 次多项式在 n 个点的值的计算复杂度是 $O(n^2)$. 但是, 这里我们求值的点是非常特殊的, 它们是 $x^n=1$ 的 n 个根. 这个特殊性就带来了计算傅里叶变换的快速算法——FFT.

首先, 我们假设 $n=2m$, 则可以将多项式 $f(x)$ 按照奇数项和偶数项分成两个部分. 记

$$f_1(x)=\sum_{j=0}^{m-1} y_{2j}x^j,$$

$$f_2(x)=\sum_{j=0}^{m-1} y_{2j+1}x^j,$$

则

$$f(x)=f_1(x^2)+xf_2(x^2).$$

从而, 对于 $0\leqslant k\leqslant m-1$,

$$
\begin{aligned}
f(\overline{\omega_n}^k) &= f_1(\overline{\omega_n}^{2k}) + \overline{\omega_n}^k f_2(\overline{\omega_n}^{2k}) \\
&= f_1(\overline{\omega_{\frac{n}{2}}}^k) + \overline{\omega_n}^k f_2(\overline{\omega_{\frac{n}{2}}}^k).
\end{aligned}
$$

而对于 $m \leqslant k \leqslant n-1$,

$$
\begin{aligned}
f(\overline{\omega_n}^{k+m}) &= f_1(\overline{\omega_n}^{2k}) + \overline{\omega_n}^k f_2(\overline{\omega_n}^{2k}) \\
&= f_1(\overline{\omega_{\frac{n}{2}}}^k) - \overline{\omega_n}^k f_2(\overline{\omega_{\frac{n}{2}}}^k).
\end{aligned}
$$

经过这样的变换, 我们发现 $2m$ 个点的傅里叶变换可以分成两个 m 个点的傅里叶变换和 $O(n)$ 次新的运算. 换而言之, 假设一次傅里叶变换的复杂度为 $T(n)$, 则

$$
T(n) = 2T\left(\frac{n}{2}\right) + O(n).
$$

从而 $T(n) = O(n \log n)$.

上面给出了 FFT 算法的技术基础, 下面对算法的细节做进一步的阐述. 快速 FFT 在实现上还具有下面几个特征.

(1) **蝶形运算** 从上面的计算可以看出, 快速傅里叶变换可以简化成给定 a, b 和 w, 计算 $a+bw$ 和 $a-bw$. 图 3.21(a) 为实现这一运算的一般方法, 它需要两次乘法、两次加减法. 考虑到 $-bw$ 和 bw 两个乘法仅相差一负号, 可将图 3.21(a) 简化成图 3.21(b), 此时仅需一次乘法、两次加减法. 上述运算结构像一蝴蝶, 通常称作蝶形运算结构, 采用这种表示法, 就可以将以上所讨论的分解过程用图 3.21 表示. 图 3.22 给出了八个点的快速傅里叶变换的示意图.

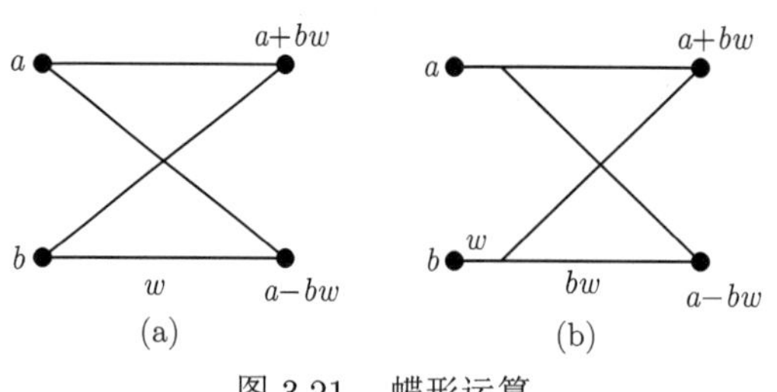

图 3.21 蝶形运算

(2) **原位计算** 当数据输入到存储器中以后, 每一级运算的结果仍然储存在同一组存储器中, 直到最后输出, 中间无需其他存储器, 这叫原位计算. 每一级运算均可在原位进行, 这种原位运算结构可节省存储单元, 降低设备成本, 还可节省寻址的时间.

(3) **序数重排** 对按时间抽取 FFT 的原位运算结构, 当运算完毕时, 正好顺序存放着 $0, 1, \cdots, 2^p-1$, 其中 $n = 2^p$. 因此可直接按顺序输出, 但这种原位运

算输入的系数却不能按这种自然顺序存入存储单元中, 而是按 $0, 2^{p-1}, 2^{p-2}, \cdots$ 的顺序存入存储单元. 这种顺序看起来相当杂乱, 然而它也是有规律的. 当用二进制表示这个顺序时, 它正好是 "码位倒置" 的顺序. 例如, 原来的自然顺序应是 1 的地方, 现在放着 2^{p-1}, 用二进制码表示这一规律时, 则是在二进制对应位置 $(i_0, \cdots, i_{p-1})$ 的点存储 $(i_{p-1}, \cdots, i_0)$ 的信息.

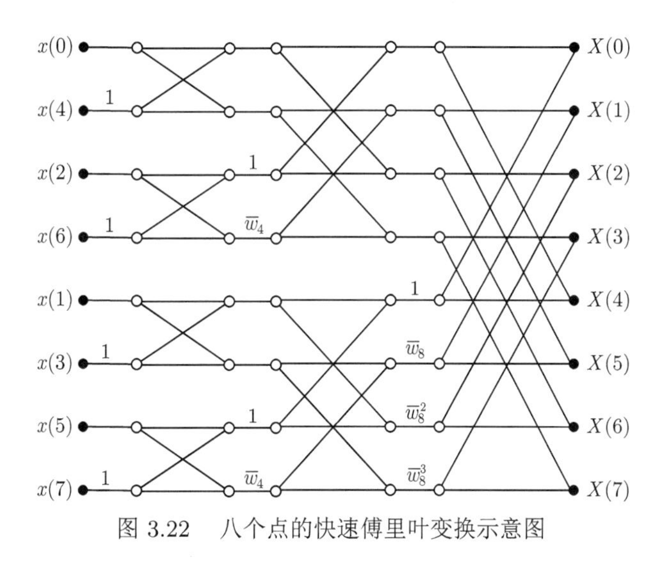

图 3.22 八个点的快速傅里叶变换示意图

下面我们给出快速傅里叶变换的两个应用.

例 3.33 利用快速傅里叶变换计算离散卷积.

解 首先我们考虑周期序列的卷积. 给定 $y, z \in \mathbb{S}_n$, 计算

$$y * z = \sum_{j=0}^{n-1} y_j z_{k-j}$$

需要 n^2 次乘法. 但是利用快速傅里叶变换可以加速卷积的计算. 事实上, 由卷积定理,

$$\mathfrak{F}_n[y * z] = \mathfrak{F}_n[y]\mathfrak{F}_n[z],$$

$$\mathfrak{F}_n[y \times z] = \frac{1}{n}\mathfrak{F}_n[y] * \mathfrak{F}_n[z].$$

不妨设 $n = 2^L$, 我们有下面的快速算法:

(1) 利用快速傅里叶变换计算 $\mathfrak{F}_n[y]$ 和 $\mathfrak{F}_n[z]$;

(2) 计算 $\mathfrak{F}_n[y]\mathfrak{F}_n[z]$;

(3) 利用快速傅里叶变换计算 $\mathfrak{F}_n^{-1}[\mathfrak{F}_n[y]\mathfrak{F}_n[z]]$.
易知, 该算法的复杂度是

$$2O(n\log(n)) + n + O(n\log(n)).$$

虽然整个计算过程不是很直接, 但是最终的计算量是 $\dfrac{3n}{2}\log(n) - 2n + 3$, 所以对于比较大的 n, 新的方法计算会快很多.

如果 y, z 是非周期序列, 上面的算法需要稍微修改一下. 假设 $k < 0$ 或 $k \geqslant M$ 时, $y_k = 0$, 而 $k < 0$ 或 $k \geqslant Q$ 时, $z_k = 0$, 其中 $Q \leqslant M$. 此时, 卷积为

$$(y * z)_k = \sum_{j=0}^{Q-1} y_{k-j} z_j, \quad k = 0, 1, \cdots, M + Q - 2.$$

该计算复杂度是 MQ 次乘法. 令 n 是满足 $n \geqslant M + Q - 2$ 的最小的 2 的整数次幂, 并将 y, z 看出周期序列就可以利用周期的离散卷积的计算, 复杂度是 $\dfrac{3n}{2}\log(n) - 2n + 3$.

但是如果 M 和 Q 相差很大, 上述方法可能会失效. 比如对 $Q = 5, M = 1000$, 直接计算需要 4000 次乘法, 但是用新的方法需要大约 10^4 次乘法.

例 3.34 计算多项式的切比雪夫表示形式.

解 切比雪夫多项式定义是 $T_n(\cos x) = \cos nx, x \in [0, \pi]$. 注意到切比雪夫多项式 $T_k(x), k = 0, \cdots, n$ 构成不超过 n 次多项式空间 π_n 的一组基函数. 从而对任意的 $f(x) \in \pi_n$, 存在唯一的 a_j 使得

$$f(x) = \sum_{j=0}^{n} a_j T_j(x).$$

下面我们希望解决的问题是快速计算 a_j.

令 $x_k = \cos\dfrac{k\pi}{n}, k = 0, \cdots, n$, 则对 $0 \leqslant k \leqslant n$,

$$\begin{aligned} y_k = f(x_k) = \sum_{j=0}^{n} a_j T_j(x_k) &= \sum_{j=0}^{n} a_j \cos\frac{jk\pi}{n} \\ &= \frac{1}{2}\sum_{j=0}^{n} a_j \cos\frac{jk\pi}{n} + \frac{1}{2}\sum_{j=-n}^{0} a_{-j}\cos\frac{jk\pi}{n} \\ &\doteq \sum_{j=-n}^{n} c_j \omega^{jk}, \end{aligned}$$

其中 $\omega = \mathrm{e}^{\frac{\mathrm{i}\pi}{n}}$,

$$c_j = \begin{cases} \dfrac{a_j}{2}, & 0 < j \leqslant n, \\ a_0, & j = 0, \\ \dfrac{a_{-j}}{2}, & -n \leqslant j < 0. \end{cases}$$

如果把 $\{y_k\}_0^n$ 延拓成周期为 $2n$ 的序列, 则对任意的 $0 \leqslant p \leqslant n$,

$$\begin{aligned} r_p = \sum_{k=0}^{2n-1} y_k \overline{\omega}^{pk} &= \sum_{k=0}^{2n-1} \sum_{j=-n}^{n} c_j \omega^{(j-p)k} \\ &= \sum_{j=-n}^{n} c_j \left(\sum_{k=0}^{2n-1} \omega^{(j-p)k} \right). \end{aligned}$$

于是

$$r_p = 2nc_p, \quad p = 0, \cdots, n-1, \quad r_n = 4nc_n.$$

进而有

$$a_j = \begin{cases} \dfrac{1}{2n} \displaystyle\sum_{k=0}^{2n-1} y_k \overline{\omega}^{jk}, & j = 0, n, \\ \dfrac{1}{n} \displaystyle\sum_{k=0}^{2n-1} y_k \overline{\omega}^{jk}, & j = 1, \cdots, n-1. \end{cases}$$

至此, 我们从 $y_k, k = 0, 1, \cdots, n$ 出发得到 a_k 的算法:

(1) 计算 $y_{2n-k} = y_k, k = 1, \cdots, n-1$;

(2) 利用离散傅里叶变换计算

$$\{y_0, y_1, \cdots, y_{2n-1}\} \to \{Y_0, Y_1, \cdots, Y_{2n-1}\};$$

(3) 计算 $a_k = \dfrac{Y_k}{n}, a_0 = \dfrac{Y_0}{2n}, a_n = \dfrac{Y_n}{2n}$.

3.8.4 离散滤波器

连续傅里叶变换中的线性时不变滤波器的相关结果可以推广到离散的情形. 模拟信号经过采样后得到离散的数字序列 $x = \{\cdots, x_{-1}, x_0, x_1, \cdots\}$, 其中指标 k 相当于时间. 离散信号也称为时间序列.

一个序列的时不变算子 T_p:

$$[T_p(x)]_k = x_{k-p}.$$

即算子 T_p 将序列 x 向右平移了 p 个单位.

定义 3.13 把一个序列 x 变成 y 的算子 $F: x \to y$ 是时不变的是指

$$F(T_p(x)) = T_p(F(x)).$$

可以看出这个定义就是连续时不变滤波器的离散版本. 和连续时不变滤波器类似, 离散时不变滤波器也有相似的结论.

定理 3.9 如果 F 是离散信号空间上的线性时不变算子, 则存在序列 f, 使得

$$F(x) = f * x,$$

反之结论也成立.

证明 令 e^n 表示单位脉冲序列, 即

$$e_k^n = \begin{cases} 1, & k = n, \\ 0, & \text{其他}. \end{cases}$$

对任意序列 x, 有

$$x = \sum_{n \in \mathbf{Z}} e^n x_n,$$

于是

$$F(x) = \sum_{n \in \mathbf{Z}} F(e^n x_n) = \sum_{n \in \mathbf{Z}} F(e^n) x_n.$$

令 $f^n = F(e^n)$. 由于 F 是时不变的, 因此对任意的 $p \in \mathbf{Z}$ 有

$$\begin{aligned} T_p(f^n) &= T_p(F(e^n)) \\ &= F(T_p(e^n)) \\ &= F(e^{n+p}) = f^{n+p}. \end{aligned}$$

另一方面, 由 T_p 的定义可得

$$(T_p(f^n))_k = f_{k-p}^n,$$

因此

$$f_k^{n+p} = f_{k-p}^n.$$

令 $n = 0$, 则对任意的 $p \in \mathbf{Z}$, 有

$$f_k^p = f_{k-p}^0,$$

进而

$$\begin{aligned}(F(x))_k &= \sum_{n\in\mathbf{Z}} x_n(F(e^n))_k \\ &= \sum_{n\in\mathbf{Z}} x_n f_k^n \\ &= \sum_{n\in\mathbf{Z}} x_n f_{k-n}^0.\end{aligned}$$

上式表明

$$F(x) = f * x,$$

其中 $f = f^0$. 反之, 如果 $F(x) = f * x$, 则显然 F 是线性的, 同时

$$\begin{aligned}(F(T_p(x)))_k &= (f * T_p(x))_k \\ &= \sum_{n\in\mathbf{Z}} (T_p(x))_n f_{k-n} \\ &= \sum_{n\in\mathbf{Z}} x_{n-p} f_{k-n} \\ &= \sum_{n\in\mathbf{Z}} x_n f_{k-p-n} \\ &= (f * x)_{k-p} \\ &= (T_p(F(x)))_k,\end{aligned}$$

即算子 F 是线性时不变的. #

习 题 3

1. 把定义在区间 $[-2, 2]$ 上的方波函数

$$f(x) = \begin{cases} 1, & -\dfrac{1}{2} \leqslant x \leqslant \dfrac{1}{2}, \\ 0, & \text{其他} \end{cases}$$

看成区间 $[-2, 2]$ 上的周期为 4 的函数, 试计算其傅里叶级数的系数.

2. 试证明如果 $f \in L^1(\mathbf{R})$, 则 $\hat{f}(\lambda)$ 是 λ 的连续函数; 如果 $\hat{f}(\lambda) \in L^1(\mathbf{R})$, 则 $f(x)$ 连续.
3. 如果 $f \in L^1(\mathbf{R})$, 那么 $\lim_{\lambda\to\infty} \hat{f}(\lambda) = 0$.
4. 利用例 3.8 的结果证明:

$$g_\epsilon(u) = \frac{1}{2\pi}\int_{-\infty}^{+\infty} \mathrm{e}^{\mathrm{i}u\lambda}\mathrm{e}^{\frac{-\epsilon^2\lambda^2}{4}}\mathrm{d}\lambda = \frac{1}{\epsilon\sqrt{\pi}}\mathrm{e}^{-\frac{u^2}{\epsilon^2}}.$$

5. 证明对任意的 $\epsilon > 0$, $\int_{\mathbf{R}} g_\epsilon(t)\mathrm{d}t = 1$.
6. 证明: 如果 $\hat{f}(\lambda)$ 是可导的, 且 $\hat{f}(\lambda) = \hat{f}'(\lambda) = 0$, 则

$$\int_{-\infty}^{+\infty} f(x)\mathrm{d}x = \int_{-\infty}^{+\infty} xf(x)\mathrm{d}x = 0.$$

7. 证明 $f(x) = \mathrm{e}^{(-a+\mathrm{i}b)x^2}$ 的傅里叶变换为

$$\hat{f}(\lambda) = \sqrt{\frac{1}{2(a-\mathrm{i}b)}}\mathrm{e}^{-\frac{a+\mathrm{i}b}{4(a^2+b^2)}\lambda^2}.$$

8. 证明

$$\int_{-\infty}^{\infty} \frac{1}{\beta\sqrt{\pi}}\mathrm{e}^{-\frac{t^2}{\beta^2}}\mathrm{d}t = 1, \quad \beta > 0.$$

9. 计算 $f(t) = \dfrac{4\sin t - 4t\cos t}{t^3}$ 的傅里叶变换.
10. 如果 $f(t) \geqslant 0$ 且其支集在 $[-T, T]$ 中, 证明 $|\widehat{f}(\lambda)| \leqslant |\widehat{f}(0)|$. 记 λ_0 为满足 $|\widehat{f}(\lambda_0)|^2 = \dfrac{|\widehat{f}(0)|^2}{2}$ 且对 $|\lambda| < \lambda_0$, $|\widehat{f}(\lambda)|^2 < \dfrac{|\widehat{f}(0)|^2}{2}$, 证明 $\lambda_0 T \geqslant \dfrac{\pi}{2}$.
11. 设 $f(t) = \dfrac{\sin at}{\pi t}$, $g(t) = \dfrac{\sin bt}{\pi t}$, $a, b > 0$, 求 $f(t)$ 和 $g(t)$ 的卷积.
12. 设

$$h(x) = \begin{cases} 1, & -\dfrac{1}{2} \leqslant x \leqslant \dfrac{1}{2}, \\ 0, & \text{其他}, \end{cases}$$

$s(x)$ 和 $f(x)$ 是例 3.13 和例 3.14 中定义的函数, 试计算 $f * h(t)$ 和 $s * h(t)$.
13. 设 $f(x) \in L^1(\mathbf{R})$, 且 $(f * f)(x) = f(x)$, 证明 $f(x) = 0$.
14. 设 $f(x) \in L^1(\mathbf{R})$, 且 $(f * f)(x) = 0$, 证明 $f(x) = 0$.
15. 对于 $0 \leqslant n < N$, 假设 $f_n(t)$ 为实函数, 且当 $|\lambda| > \lambda_0$ 时, $\widehat{f_n}(\lambda) = 0$. 假设一个信号的定义如下:

$$g(t) = \sum_{n=0}^{N-1} f_n(t)\cos 2n\lambda_0 t,$$

试计算 $g(t)$ 的傅里叶变换, 证明其支集宽度为 $4N\lambda_0$ 并设计算法由 g 恢复 f_n.
16. 利用 Parseval 等式证明下面的等式:

(a)

$$\int_{\mathbf{R}} \frac{\sin at \sin bt}{t^2}\mathrm{d}t = \pi\min(a, b).$$

(b)

$$\int_{\mathbf{R}} \frac{t^2}{(t^2+a^2)(t^2+b^2)}\mathrm{d}t = \frac{\pi}{a+b}.$$

17. 计算

(a)

$$\frac{1}{\pi}\int_{\mathbf{R}}\left(\frac{\sin t}{t}\right)^2\cos xt\mathrm{d}t.$$

(b)

$$\frac{1}{\pi}\int_{\mathbf{R}}\left(\frac{\sin t}{t}\right)^4\mathrm{d}t.$$

18. 证明函数 $\varphi(x,a,b)=\begin{cases}\mathrm{e}^{-\frac{b^2}{a^2-x^2}}, & |x|<a,\\ 0, & |x|\geqslant a\end{cases}$ 属于基本函数空间 D.

19. 证明定义 3.6 和定义 3.7 给出的函数是广义函数.

20. 证明对任意的 $\varphi\in D$, 有

$$\lim_{j\to\infty}\frac{1}{\pi}\int_{\mathbf{R}}\varphi(x+t)\frac{\sin jt}{t}\mathrm{d}t=\varphi(x).$$

21. 证明例 3.21中 δ 函数剩余的性质.

22. 证明:

(a) $\mathrm{e}^x\delta=\delta$.

(b) $x\delta'=-\delta$.

(c) $(\sin ax)\delta'=-a\delta$.

23. 证明: $\mathfrak{F}_n$ 是从 $\mathbb{S}_n$ 到 $\mathbb{S}_n$ 的线性算子.

24. 证明: FFT 的复杂度是 $T(n)=O(n\log(n))$.

25. 实现切比雪夫插值, 并验证切比雪夫插值多项式的逼近效果.

第 4 章　小波变换

CHAPTER

傅里叶变换已经成为信号处理的最基本、最成熟的处理方法之一. 究其原因主要有二: 其一就是快速傅里叶变换算法的提出, 将傅里叶变换的时间大大缩减; 其二是计算机性能的迅速提升.

两百年来, 傅里叶变换在时频分析中发挥了重要的作用, 时至今日, 傅里叶变换仍被广泛应用于解决数学、物理和工程上的问题. 但是从傅里叶变换的公式

$$\hat{f}(\lambda) = \frac{1}{\sqrt{2\pi}} \int_{-\infty}^{\infty} f(t) \mathrm{e}^{-\mathrm{i}\lambda t} \mathrm{d}t$$

可以看出, 信号 f 的频率为 λ 的频谱 $|\hat{f}(\lambda)|$, 与整个时间域上 f 的值有关, 而 f 在某个特定时间 t_0 的频率和频谱不能从函数 $\hat{f}(\lambda)$ 给出. 这导致傅里叶变换具有下面明显的缺陷.

(1) 只能适用于分析平稳信号, 对非平稳信号无能为力.

(2) 为了得到信号的频域特征, 需要用到信号在时域中的所有信息, 甚至是将来信息.

(3) 没有局部性, 即如果一个信号在某个时间段的一个小的邻域中发生了变化, 那么信号的整个频域都会受到影响, 而且对于频域的变化没有办法定位在哪个时间段发生, 也没办法给出改变的大小.

(4) 在实际的工程应用中, 信号通常既包含高频信息, 也包含低频信息. 这就要求对高频信息, 时间间隔要小, 以给出精确的高频信息; 而对于低频信息, 时间间隔要变宽, 以给出一个周期里的完整信息. 对此, 傅里叶变换无能为力.

为了更加清楚地说明上面所说的问题, 这里给一个具体的例子.

例 4.1　给定两个函数 $f(x)$ 和 $g(x)$, 它们的定义如下:

$$f(x) = \begin{cases} \cos(3\pi x), & 0 \leqslant x < 0.5, \\ \cos(15\pi x), & 0.5 \leqslant x < 1, \\ \cos(25\pi x), & 1 \leqslant x < 1.5, \\ \cos(55\pi x), & 1.5 \leqslant x < 2, \\ 0, & \text{其他}. \end{cases}$$

$$g(x)=\begin{cases}\cos(55\pi x), & 0\leqslant x<0.5,\\ \cos(25\pi x), & 0.5\leqslant x<1,\\ \cos(15\pi x), & 1\leqslant x<1.5,\\ \cos(3\pi x), & 1.5\leqslant x<2,\\ 0, & 其他.\end{cases}$$

注意到 $f(x)$ 和 $g(x)$ 中出现的频率成分是一样的, 只是每一个频率成分出现的时间不一样. 因此, 这是两个完全不一样的函数, 如图 4.1所示. 由于傅里叶变换会提取一个信号所有的频率成分, 而不管它们出现的时刻, 因此这两个函数做傅里叶变换几乎一样.

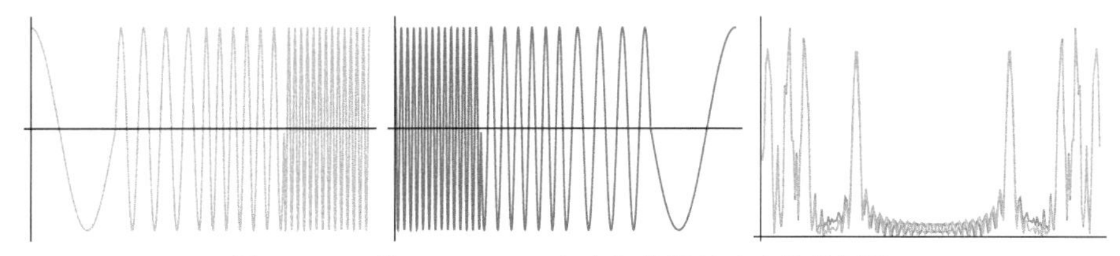

图 4.1 函数 $f(x)$, $g(x)$ 和它们的傅里叶变换的图像

4.1 窗口傅里叶变换

为了克服傅里叶变换的上述缺陷, Gabor 于 1946 年引入了窗口傅里叶变换. 为此, 我们先引入下面的概念.

定义 4.1 一个非平凡的函数 $g\in L^2(\mathbf{R})$ 称为窗函数如果 $tg(t)\in L^2(\mathbf{R})$.

定义 4.2 对任意的窗函数 $g\in L^2(\mathbf{R})$, 其中心 t^* 和半径 Δ_g 分别定义为

$$t^*=\frac{1}{||g||_{L^2}^2}\int_{\mathbf{R}}t|g(t)|^2\mathrm{d}t,\quad \Delta_g=\frac{1}{||g||_{L^2}}\left(\int_R(t-t^*)^2|g(t)^2|\mathrm{d}t\right)^{1/2}. \tag{4.1}$$

例 4.2 高斯型函数 $g_\alpha(t)=\dfrac{1}{2\sqrt{\pi\alpha}}\mathrm{e}^{-\frac{t^2}{4\alpha}}$ 的中心和半径分别是 $t^*=0$ 和 $\Delta_{g_\alpha}=\sqrt{\alpha}$.

引理 4.1 假设 $g(x)$ 是一个窗函数, 并且其中心和半径分别是 t^* 和 Δ_g, 则

(1) $g(ax)$ 的中心和半径分别是 $\dfrac{t^*}{a}$ 和 $\dfrac{\Delta_g}{|a|}$;

(2) $ag(x)$ 的中心和半径分别是 t^* 和 Δ_g;

(3) $g(x+x_0)$ 的中心和半径分别是 t^*+x_0 和 Δ_g;

(4) $g(x)\mathrm{e}^{\mathrm{i}\lambda t}$ 的中心和半径分别是 t^* 和 Δ_g.

例 4.2 的计算和引理 4.1 的证明都不难, 我们将它们留作作业.

定义 4.3 设 g 是实的窗函数, 且 $g(t) = g(-t)$, $||g|| = 1$, 则 $f \in L^2(\mathbf{R})$ 的窗口傅里叶变换定义为

$$\mathcal{S}[f](\lambda, b) = \frac{1}{\sqrt{2\pi}} \int_{\mathbf{R}} f(t)\overline{g(t-b)}\mathrm{e}^{-\mathrm{i}\lambda t}\mathrm{d}t. \tag{4.2}$$

特别地, 如果窗函数取作高斯型函数

$$g_\alpha(t) = \frac{1}{2\sqrt{\pi\alpha}}\mathrm{e}^{-\frac{t^2}{4\alpha}}$$

时, 相应的窗口傅里叶变换称作 Gabor 变换.

如图 4.2, 可以看出, 窗口傅里叶变换不是直接对原函数 $f(t)$ 做傅里叶变换, 而是对某个时间 b, 构造一个新的函数 $f(t)\overline{g(t-b)}$, 并对它做傅里叶变换. 由于窗函数 $g(t-b)$ 的主要成分集中在 $[t^* + b - \Delta_g, t^* + b + \Delta_g]$ 中, 从而随着时间 b 的移动, 窗口傅里叶变换可以给出所有时间域中的信息. 在窗口傅里叶变换下, 我们重新看一下例 4.1 中的函数.

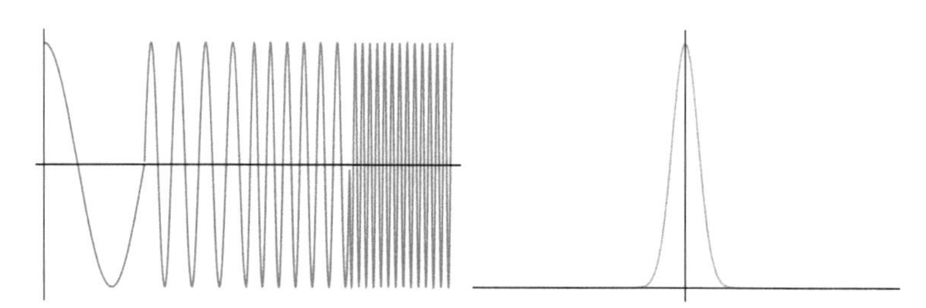

图 4.2 函数 $f(x)$ 和窗函数的图像

例 4.3 给定一个函数 $f(x)$ 如下:

$$f(x) = \begin{cases} \cos(3\pi x), & 0 \leqslant x < 0.5, \\ \cos(15\pi x), & 0.5 \leqslant x < 1, \\ \cos(25\pi x), & 1 \leqslant x < 1.5, \\ \cos(55\pi x), & 1.5 \leqslant x < 2, \\ 0, & \text{其他}. \end{cases}$$

取 $g_{0.05}(x)$ 作为窗函数, 注意到通过移动 b 我们可得到不同的 $f(x) \times g_{0.05}(x-b)$. 图 4.3 给出了函数 $f(x) \times g_{0.05}(x)$ 和 $f(x) \times g_{0.05}(x-1.5)$ 的图像, 这些不同的 b 对应的函数的傅里叶变换的图像如图 4.4 所示.

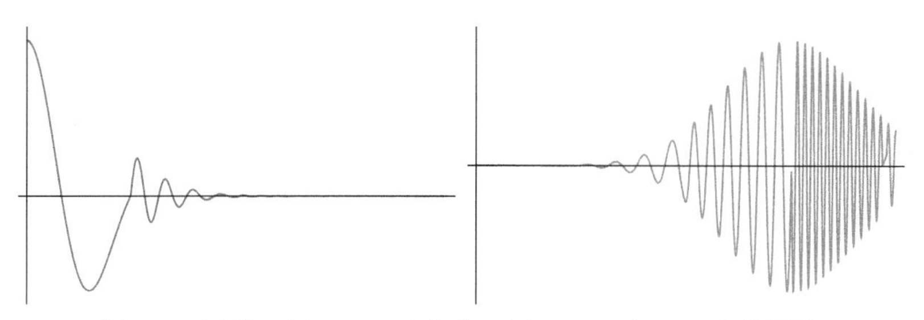

图 4.3 函数 $f(x) \times g_{0.05}(x)$ 和 $f(x) \times g_{0.05}(x-1.5)$ 的图像

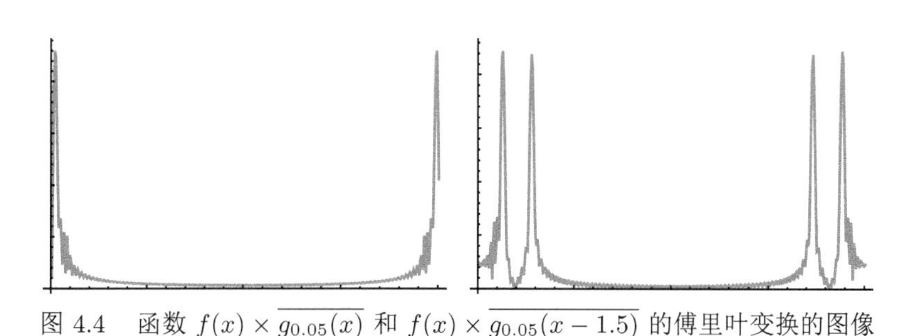

图 4.4 函数 $f(x) \times \overline{g_{0.05}(x)}$ 和 $f(x) \times \overline{g_{0.05}(x-1.5)}$ 的傅里叶变换的图像

4.1.1 窗口傅里叶变换的时频窗

由于 g 和 $\widehat{g}$ 都是窗函数, 假设它们的中心和半径分别是 t^*, Δ_g 和 λ^*, $\Delta_{\widehat{g}}$, 记 $W_{\lambda,b}(t) = g(t-b)\mathrm{e}^{\mathrm{i}\lambda t}$, 则由窗口傅里叶变换的定义可得

$$\mathcal{S}[f](\lambda, b) = \frac{1}{\sqrt{2\pi}} \int_{\mathbf{R}} f(t)\overline{W_{\lambda,b}(t)}\mathrm{d}t.$$

注意到 $W_{\lambda,b}(t)$ 也是一个窗函数, 利用窗函数的性质, 可以算出 $W_{\lambda,b}(t)$ 的中心和半径分别是 $t^* + b$, Δ_g. 从而, 窗口傅里叶变换 $\mathcal{S}[f](\lambda, b)$ 可以看成函数 $f(t)$ 和 $W_{\lambda,b}(t)$ 的内积, 就是说对于固定的 b, 窗口傅里叶变换主要和函数 $f(t)$ 在区间 $[t^* + b - \Delta_g, t^* + b + \Delta_g]$ 中的值相关, 即窗口傅里叶变换给出了 $f(t)$ 在时间窗

$$[t^* + b - \Delta_g, t^* + b + \Delta_g]$$

里面的局部化的信息.

另一方面, 令

$$V_{\lambda,b}(\omega) = \mathfrak{F}[W_{\lambda,b}](\omega) = \mathrm{e}^{\mathrm{i}\lambda b}\mathrm{e}^{-\mathrm{i}\omega b}\widehat{g}(\omega - \lambda),$$

可以看出 $V_{\lambda,b}(\omega)$ 也是一个窗函数, 而且利用窗函数的性质, 可以计算出 $V_{\lambda,b}(\omega)$ 的中心和半径分别是 $\lambda^* + \lambda$, $\Delta_{\widehat{g}}$. 利用傅里叶变换的能量守恒定理,

$$\mathcal{S}[f](\lambda, b) = \frac{1}{\sqrt{2\pi}}\langle f, W_{\lambda,b}(t)\rangle = \frac{1}{\sqrt{2\pi}}\langle \widehat{f}, V_{\lambda,b}(\omega)\rangle,$$

即窗口傅里叶变换也可以看成 $f(t)$ 的傅里叶变换和 $V_{\lambda,b}(\omega)$ 的内积, 就是说对于固定的频率 λ, 窗口傅里叶变换主要和函数 $\widehat{f}(\omega)$ 在区间 $[\lambda^*+\lambda-\Delta_{\widehat{g}},\lambda^*+\lambda+\Delta_{\widehat{g}}]$ 中的值相关. 即 $\mathcal{S}[f](\lambda,b)$ 还给出了频率窗

$$[\lambda^*+\lambda-\Delta_{\widehat{g}},\lambda^*+\lambda+\Delta_{\widehat{g}}]$$

里面的局部化的信息.

结合上面的分析, 可以看出窗口傅里叶变换 $\mathcal{S}[f](\lambda,b)$ 给出了时频窗

$$[t^*+b-\Delta_g,t^*+b+\Delta_g]\times[\lambda^*+\lambda-\Delta_{\widehat{g}},\lambda^*+\lambda+\Delta_{\widehat{g}}]$$

里面的局部化的信息. 这些时频窗的边长只和窗函数相关, 和 (b,λ) 无关, 并且具有固定的面积.

当时频指标 (b,λ) 在 $\mathbf{R}^2$ 中变化时, 窗函数的时频窗覆盖了整个时频平面. 因此可以预见, 原始信号 f 可以由它的窗口傅里叶变换 $\mathcal{S}[f](\lambda,b)$ 来恢复. 下面的定理给出这个结果并证明这个变换是保持能量守恒的.

定理 4.1　如果 $f\in L^2(\mathbf{R})$, 则

$$f(t)=\frac{1}{\sqrt{2\pi}}\int_{-\infty}^{\infty}\int_{-\infty}^{\infty}\mathcal{S}[f](\lambda,b)g(t-b)\mathrm{e}^{\mathrm{i}\lambda t}\mathrm{d}\lambda\mathrm{d}b,$$

且

$$\int_{-\infty}^{\infty}|f(t)|^2\mathrm{d}t=\int_{-\infty}^{\infty}\int_{-\infty}^{\infty}|\mathcal{S}[f](\lambda,b)|^2\mathrm{d}\lambda\mathrm{d}b.$$

证明　我们首先证明重构公式, 基本的想法是对它的积分公式中的积分变量 b 应用 Parseval 等式. 记

$$\begin{aligned}g_\lambda(t)&=\overline{g(t)}\mathrm{e}^{\mathrm{i}\lambda t},\\ f_\lambda(b)&=\mathcal{S}[f](\lambda,b).\end{aligned}$$

$g_\lambda(t)$ 关于 t 的傅里叶变换为

$$\begin{aligned}\widehat{g}_\lambda(\omega)&=\frac{1}{\sqrt{2\pi}}\int_{\mathbf{R}}\overline{g(t)}\mathrm{e}^{\mathrm{i}\lambda t}\mathrm{e}^{-\mathrm{i}\omega t}\mathrm{d}t\\ &=\frac{1}{\sqrt{2\pi}}\int_{\mathbf{R}}\overline{g(t)}\mathrm{e}^{-\mathrm{i}(\omega-\lambda)t}\mathrm{d}t\\ &=\widehat{\overline{g}}(\omega-\lambda).\end{aligned}$$

由于 $g(t)=g(-t)$, 所以

$$\begin{aligned}\mathcal{S}[f](\lambda,b)&=\frac{1}{\sqrt{2\pi}}\mathrm{e}^{-\mathrm{i}\lambda b}\int_{-\infty}^{+\infty}f(t)\overline{g(t-b)}\mathrm{e}^{\mathrm{i}\lambda(b-t)}\mathrm{d}t\\&=\frac{1}{\sqrt{2\pi}}\mathrm{e}^{-\mathrm{i}\lambda b}\int_{-\infty}^{+\infty}f(t)g_\lambda(b-t)\mathrm{d}t\\&=\frac{1}{\sqrt{2\pi}}\mathrm{e}^{-\mathrm{i}\lambda b}f*g_\lambda(b).\end{aligned}$$

因此, $f_\lambda(b)$ 关于 b 的傅里叶变换是

$$\widehat{f}_\lambda(\omega)=\widehat{f}(\omega+\lambda)\widehat{g}_\lambda(\omega+\lambda)=\widehat{f}(\omega+\lambda)\widehat{g}(\omega).$$

下面计算 $g(t-b)$ 关于 b 的傅里叶变换,

$$\mathfrak{F}[g(t-b)](\omega)=\widehat{g}(\omega)\mathrm{e}^{-\mathrm{i}t\omega}.$$

因此,

$$\begin{aligned}&\frac{1}{\sqrt{2\pi}}\int_{-\infty}^{+\infty}\int_{-\infty}^{+\infty}\mathcal{S}[f](\lambda,b)g(t-b)\mathrm{e}^{\mathrm{i}\lambda t}\mathrm{d}\lambda\mathrm{d}b\\=&\frac{1}{\sqrt{2\pi}}\int_{-\infty}^{+\infty}\left(\int_{-\infty}^{+\infty}\widehat{f}(\omega+\lambda)|\widehat{g}(\omega)|^2\mathrm{e}^{\mathrm{i}t(\lambda+\omega)}\mathrm{d}\omega\right)\mathrm{d}\lambda.\end{aligned}$$

如果 $\widehat{f}\in L^1(\mathbf{R})$, 我们可以利用 Fubini 定理改变积分顺序, 并利用逆傅里叶变换

$$\frac{1}{\sqrt{2\pi}}\int_{-\infty}^{+\infty}\widehat{f}(\omega+\lambda)\mathrm{e}^{\mathrm{i}t(\lambda+\omega)}\mathrm{d}\lambda=f(t),$$

可得

$$\begin{aligned}&\frac{1}{\sqrt{2\pi}}\int_{-\infty}^{+\infty}\left(\int_{-\infty}^{+\infty}\widehat{f}(\omega+\lambda)\mathrm{e}^{\mathrm{i}t(\lambda+\omega)}\mathrm{d}\lambda\right)|\widehat{g}(\omega)|^2\mathrm{d}\omega\\=&\int_{-\infty}^{\infty}f(t)|\widehat{g}(\omega)|^2\mathrm{d}\omega.\end{aligned}$$

再利用

$$\int_{-\infty}^{+\infty}|\widehat{g}(\omega)|^2\mathrm{d}\omega=1,$$

即可以得到重构公式. 如果 $\widehat{f}\notin L^1(\mathbf{R})$, 则可以利用稠密性来证明.

现在证明能量守恒公式. 因为 $\mathcal{S}[f](\lambda,b)$ 关于 b 的傅里叶变换是 $\widehat{f}(\omega+\lambda)\widehat{g}(\omega)$, 将 Plancherel 公式应用到能量守恒公式的右边, 可得

$$\int_{-\infty}^{\infty}\int_{-\infty}^{\infty}|\mathcal{S}[f](\lambda,b)|^2\mathrm{d}\lambda\mathrm{d}b=\int_{-\infty}^{\infty}\int_{-\infty}^{\infty}|\widehat{f}(\omega+\lambda)|^2|\widehat{g}(\omega)|^2\mathrm{d}\omega\mathrm{d}\lambda.$$

另一方面, 利用 Fubini 定理可证

$$\int_{-\infty}^{\infty}|\widehat{f}(\omega+\lambda)|^2\mathrm{d}\lambda=||f||^2,$$

从而能量守恒定理得证. #

窗口傅里叶变换的窗函数的选择对变换的结果有很大影响. 下面给出一个例子来说明这个问题.

例 4.4 给定一个信号 $f(t)$ 如图 4.5 所示, 其傅里叶变换见图 4.5(b). 可以看出, 傅里叶变换提取了该信号的频率成分, 但是无法定位到时间. 为此我们对 $f(t)$ 做不同大小的窗口 Gabor 变换, 变换的结果如图 4.6 和图 4.7 所示. 可以看出, 当选择的窗函数的半径较小时, 傅里叶变换捕捉的频率精度非常高, 但是此时对于给定的时间, 该时间段的频率出现混叠, 无法给出正确的频率成分. 另一方面, 如果窗函数的半径较大时, 对于给定的时间, 该时间附近的频率成分可以得到很好的捕捉, 然而, 捕捉到的频率精度不够.

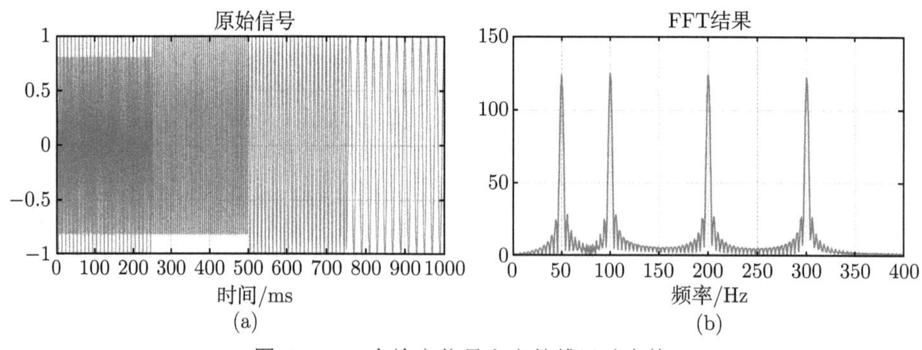

图 4.5 一个给定信号和它的傅里叶变换

4.1.2 离散窗口傅里叶变换

窗口傅里叶变换也可以离散化和快速计算, 其基本思想和离散傅里叶变换一致. 我们考虑周期为 n 的离散信号, 选取窗函数 g, 其中 $||g||=1$. 首先, 将窗函数离散成周期为 n 的对称离散序列 $\{g_n\}$, 然后对任意给定的周期序列 $f_k\in S_n$, 对任意的 $0\leqslant m<n$, 窗口傅里叶变换相当于对 f_kg_{k-m} 做离散傅里叶变换. 所

以, 一次窗口傅里叶变换相当于 n 个 n 点的快速傅里叶变换, 从而计算复杂度是 $O(n^2 \log n)$.

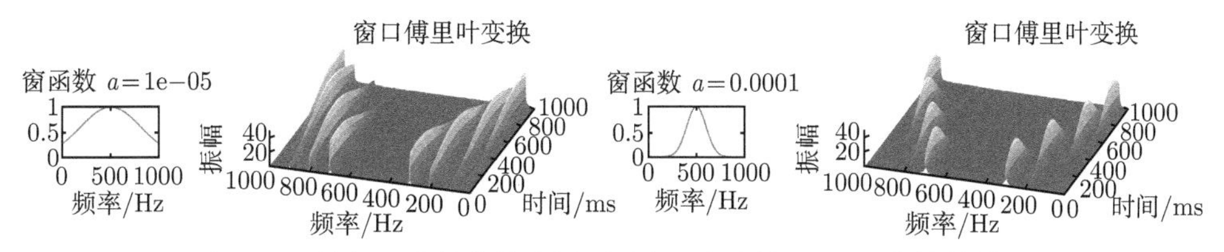

图 4.6 对图 4.5中的信号应用不同窗口大小的 Gabor 变换的结果.

注 当选择的窗函数的半径较小的时候, 傅里叶变换捕捉的频率精度非常高, 但是此时对于给定的时间, 该时间段的频率出现混叠, 无法给出正确的频率成分.

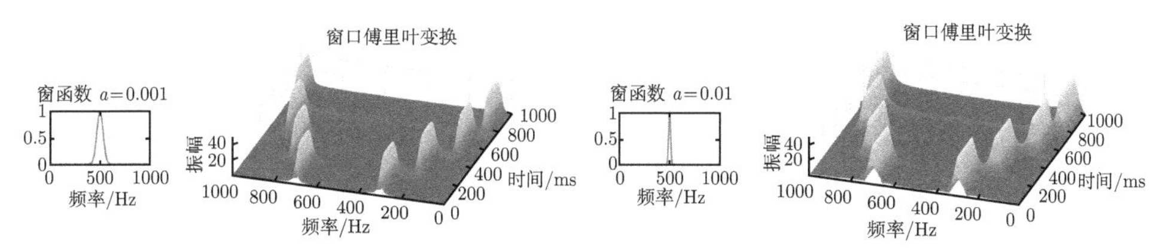

图 4.7 对图 4.5中的信号应用不同窗口大小的 Gabor 变换的结果.

注 如果窗函数的半径较大的时候, 对于给定的时间, 该时间附近的频率成分可以得到很好的捕捉, 然而, 捕捉到的频率精度不够.

4.2 测不准原理

窗口傅里叶变换的时频分辨率依赖窗函数的时频跨度, 也就是和时频窗口的面积来度量. 那么一个自然的问题就是, 能不能选择窗函数 g, 使得窗口傅里叶变换的时频窗口都可以得到很好的精度呢, 或者说, 是否存在窗函数 g, 使得 Δ_g 和 $\Delta_{\widehat{g}}$ 都很小呢? 这个答案是否定的, 它就是下面著名的测不准原理.

测不准原理表明一个函数不可能同时在时间域和频率域都具有任意小的分辨率. 为了说明这个概念, 和窗函数的半径定义类似, 我们先给出下面的定义用来刻画一个函数的分辨率.

定义 4.4 假设 $f \in L^2(\mathbf{R})$, 则 f 在点 $a \in \mathbf{R}$ 处的分辨率定义为

$$\Delta_a(f) = \frac{\displaystyle\int_{\mathbf{R}} (t-a)^2 |f(t)|^2 \mathrm{d}t}{\displaystyle\int_{\mathbf{R}} |f(t)|^2 \mathrm{d}t}. \tag{4.3}$$

f 在 a 点的分辨率度量了它的图形在 $t=a$ 处的偏差或者扩展. 如果 f 的图形集中在 $t=a$ 点, 则 f 的分辨率很小. 相反, 如果 f 的图形在 $t=a$ 处展开的比较宽, 则 f 的分辨率就大.

同理, 我们可以定义 f 对应的傅里叶变换的分辨率

$$\Delta_\alpha(\widehat{f}) = \frac{\displaystyle\int_{\mathbf{R}} (\lambda-\alpha)^2 |\widehat{f}(\lambda)|^2 \mathrm{d}\lambda}{\displaystyle\int_{\mathbf{R}} |\widehat{f}(\lambda)|^2 \mathrm{d}\lambda}. \tag{4.4}$$

下面给出测不准原理.

定理 4.2　假设 $f \in L^2(\mathbf{R})$, 它在无穷处收敛到 0, 则对任意的 $a, \alpha \in \mathbf{R}$ 都有

$$\Delta_a(f)\Delta_\alpha(\widehat{f}) \geqslant \frac{1}{4}. \tag{4.5}$$

证明　首先我们证明下面的等式:

$$\begin{aligned}
&\left\{\left(\frac{\mathrm{d}}{\mathrm{d}t} - \mathrm{i}\alpha\right)(t-a)\right\} f - \left\{(t-a)\left(\frac{\mathrm{d}}{\mathrm{d}t} - \mathrm{i}\alpha\right)\right\} f \\
&= f + (t-a)f' - \mathrm{i}\alpha(t-a)f - (t-a)(f' - \mathrm{i}\alpha f) \\
&= f.
\end{aligned}$$

上式两边同时做内积得

$$\begin{aligned}
\langle f, f\rangle &= \left\langle \left\{\left(\frac{\mathrm{d}}{\mathrm{d}t} - \mathrm{i}\alpha\right)(t-a)\right\} f(t), f(t)\right\rangle - \left\langle \left\{(t-a)\left(\frac{\mathrm{d}}{\mathrm{d}t} - \mathrm{i}\alpha\right)\right\} f(t), f(t)\right\rangle \\
&= \left\langle (t-a)f(t), \left(-\frac{\mathrm{d}}{\mathrm{d}t} + \mathrm{i}\alpha\right) f(t)\right\rangle - \left\langle \left(\frac{\mathrm{d}}{\mathrm{d}t} - \mathrm{i}\alpha\right) f(t), (t-a)f(t)\right\rangle \\
&= -2\mathrm{Re}\left\langle (t-a)f(t), \left(\frac{\mathrm{d}}{\mathrm{d}t} - \mathrm{i}\alpha\right) f(t)\right\rangle.
\end{aligned}$$

在上面的等式中, 第二个等式的第一部分是利用分部积分而得, 而第二部分是直接利用内积的定义得到. 再由 Schwarz 不等式可得

$$||f||_{L^2}^2 \leqslant 2\left|\left|\left(\frac{\mathrm{d}}{\mathrm{d}t} - \mathrm{i}\alpha\right) f(t)\right|\right|_{L^2} ||(t-a)f(t)||_{L^2}.$$

利用 Parseval 等式和傅里叶变换

$$\mathfrak{F}\left[\left(\frac{\mathrm{d}}{\mathrm{d}t} - \mathrm{i}\alpha\right) f(t)\right](\lambda) = \mathrm{i}(\lambda-\alpha)\widehat{f}(\lambda)$$

可得

$$\left\|\left(\frac{\mathrm{d}}{\mathrm{d}t}-\mathrm{i}\alpha\right)f(t)\right\|_{L^2}=||(\lambda-\alpha)\widehat{f}(\lambda)||_{L^2}.$$

因此

$$||(\lambda-\alpha)\widehat{f}(\lambda)||_{L^2}||(t-a)f(t)||_{L^2}\geqslant\frac{1}{2}||f||_{L^2}^2,$$

即

$$\Delta_a(f)\Delta_\alpha(\widehat{f})\geqslant\frac{1}{4}. \qquad \#$$

如图 4.8, 窗函数的时频窗口大小可以用伸缩变换来调节, 当然其面积是不会改变的. 从而, 一般需要在时域分辨率和频域分辨率中做一个折中. 在窗函数的选取上, 一般需要考虑下面几个因素. 在数值计算中, g 必须有紧支集, 所以它的傅里叶变换 $\widehat{g}$ 一定有无穷支集. 它是一个主瓣位于 $\lambda=0$ 处的对称函数, 不断振荡并衰减到零. 为了使变换的频率分辨率最大化, 必须将 $\widehat{g}$ 的能量集中在 $\lambda=0$ 附近. 下面给出三个重要的参数来估计 $\widehat{g}$ 的跨度.

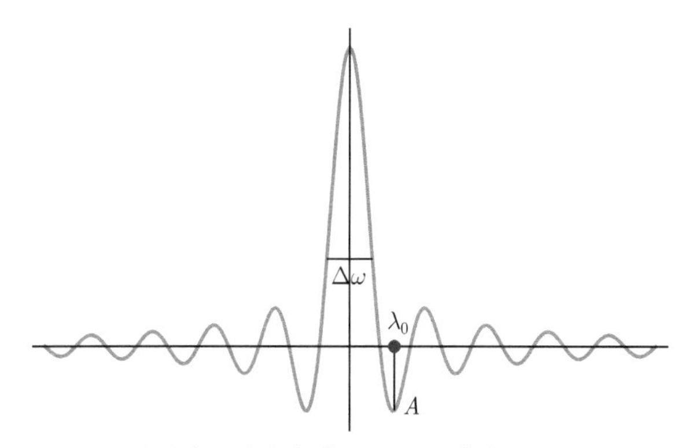

图 4.8 $\widehat{g}$ 的能量跨度由它的频宽以及第一个旁瓣的最大幅度来度量

(1) 均方频宽 Δ, 其定义为

$$\frac{|\widehat{g}(\Delta/2)|^2}{|\widehat{g}(0)|^2}=\frac{1}{2},$$

(2) 位于 $\lambda=\pm\lambda_0$ 处的第一个旁瓣的最大幅度 A,

$$A=10\lg\frac{|\widehat{g}(\lambda_0)|^0}{|\widehat{g}(0)|^0},$$

(3) 多项式指数 p, 当频率较大时, 它给出了 $\widehat{g}$ 的渐近衰减性

$$|\widehat{g}(\lambda)|=O(\lambda^{-p-1}).$$

表 4.1 给出了常见的五个窗函数以及它们对应的参数值, 在这个表格中, 所有的窗函数 g 放缩使得它们在零的值为 1, 即 $g(0)=1$, 从而 $||g||\neq 1$, 后面四个窗函数的图像如图 4.9 所示.

表 4.1

函数名称	函数表达式	Δ	A	p
Rectangle	1	0.89	−13	0
Hamming	$0.54+0.46\cos 2\pi t$	1.36	−43	0
Gaussian	e^{-18t^2}	1.55	−55	0
Hann	$\cos^2 \pi t$	1.44	−32	2
Blackman	$0.42+0.5\cos 2\pi t + +0.08\cos 4\pi t$	1.68	−58	2

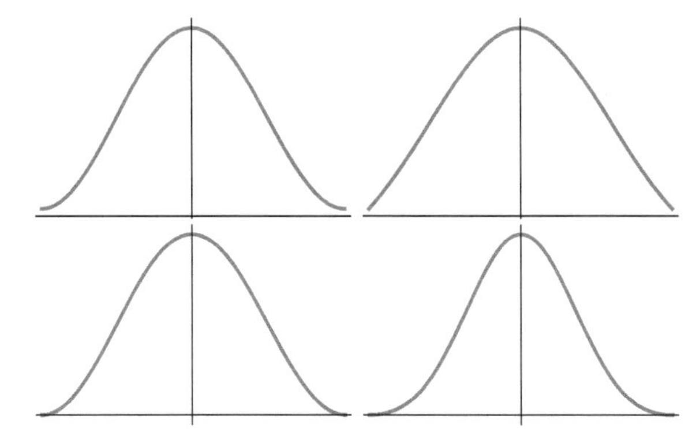

图 4.9　Hamming、Gaussian、Hann、Blackman 窗函数的图像

选择窗函数时, 应使窗函数频谱的主瓣宽度尽量窄, 以获得高的频率分辨能力; 旁瓣衰减应尽量大, 以减少频谱拖尾, 但通常都不能同时满足这两个要求. 各种窗的差别主要在于集中于主瓣的能量和分散在所有旁瓣的能量之比.

4.3　连续小波变换

窗口傅里叶变换一定程度上克服了傅里叶变换的缺点, 但是仍然存在变换结果的时间窗宽度不随频率变化的问题. 因为在实际的应用中, 对高频信息, 时间间隔要小, 以给出精确的高频信息; 而对于低频信息, 时间间隔要变宽, 以给出一个周期里的完整信息. 然而, 窗口傅里叶变换的窗函数的时频窗口是固定的. 那么你可能会想到, 让窗口大小随函数不同时刻而变化, 多做几次窗口傅里叶变换不就可以了吗? 事实上, 小波变换就是这样的思路, 不过不是用这个方法. 至于为什么不采用可变的窗口傅里叶变换呢, 主要原因是这样做冗余会太多. 最关键地, 窗口傅里叶变换做不到正交化, 这也是它的一主要缺陷. 小波变换的想法是直接把傅里叶变换的基给换了: 将无限长的三角函数基换成了有限长的会衰减的小波基. 这样不仅能够获取频率, 还可以定位到时间. 下面介绍的小波变换可以在波的高频阶段时间分辨率自动提高, 在波的低频阶段时间分辨率自动降低, 也就是具有自动变焦性质, 在信号处理中显示非常大的优越性 [4-8].

小波分析是 20 世纪 80 年代中期迅速发展起来的一门数学理论和方法, 由法国科学家 Grossman 和 Morlet 在进行地震信号分析时提出. 1985 年, Meyer 在一维情形下证明了小波函数的存在性, 并在理论上作了深入研究. Mallat 基于多分辨分析思想, 提出了对小波应用起重要作用的 Mallat 算法, 它在小波分析中的地位相当于 FFT 在经典傅里叶变换中的地位. 小波变换的基本思想类似于傅里叶变换, 就是用信号在一簇小波基函数生成的空间上的投影来表征该信号. 经典傅里叶变换把信号按三角函数展开, 将任意函数表示为具有不同频率的谐波函数的线性叠加, 能较好地描述信号的频率特性, 但它在空域 (时域) 上不能作局部分析. 而小波变换在时域和频域同时具有良好的局部化性能. 与傅里叶变换、窗口傅里叶变换相比, 小波变换可以更有效地从信号中提取信息, 通过伸缩和平移等运算功能对函数或信号进行多分辨率分析, 解决了傅里叶变换不能解决的许多困难问题, 从而小波变换被誉为 “数学显微镜”, 它是调和分析发展史上里程碑式的进展. 小波分析理论的重要性及应用的广泛性引起了科技界的高度重视. 小波分析的出现被认为是傅里叶分析的突破性进展, 在逼近论、微分方程、模式识别、计算机视觉、图像处理、非线性科学等方面取得了许多突破性进展.

对于平稳信号, 处理信号的理想工具仍然是傅里叶分析. 但是在实际应用中的绝大多数信号是非稳定的, 而特别适用于非稳定信号的工具就是小波分析. 小波分析的应用是与小波分析的理论研究紧密地结合在一起的. 它已经在科技信息产业领域取得了令人瞩目的成就. 在数学方面, 小波变换已用于数值分析、构造快速数值方法、曲线曲面构造、微分方程求解、控制论等. 在信号分析方面, 小波变换在滤波、去噪、压缩、传输等方面得到广泛的应用. 它可以用于边界的处理与滤波、时频分析、信噪分离与提取弱信号、求分形指数、信号的识别与诊断以及多尺度边缘检测等 [9,10]. 在图像处理方面, 图像压缩、分类、识别与诊断等应用也广泛使用小波变换. 它的特点是压缩比高, 压缩速度快, 压缩后能保持信号与图像的特征不变, 且在传递中可以抗干扰. 在工程技术上, 小波变换还应用于计算机视觉、计算机图形学、曲面设计、湍流、远程宇宙的研究与生物医学方面 [11,12]. 基于小波分析的压缩方法很多, 比较成功的有小波包方法、小波域纹理模型方法、小波变换零树压缩、小波变换向量压缩等 [13-15].

下面我们给出小波的定义.

定义 4.5 如果一个函数 $\psi \in L^2(\mathbf{R})$ 满足容许性条件

$$C_\psi = 2\pi \int_{\mathbf{R}} \frac{|\widehat{\psi}(\lambda)|^2}{|\lambda|} \mathrm{d}\lambda < \infty,$$

则称 ψ 为基小波.

引理 4.2 如果 $\psi(t) \in L^1(\mathbf{R})$ 且是基小波, $\widehat{\psi}$ 在 0 附近连续, 则

$$\widehat{\psi}(0) = \frac{1}{\sqrt{2\pi}} \int_{\mathbf{R}} \psi(t) \mathrm{d}t = 0.$$

证明 首先由傅里叶变换的定义知

$$\widehat{\psi}(0) = \frac{1}{\sqrt{2\pi}} \int_{\mathbf{R}} \psi(t) \mathrm{e}^0 \mathrm{d}t = \frac{1}{\sqrt{2\pi}} \int_{\mathbf{R}} \psi(t) \mathrm{d}t.$$

因为 $\widehat{\psi}$ 在 0 附近连续, 所以 $|\widehat{\psi}|$ 也在 0 附近连续. 如果 $\widehat{\psi}(0) \neq 0$, 则存在 $M > 0$ 及 $\delta > 0$, 当 $|\lambda| < \delta$ 时, $|\widehat{\psi}| > M$. 故

$$\int_{\mathbf{R}} \frac{|\widehat{\psi}(\lambda)|^2}{|\lambda|} \mathrm{d}\lambda \geqslant \int_{-\delta}^{\delta} \frac{|\widehat{\psi}(\lambda)|^2}{|\lambda|} \mathrm{d}\lambda \geqslant \int_{-\delta}^{\delta} \frac{M^2}{|\lambda|} \mathrm{d}\lambda,$$

但是后者发散到无穷, 从而 $\widehat{\psi}(0) = 0$. #

由引理 4.2 可知, 如果 $\psi(t) \in L^1(\mathbf{R})$, 则 $\int_{\mathbf{R}} \psi(t) \mathrm{d}t = 0$, 由此可见小波基 ψ 具有波动性. 又因为 $\psi \in L^2(\mathbf{R})$, ψ 一般来说还具有衰减性. 因此, 基小波一定是振荡型的, 并且在有限区间外等于零或者很快趋向零, 这就是小波这一名词的由来.

例 4.5 下面给出几个常见的基小波的例子.

- Haar 小波:

$$\psi(t) = \begin{cases} 1, & 0 \leqslant t < \dfrac{1}{2}, \\ -1, & \dfrac{1}{2} \leqslant t < 1, \\ 0, & \text{其他}. \end{cases} \tag{4.6}$$

则 $\psi(t)$ 的傅里叶变换就是对应例 3.12 中 $C_1 = \frac{1}{4}$, $W_1 = \frac{1}{4}$, $H_1 = 1$ 和 $C_2 = \frac{3}{4}$, $W_2 = \frac{1}{4}$, $H_2 = -1$ 的情形, 从而它的傅里叶变换为

$$\widehat{\psi}(\lambda) = \sqrt{\frac{2}{\pi}} \frac{1}{\lambda} \sin(\lambda/4) \left(\mathrm{e}^{-\mathrm{i}\lambda/4} - \mathrm{e}^{-3\mathrm{i}\lambda/4} \right).$$

可以算出

$$\widehat{\psi}(\lambda)=\sqrt{\frac{2}{\pi}}\frac{2}{\lambda}\sin(\lambda/4)\sin(\lambda/8)\mathrm{e}^{-\mathrm{i}\lambda/2}\left(\sin(\lambda/8)-\mathrm{i}\cos(\lambda/8)\right),$$

其图像见图 4.10. 故

$$\begin{aligned}C_\psi&=2\pi\int_{\mathbf{R}}\frac{|\widehat{\psi}(\lambda)|^2}{|\lambda|}\mathrm{d}\lambda\\&<32\int_0^\infty\frac{\sin^2(\lambda/4)\sin^2(\lambda/8)}{\lambda^3}\mathrm{d}\lambda\\&=32\int_0^1\frac{\sin^2(\lambda/4)\sin^2(\lambda/8)}{\lambda^3}\mathrm{d}\lambda+C_1<\infty.\end{aligned}$$

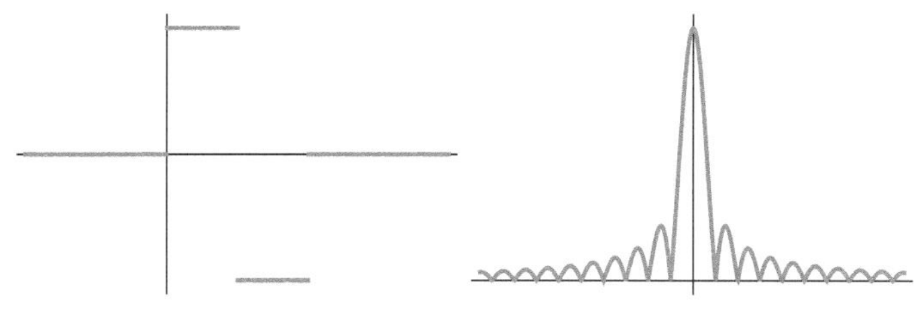

图 4.10 Haar 小波函数以及其傅里叶变换的图像

- 墨西哥帽子小波:

$$\psi(t)=\frac{1}{\sqrt{2\pi}}(1-t^2)\mathrm{e}^{-\frac{t^2}{2}}. \tag{4.7}$$

由于 $\mathfrak{F}\left[\frac{1}{\sqrt{2\pi}}\mathrm{e}^{-\frac{t^2}{2}}\right](\lambda)=\frac{1}{\sqrt{2\pi}}\mathrm{e}^{-\frac{\lambda^2}{2}}$ 故

$$\begin{aligned}\widehat{\psi}(\lambda)&=\frac{1}{\sqrt{2\pi}}\mathrm{e}^{-\frac{\lambda^2}{2}}+\frac{1}{\sqrt{2\pi}}(\mathrm{e}^{-\frac{\lambda^2}{2}})''\\&=\frac{1}{\sqrt{2\pi}}\lambda^2\mathrm{e}^{-\frac{\lambda^2}{2}}.\end{aligned}$$

$\psi(t)$ 及其傅里叶变换的图像如图 4.11. 易验证

$$\begin{aligned}C_\psi&=2\pi\int_{\mathbf{R}}\frac{|\widehat{\psi}(\lambda)|^2}{|\lambda|}\mathrm{d}\lambda\\&=\int_{\mathbf{R}}\lambda^3\mathrm{e}^{-\lambda^2}\mathrm{d}\lambda<\infty.\end{aligned}$$

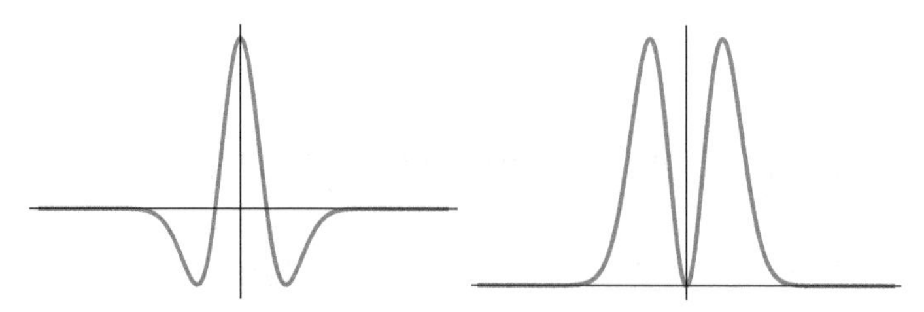

图 4.11　墨西哥帽子小波函数以及其傅里叶变换的图像

- 线性样条小波:

$$\psi(t)=\begin{cases}t, & 0\leqslant t<\dfrac{1}{2},\\ 1-t, & \dfrac{1}{2}\leqslant t<\dfrac{3}{2},\\ t-2, & \dfrac{3}{2}\leqslant t<2,\\ 0, & \text{其他}.\end{cases}\tag{4.8}$$

注意到

$$\psi'(t)=\begin{cases}1, & t\in\left[0,\dfrac{1}{2}\right)\cup\left[\dfrac{3}{2},2\right),\\ -1, & \dfrac{1}{2}\leqslant t<\dfrac{3}{2},\\ 0, & \text{其他}.\end{cases}$$

故有

$$\mathfrak{F}[\psi'](\lambda)=\sqrt{\frac{2}{\pi}}\frac{1}{\lambda}\left(\sin(\lambda/4)\mathrm{e}^{-\mathrm{i}\lambda/4}-\sin(\lambda/2)\mathrm{e}^{-\mathrm{i}\lambda}+\sin(\lambda/4)\mathrm{e}^{-\mathrm{i}7\lambda/4}\right).$$

即

$$\begin{aligned}\mathfrak{F}[\psi](\lambda)&=\sqrt{\frac{2}{\pi}}\frac{1}{\mathrm{i}\lambda^2}\left(\sin(\lambda/4)\mathrm{e}^{-\mathrm{i}\lambda/4}-\sin(\lambda/2)\mathrm{e}^{-\mathrm{i}\lambda}+\sin(\lambda/4)\mathrm{e}^{-\mathrm{i}7\lambda/4}\right)\\&=\sqrt{\frac{2}{\pi}}\frac{2}{\mathrm{i}\lambda^2}\sin^2\frac{\lambda}{4}\sin\frac{\lambda}{2}\mathrm{e}^{-\mathrm{i}\lambda}.\end{aligned}$$

$\psi(t)$ 及其傅里叶变换的图像如图 4.12 所示. 同 Haar 小波一样, 不难验证它满足基小波条件.

那么什么样的函数可以作为一个基小波呢？这个问题非常复杂, 这里给出一个充分条件, 该定理的证明可以参考文献 [16].

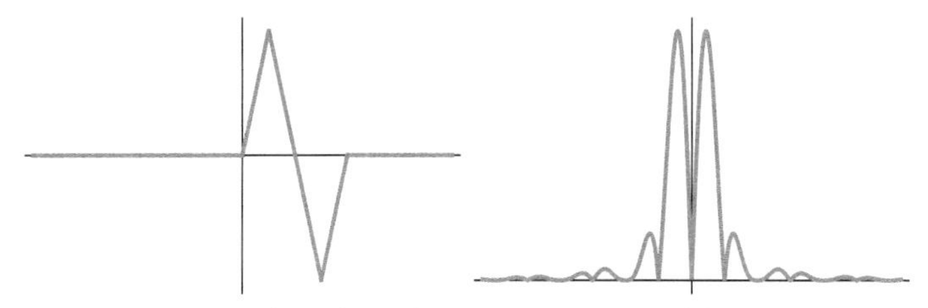

图 4.12 线性样条小波函数以及其傅里叶变换的图像

定理 4.3 假设 $\psi(t) \in L^1(\mathbf{R}) \cap L^2(\mathbf{R})$, 且满足下面的条件:

(1) $\displaystyle\int_{\mathbf{R}} \psi(t)\mathrm{d}t = 0$,

(2) $|\psi(t)| \leqslant \dfrac{C}{(1+|t|)^{1+\epsilon}}, C > 0, \epsilon > 0$.

则 ψ 满足容许性条件, 进而 ψ 是一个基小波.

定义 4.6 假设 ψ 是一个基小波, 将基小波进行伸缩与平移得到小波序列

$$\psi_{a,b}(t) = |a|^{-\frac{1}{2}}\psi\left(\frac{t-b}{a}\right),$$

其中 $a, b \in \mathbf{R}, a \neq 0$. 对于 $f \in L^2(\mathbf{R})$, 其连续小波变换定义为

$$(W_\psi f)(a,b) = \langle f, \psi_{a,b}\rangle = |a|^{-\frac{1}{2}}\int_{\mathbf{R}} f(t)\overline{\psi\left(\frac{t-b}{a}\right)}\mathrm{d}t. \tag{4.9}$$

在数学的许多分支中, 把形为 $(Ff)(x) = \displaystyle\int f(t)K(x,t)\mathrm{d}t$ 的变换 F 称为积分变换, 其中 $K(x,t)$ 称为核函数. 所以小波变换是一个积分变换, 它将一个一元函数变换成以 (a,b) 为变量的二元函数. 我们称 $\psi_{a,b}(t)$ 为小波变换的核函数.

小波变换有以下性质.

定理 4.4 假设 ψ, ϕ 是基小波, $f, g \in L^2(\mathbf{R})$, 则

- $(W_\psi(\alpha f + \beta g))(a,b) = \alpha(W_\psi(f))(a,b) + \beta(W_\psi(g))(a,b)$.
- $(W_\psi(T_c f))(a,b) = W_\psi(f)(a, b-c)$, 其中 $T_c(f) = f(t-c)$.
- $(W_\psi(D_c f))(a,b) = \dfrac{1}{\sqrt{c}}W_\psi(f(t))\left(\dfrac{a}{c}, \dfrac{b}{c}\right)$, 其中 $D_c f(t) = \dfrac{1}{c}f\left(\dfrac{t}{c}\right), c > 0$.
- $(W_{\alpha\phi+\beta\psi}(f))(a,b) = \overline{\alpha}(W_\phi(f))(a,b) + \overline{\beta}(W_\psi(f))(a,b)$.
- $(W_{T_c\psi}(f))(a,b) = (W_\psi(f))(a, b+ca)$.
- $(W_{D_c\psi}(f))(a,b) = \dfrac{1}{\sqrt{c}}(W_\psi(f))(ac, b)$.

这些性质的证明都很简单, 留作习题.

定理 4.5　假设 $f, g \in L^2(\mathbf{R})$, ψ 是一个基小波, 则

$$\frac{1}{C_\psi}\int_{\mathbf{R}}\int_{\mathbf{R}}(W_\psi(f))(a,b)\overline{(W_\psi(g))(a,b)}\frac{1}{a^2}\mathrm{d}a\mathrm{d}b = \langle f, g\rangle. \tag{4.10}$$

特别地,

$$\frac{1}{C_\psi}\int_{\mathbf{R}}\int_{\mathbf{R}}|(W_\psi(f))(a,b)|^2\frac{1}{a^2}\mathrm{d}a\mathrm{d}b = ||f||^2_{L^2(\mathbf{R})}. \tag{4.11}$$

证明　由傅里叶变换的性质知

$$\begin{aligned}\widehat{\psi}_{a,b}(\lambda) &= \frac{1}{\sqrt{2\pi}}\int_{\mathbf{R}}|a|^{-1/2}\psi\left(\frac{t-b}{a}\right)\mathrm{e}^{-\mathrm{i}t\lambda}\mathrm{d}t \\ &= |a|^{\frac{1}{2}}\mathrm{e}^{-\mathrm{i}b\lambda}\widehat{\psi}(a\lambda).\end{aligned}$$

因此

$$\begin{aligned}(W_\psi f)(a,b) &= \langle f, \psi_{a,b}\rangle \\ &= \langle \widehat{f}, \widehat{\psi}_{a,b}\rangle \\ &= |a|^{\frac{1}{2}}\int_{\mathbf{R}}\widehat{f}(\lambda)\overline{\widehat{\psi}(a\lambda)}\mathrm{e}^{\mathrm{i}b\lambda}\mathrm{d}\lambda.\end{aligned}$$

设 $F_a(\lambda) = \overline{\widehat{f}(\lambda)}\widehat{\psi}(a\lambda)$, $G_a(\lambda) = \overline{\widehat{g}(\lambda)}\widehat{\psi}(a\lambda)$, 于是

$$\begin{aligned}(W_\psi f)(a,b) &= |a|^{\frac{1}{2}}\int_{\mathbf{R}}\widehat{f}(\lambda)\overline{\widehat{\psi}(a\lambda)}\mathrm{e}^{\mathrm{i}b\lambda}\mathrm{d}\lambda \\ &= |a|^{\frac{1}{2}}\int_{\mathbf{R}}\overline{F_a(\lambda)}\mathrm{e}^{\mathrm{i}b\lambda}\mathrm{d}\lambda \\ &= \sqrt{2\pi}|a|^{\frac{1}{2}}\frac{1}{\sqrt{2\pi}}\int_{\mathbf{R}}\overline{F_a(\lambda)}\mathrm{e}^{\mathrm{i}b\lambda}\mathrm{d}\lambda \\ &= \sqrt{2\pi}|a|^{\frac{1}{2}}\overline{\widehat{F_a}(b)}.\end{aligned}$$

同理可得

$$(W_\psi g)(a,b) = \sqrt{2\pi}|a|^{\frac{1}{2}}\overline{\widehat{G_a}(b)}.$$

这样

$$\int_{\mathbf{R}}\left(\int_{\mathbf{R}}(W_\psi f)(a,b)\overline{(W_\psi g)(a,b)}\mathrm{d}b\right)\frac{1}{a^2}\mathrm{d}a$$

$$
\begin{aligned}
&= 2\pi \int_{\mathbf{R}} \left(\int_{\mathbf{R}} \overline{\widehat{F}_a(b)} \widehat{G}_a(b) \mathrm{d}b \right) \frac{1}{|a|} \mathrm{d}a \\
&= 2\pi \int_{\mathbf{R}} \left(\int_{\mathbf{R}} \overline{F_a(\lambda)} G_a(\lambda) \mathrm{d}\lambda \right) \frac{1}{|a|} \mathrm{d}a \\
&= 2\pi \int_{\mathbf{R}} \left(\int_{\mathbf{R}} \widehat{f}(\lambda) \overline{\widehat{g}(\lambda)} |\widehat{\psi}(a\lambda)| \mathrm{d}\lambda \right) \frac{1}{|a|} \mathrm{d}a \\
&= 2\pi \int_{\mathbf{R}} \widehat{f}(\lambda) \overline{\widehat{g}(\lambda)} \left(\int_{R} \frac{|\widehat{\psi}(a\lambda)|^2}{|a|} \mathrm{d}a \right) \mathrm{d}\lambda \\
&= C_\psi \langle f, g \rangle.
\end{aligned}
$$

最后一个等式可以用换元法得到. 当 $\lambda > 0$ 时,

$$
\begin{aligned}
\int_{-\infty}^{0} \frac{|\widehat{\psi}(a\lambda)|^2}{|a|} \mathrm{d}a &= \int_{-\infty}^{0} \frac{|\widehat{\psi}(a\lambda)|^2}{-a} \mathrm{d}a \\
&= \int_{-\infty}^{0} \frac{|\widehat{\psi}(s)|^2}{-\dfrac{s}{\lambda}} \frac{1}{\lambda} \mathrm{d}s = \int_{-\infty}^{0} \frac{|\widehat{\psi}(a)|^2}{|a|} \mathrm{d}a, \\
\int_{0}^{\infty} \frac{|\widehat{\psi}(a\lambda)|^2}{|a|} \mathrm{d}a &= \int_{0}^{\infty} \frac{|\widehat{\psi}(a\lambda)|^2}{a} \mathrm{d}a \\
&= \int_{0}^{\infty} \frac{|\widehat{\psi}(s)|^2}{\dfrac{s}{\lambda}} \frac{1}{\lambda} \mathrm{d}s = \int_{0}^{\infty} \frac{|\widehat{\psi}(a)|^2}{|a|} \mathrm{d}a.
\end{aligned}
$$

即等式(4.10)成立. 当 $\lambda < 0$ 时同理可证. #

定理 4.6 假设 ψ 是基小波, $f \in L^2(\mathbf{R})$, 则 f 在连续点有反演公式

$$
f(t) = \frac{1}{C_\psi} \int_{\mathbf{R}} \int_{\mathbf{R}} |a|^{-\frac{1}{2}} \psi \left(\frac{t-b}{a} \right) (W_\psi(f))(a,b) \frac{1}{a^2} \mathrm{d}a \mathrm{d}b. \tag{4.12}
$$

证明 记 $\psi_a(t) = |a|^{-\frac{1}{2}} \psi \left(\dfrac{t}{a} \right)$, 并记上式的右端为 $p(t)$, 则

$$
(W_\psi(f))(a,b) = (f * \overline{\psi}_a(-\cdot))(b).
$$

从而

$$
p(t) = \frac{1}{C_\psi} \int_{\mathbf{R}} ((W_\psi f)(a,\cdot) * \psi_a)(t) \frac{1}{a^2} \mathrm{d}a
$$

$$= \frac{1}{C_\psi}\int_{\mathbf{R}} \left(f * \overline{\psi}_a(-\cdot) * \psi_a\right)(t)\frac{1}{a^2}\mathrm{d}a.$$

这里的黑点表示卷积的积分变量. 我们需要证明 $p(t) = f(t)$, 这等价于证明它们的傅里叶变换相等. 事实上, $p(t)$ 的傅里叶变换为

$$\begin{aligned}
\widehat{p}(\lambda) &= \frac{2\pi}{C_\psi}\int_{\mathbf{R}} \widehat{f}(\lambda)\sqrt{|a|}\overline{\widehat{\psi}(a\lambda)}\sqrt{|a|}\widehat{\psi}(a\lambda)\frac{1}{a^2}\mathrm{d}a \\
&= \frac{2\pi\widehat{f}(\lambda)}{C_\psi}\int_{\mathbf{R}} \left|\widehat{\psi}(a\lambda)\right|^2 \frac{1}{|a|}\mathrm{d}a \\
&= \frac{2\pi\widehat{f}(\lambda)}{C_\psi}\int_{\mathbf{R}} \left|\widehat{\psi}(\lambda)\right|^2 \frac{1}{|\lambda|}\mathrm{d}\lambda \\
&= \widehat{f}(\lambda).
\end{aligned}$$

定理证毕. #

下面我们看看小波的时频窗口. 假设 ψ 是一个基小波, 并且 ψ 和它的傅里叶变换 $\widehat{\psi}$ 都是窗函数, 其中心和半径分别是 t^*, Δ_ψ 和 λ^*, $\Delta_{\widehat{\psi}}$. 假设我们选择的基小波使得 λ^* 是正数, 且在小波的参数序列中 $a > 0$.

由于 ψ 是一个窗函数, 所以 $\psi_{a,b}(t)$ 也是一个窗函数, 其中心和半径分别是 $at^* + b$ 和 $a\Delta_\psi$. 由连续小波变换的定义

$$(W_\psi f)(a,b) = \int_{\mathbf{R}} f(t)\overline{\psi_{a,b}(t)}\mathrm{d}t$$

可知, 小波变换给出信号在时间窗口

$$[b + at^* - a\Delta_\psi, b + at^* + a\Delta_\psi]$$

中的局部化信息.

另一方面, $\hat{\psi}_{a,b}(\lambda) = |a|^{\frac{1}{2}}\mathrm{e}^{-\mathrm{i}\lambda b}\hat{\psi}(a\lambda)$ 可知 $\widehat{\psi}_{a,b}(\lambda)$ 也是一个窗函数, 其中心和半径分别是 $\dfrac{\lambda^*}{a}$ 和 $\dfrac{\Delta_{\widehat{\psi}}}{a}$. 于是由小波变换的频域表示

$$(W_\psi f)(a,b) = \langle \widehat{f}, \widehat{\psi}_{a,b}\rangle$$

可知, 小波变换也具有表征信号频域上的局部性质的能力, 它给出了信号在频率窗

$$\left[\frac{\lambda^*}{a} - \frac{\Delta_{\widehat{\psi}}}{a}, \frac{\lambda^*}{a} + \frac{\Delta_{\widehat{\psi}}}{a}\right]$$

中的局部信息.

综上所述, 连续小波变换具有时频局部化特征, 它给出了时频窗口

$$[b+at^*-a\Delta_\psi, b+at^*+a\Delta_\psi]\times\left[\frac{\lambda^*}{a}-\frac{\Delta_{\widehat{\psi}}}{a}, \frac{\lambda^*}{a}+\frac{\Delta_{\widehat{\psi}}}{a}\right]$$

中的局部信息. 和窗口傅里叶变换不同, 当检测高频信息时 (对于小的 $a>0$), 时间窗口自动变窄, 而当检测低频信息时 (对于大的 $a>0$), 时间窗口自动变宽.

例 4.6 下面给出连续小波变换在分频提取中应用的例子. 假设有 n 个不同的函数 $f_i(t)$, $i=1,\cdots,n$. 其中 f_i 的傅里叶变换 $\hat{f}(\lambda)$ 的支集是 (α_i,β_i), 且

$$0<\alpha_i<\beta_i<\alpha_{i+1}<\beta_{i+1}.$$

分频提取就是给定 $f(t)=\sum_{i=1}^n f_i(t)$, 设计算法从 $f(t)$ 中计算每一个 $f_i(t)$.

解 可以看出, 上述问题如果利用傅里叶变换可以很容易得到, 只需要对函数的傅里叶变换的结果做特定的滤波即可. 这里, 我们介绍如何利用连续小波变换来解决这个问题.

- 定义 $p_i=\dfrac{\alpha_i+\beta_{i-1}}{\alpha_i-\beta_{i-1}}$, 选取 $p>\max_{i=2}^n\{p_i\}$, 并定义基小波 $\psi(t)$, 使得

$$\hat{\psi}(\lambda)=\begin{cases}\dfrac{1}{\mathrm{e}^{(\lambda-1)^2-\frac{1}{p^2}}}, & |\lambda-1|<\dfrac{1}{p},\\ 0, & \text{其他}.\end{cases}$$

则 $\hat{\psi}(\lambda)$ 的支集为 $\left[1-\dfrac{1}{p},1+\dfrac{1}{p}\right]$, 且 $\hat{\psi}_{a,b}(\lambda)$ 的支集为

$$\left[\frac{1}{a}\left(1-\frac{1}{p}\right),\frac{1}{a}\left(1+\frac{1}{p}\right)\right].$$

- 定义 $A_i=\dfrac{1}{\beta_i}\left(1-\dfrac{1}{p}\right)$, $B_i=\dfrac{1}{\alpha_i}\left(1+\dfrac{1}{p}\right)$, 则

$$f_i(t)=\frac{2}{C_\psi}\int_0^\infty\int_{A_i}^{B_i}(W_\psi f)(a,b)\psi_{a,b}(t)\frac{1}{a^2}\mathrm{d}a\mathrm{d}b.$$

实际上,

$$\begin{aligned}f_i(t)&=\frac{2}{C_\psi}\int_0^\infty\int_{\mathbf{R}}(W_\psi f_i)(a,b)\psi_{a,b}(t)\frac{1}{a^2}\mathrm{d}a\mathrm{d}b\\&=\frac{2}{C_\psi}\int_0^\infty\int_{A_i}^{B_i}(W_\psi f_i)(a,b)\psi_{a,b}(t)\frac{1}{a^2}\mathrm{d}a\mathrm{d}b\end{aligned}$$

$$
\begin{aligned}
&= \frac{2}{C_\psi}\int_0^\infty \int_{A_i}^{B_i} (W_\psi \sum_{j=1}^n f_j)(a,b)\psi_{a,b}(t)\frac{1}{a^2}\mathrm{d}a\mathrm{d}b \\
&= \frac{2}{C_\psi}\int_0^\infty \int_{A_i}^{B_i} (W_\psi f)(a,b)\psi_{a,b}(t)\frac{1}{a^2}\mathrm{d}a\mathrm{d}b.
\end{aligned}
$$

在上面这个式子中，第一个等号可以由连续小波变换的反演公式得到，而第二个等号是由 $\hat{f}_i$ 的支集确定，即当 $a \notin [A_i, B_i]$ 时，

$$(W_\psi f_i)(a,b) = \langle \widehat{f_i}, \widehat{\psi}_{a,b} \rangle = 0.$$

事实上，由于 $\hat{\psi}_{a,b}(t)$ 的支集为 $\left[\frac{1}{a}\left(1-\frac{1}{p}\right), \frac{1}{a}\left(1+\frac{1}{p}\right)\right]$，如果 $a < A_i$，则

$$\frac{1}{a}\left(1-\frac{1}{p}\right), \frac{1}{a}\left(1+\frac{1}{p}\right) > \beta_i,$$

从而，$\langle \widehat{f_i}, \widehat{\psi}_{a,b} \rangle = 0$.

如果 $a > B_i$，则

$$\frac{1}{a}\left(1-\frac{1}{p}\right), \frac{1}{a}\left(1+\frac{1}{p}\right) < \alpha_i,$$

从而，$\langle \widehat{f_i}, \widehat{\psi}_{a,b} \rangle = 0$.

第三个等式是因为当 $a \in [A_i, B_i]$ 且 $j \neq i$ 时，$\hat{\psi}_{a,b}(t)$ 的支集与 $\hat{f}_j$ 的支集不相交. 事实上，由于 $\hat{\psi}_{a,b}(t)$ 的支集为 $\left[\alpha_i \frac{p-1}{p+1},\ \beta_i \frac{p+1}{p-1}\right]$.

当 $j < i$ 时，$\hat{f}_j$ 的支集是 $[\alpha_j, \beta_j]$，由于

$$\frac{\beta_j}{\alpha_i} < \frac{\beta_j}{\alpha_{j+1}} < \frac{p+1}{p-1},$$

从而

$$\beta_j < \alpha_i \frac{p-1}{p+1}.$$

另一方面，当 $j > i$ 时，由于

$$\frac{\alpha_j}{\beta_i} > \frac{\alpha_{i+1}}{\beta_i} > \frac{p+1}{p-1},$$

从而

$$\alpha_j > \beta_i \frac{p+1}{p-1}.$$

下面给出连续小波变换在滤波中应用. 由重构公式

$$f(t)=\frac{1}{C_\psi}\int_{\mathbf{R}}\int_{\mathbf{R}}(W_\psi f)(a,b)\psi_{a,b}(t)\frac{1}{a^2}\mathrm{d}a\mathrm{d}b,$$

根据需要可以取 $\mathbf{R}^2$ 的可测集 E, 并定义

$$f_E(t)\doteq\frac{1}{C_\psi}\iint_E(W_\psi f)(a,b)\psi_{a,b}(t)\frac{1}{a^2}\mathrm{d}a\mathrm{d}b$$

是信号 $f(t)$ 过滤掉一些波所得的结果. 下面就几个具体的例子来说明一下小波变换作为显微镜和望远镜的含义.

例 4.7 设

$$E=[a_1,a_2]\times[b_1,b_2],$$

$$I_i=[b_i+a_it^*-|a_i|\Delta_\psi,b_i+a_it^*+|a_i|\Delta_\psi],$$

$$J_i=\left[\frac{\lambda^*}{a_i}-\frac{\Delta_{\widehat{\psi}}}{|a_i|},\frac{\lambda^*}{a_i}+\frac{\Delta_{\widehat{\psi}}}{|a_i|}\right],$$

其中 $i=1,2$, t^*, Δ_ψ, λ^*, $\Delta_{\widehat{\psi}}$ 分别是基小波在时频中的中心和半径. 则 $f_E(t)$ 表示时域从 I_1 到 I_2, 频域从 J_1 到 J_2 的波的连续叠加. 可以看到, 变量 a 有两个作用, 即确定时段和频段, 而变量 b 的范围只有一个作用, 就是确定时段.

其他情况可以类似考虑. 比如, 如果 a 在范围 $[a_1,a_2]$ 中变化且 $|a_1|$, $|a_2|$ 都很小的时候, $b_i+a_it^*-|a_i|\Delta_\psi$ 和 $b_i+a_it^*+|a_i|\Delta_\psi$ 都接近 b, 故对固定的 b, 取 $\epsilon>0$ 且充分小, 令 $E=[a_1,a_2]\times[b-\epsilon,b+\epsilon]$, 则 $f_E(t)$ 表示 $t=b$ 附近一些高窄波的叠加, 或函数 $f(t)$ 在 $t=b$ 附近的局部特征.

又如, 对充分大的 $|a_1|,|a_2|$, $a_1<0$, $a_2>0$, 取 $E=(-\infty,a_1]\cup[a_2,\infty)$, 则 $f_E(t)$ 表示 $f(t)$ 一定程度的轮廓.

下面给出小波变换在边界提取上的应用. 什么是边界? 无论什么物体, 从低突然变到高或者从高突然变至低, 高低的分界线就是边界. 对于图像, 颜色或明暗的分界线就是边界. 因此边界点就是突变点. 而对于函数 $f(t)$ 来说, 如果 $f'(t_0)>0$, 则 $f(t)$ 在 t_0 的附近增加, $f'(t_0)$ 越大增加越快. 如果 $f'(t_0)$ 是 $f'(t)$ 在一定范围中的最大值, 则 t_0 就是 $f(x)$ 的突变点. 所以对于函数描述的信号来说, 导数的绝对值的极大值点就是边界点. 边界提取, 就是寻找使得导数的绝对值极大的点.

在给出小波变换的边界提取算法之前, 我们先给出一个引理, 引理的证明可以参考文献 [8].

引理 4.3 设 $\theta(t)\in L^1(\mathbf{R})$, 且

$$\int_{\mathbf{R}}\theta(t)\mathrm{d}t=1.$$

又记

$$\theta_\alpha(t)=\frac{1}{\alpha}\theta\left(\frac{t}{\alpha}\right),\quad \alpha>0,$$

其中 $\theta_\alpha(t)$ 满足

$$\theta_\alpha(t)\leqslant\frac{C_1}{\alpha},\quad \theta_\alpha(t)\leqslant\frac{C_2\alpha}{x^2},$$

则对 $f(t)\in L^1(\mathbf{R})$ 任一连续点 t,

$$\lim_{\alpha\to 0+}(f*\theta_\alpha)(t)=f(t).$$

例 4.8 假设 $\theta(t)$ 满足上面引理的条件而且满足

$$\int_{\mathbf{R}}\theta'(t)\mathrm{d}t=0.$$

则

$$\begin{aligned}\frac{\mathrm{d}}{\mathrm{d}x}(f*\theta_a)(x)&=\int_{\mathbf{R}}f(x)(\theta_a(x-t))'\mathrm{d}t\\&=\int_{\mathbf{R}}f(x-t)(\theta_a)'(t)\mathrm{d}t=\int_{\mathbf{R}}f(x-t)\frac{1}{a}\left(\theta\left(\frac{t}{a}\right)\right)'\mathrm{d}t\\&=\int_{\mathbf{R}}f(x-t)\frac{1}{a^2}\theta'\left(\frac{t}{a}\right)\mathrm{d}t.\end{aligned}$$

令 $\psi(x)=\theta'(x)$, 则上式可以写成

$$\begin{aligned}a\frac{\mathrm{d}}{\mathrm{d}x}(f*\theta_a)(x)&=\int_{\mathbf{R}}f(x-t)\frac{1}{a}\psi\left(\frac{t}{a}\right)\mathrm{d}t\\&=\frac{1}{a}\int_{\mathbf{R}}f(t)\psi\left(\frac{x-t}{a}\right)\mathrm{d}t\\&\doteq W_a^\psi(x).\end{aligned}$$

以下考察如何利用 $W_a^\psi(x)$ 进行信号的边界提取. 当 $a>0$ 且充分小的时候, $f*\theta_a(x)$ 和 $f(x)$ 近似, 因此 $f*\theta_a(x)$ 的导数和 $f(x)$ 的导数近似, 又 $W_a^\psi(x)$ 与 $af'(x)$ 近似, $|W_a^\psi(x)|$ 的极大值点 x_0 就是 $af'(x)$ 的极大值点, 从而是 $|f'(x)|$ 的极大值点, 因而也就是信号 $f(x)$ 的边界点. 总之, 信号边界的提取就是计算 $|W_a^\psi(x)|$ 的极大值点.

那为什么不直接计算 $|f'(x)|$ 来求解边界呢? 原因在于, 信号的采集一般都是离散的, 而且得到的数据一般都具有噪声. 直接计算 $|f'(x)|$ 的极大值点比较困难, 即使使用连续函数进行重构也会有比较大的误差. 而 $|W_a^\psi(x)|$ 的计算包含积分, 积分具有光滑处理的作用. 另外, $|W_a^\psi(x)|$ 的极大值可以利用算法得到, 而 $|f'(x)|$ 的极大值点在不知道 $f(x)$ 的表达式的时候是无法计算的.

下面给出计算的过程.

(1) 数据采集. 假设得到数据 $f(x_1), f(x_2), \cdots, f(x_n), x_1 < x_2 < \cdots < x_n$.

(2) 获得连续函数 $f(x)$. 一般可以通过线性插值、多项式插值或者样条插值得到.

(3) 求 $W_a^\psi(x)$. 选取函数 $\psi(x)$, 计算

$$W_a^\psi(x) = \frac{1}{a}\int_{x_1-\delta}^{x_n+\delta} f(t)\psi\left(\frac{x-t}{a}\right)\mathrm{d}t,$$

以及

$$|W_a^\psi(x_1)|, |W_a^\psi(x_2)|, \cdots, |W_a^\psi(x_n)|.$$

(4) 求边界点. 根据原始数据、精度等要求, 确定一个阈值 T, 如果 $|W_a^\psi(x_i)|$ 的值超过这个阈值, 我们就认为 $|W_a^\psi(x_i)|$ 是极大值, 对应的 x_i 就是极大值点.

注意到小波变换

$$(W_\psi f)(a,b) = |a|^{-1/2}\int_{\mathbf{R}} f(t)\overline{\psi\left(\frac{t-b}{a}\right)}\mathrm{d}t,$$

虽然和 $W_a^\psi(x)$ 不一样, 但是 $W_a^\psi(x)$ 几乎就是小波变换, 因此归于小波变换的范畴.

4.4 二进小波变换

在连续小波变换 $(W_\psi f)(a,b)$ 的频率窗

$$\left[\frac{\lambda^*}{a} - \frac{\Delta_{\widehat{\psi}}}{a}, \frac{\lambda^*}{a} + \frac{\Delta_{\widehat{\psi}}}{a}\right]$$

中, 取 $a_j = \dfrac{1}{2^j}$, 并且假设 $\lambda^* = 3\Delta_{\widehat{\psi}}$, 则频率窗变成

$$\left[2^{j+1}\Delta_{\widehat{\psi}},\ 2^{j+2}\Delta_{\widehat{\psi}}\right].$$

于是, 小波变换 $(W_\psi f)\left(\frac{1}{2^j},b\right)$ 给出了信号在频率带

$$\left[2^{j+1}\Delta_{\widehat{\psi}},\ 2^{j+2}\Delta_{\widehat{\psi}}\right]$$

中的局部信息, 同时这些频率带给出了所有的正频率域的一个二进剖分. 因此, 经过离散后, 小波变换 $(W_\psi f)\left(\frac{1}{2^j},b\right)$ 可以得到信号在所有频率域上的信息.

说明 4.1　注意条件 $\lambda^*=3\Delta_{\widehat{\psi}}$ 是很容易满足的. 事实上, 假设 ψ 是一个基小波, 令 $\widetilde{\psi}=\mathrm{e}^{\mathrm{i}\alpha t}\psi(t)$, 则 $\widetilde{\psi}$ 的傅里叶变换 $\widehat{\widetilde{\psi}}=\widehat{\psi}(\lambda-\alpha)$. 于是, $\widehat{\widetilde{\psi}}$ 的中心和半径分别是 $\widetilde{\lambda}^*=\lambda^*$, $\Delta_{\widehat{\widetilde{\psi}}}=\Delta_{\widehat{\psi}}$. 从而, 只要选择 $\alpha=3\Delta_{\widehat{\psi}}-\lambda^*$, 即可使得

$$\widetilde{\lambda}^*=3\Delta_{\widehat{\widetilde{\psi}}}.$$

定义 4.7　一个函数 $\psi\in L^2(\mathbf{R})$ 称为二进小波, 如果存在两个正常数 A 和 B, 满足 $0<A\leqslant B<\infty$, 使得稳定性条件

$$A\leqslant\sum_{j=-\infty}^{\infty}|\widehat{\psi}(2^{-j}\lambda)|^2\leqslant B$$

成立. 对于 $f\in L^2(\mathbf{R})$, 其二进小波变换定义为

$$(W_\psi^j f)(b)=2^{\frac{j}{2}}(W_\psi f)(2^{-j},b),\quad b\in\mathbf{R}.$$

说明 4.2　这里的稳定性条件等价于对任意的 $f\in L^2(\mathbf{R})$.

$$A||f||_{L^2}^2\leqslant\frac{1}{2\pi}\sum_{j=-\infty}^{\infty}||W_\psi^j f||_{L^2}^2\leqslant B||f||_{L^2}^2.$$

定理 4.7　如果 ψ 是二进小波, 则它是满足

$$A\ln(2)\leqslant\int_0^\infty\frac{|\widehat{\psi}(\lambda)|^2}{\lambda}\mathrm{d}\lambda\leqslant B\ln(2),$$

$$A\ln(2)\leqslant\int_0^\infty\frac{|\widehat{\psi}(-\lambda)|^2}{\lambda}\mathrm{d}\lambda\leqslant B\ln(2)$$

的基小波. 特别地, 如果 $A=B$, 则有

$$C_\psi=2\pi\int_{\mathbf{R}}\frac{|\widehat{\psi}(\lambda)|^2}{\lambda}\mathrm{d}\lambda=4\pi A\ln(2).$$

证明 做变量代换

$$\int_1^2 \frac{|\widehat{\psi}(2^{-j}\lambda)|^2}{\lambda}\mathrm{d}\lambda = \int_{2^{-j}}^{2^{-j+1}} \frac{|\widehat{\psi}(\lambda)|^2}{\lambda}\mathrm{d}\lambda,$$

由稳定性条件得

$$\int_1^2 \frac{A}{\lambda}\mathrm{d}\lambda \leqslant \sum_{j\in\mathbf{Z}} \int_{2^{-j}}^{2^{-j+1}} \frac{|\widehat{\psi}(\lambda)|^2}{\lambda}\mathrm{d}\lambda \leqslant \int_1^2 \frac{B}{\lambda}\mathrm{d}\lambda.$$

从而有

$$A\ln 2 \leqslant \int_0^\infty \frac{|\widehat{\psi}(\lambda)|^2}{\lambda}\mathrm{d}\lambda \leqslant B\ln 2.$$

同理, 利用

$$\int_{-2}^{-1} \frac{|\widehat{\psi}(2^{-j}\lambda)|^2}{-\lambda}\mathrm{d}\lambda = \int_{2^{-j}}^{2^{-j+1}} \frac{|\widehat{\psi}(-\lambda)|^2}{\lambda}\mathrm{d}\lambda,$$

结合稳定性条件得

$$\int_{-2}^{-1} \frac{A}{-\lambda}\mathrm{d}\lambda \leqslant \sum_{j\in\mathbf{Z}} \int_{2^{-j}}^{2^{-j+1}} \frac{|\widehat{\psi}(-\lambda)|^2}{\lambda}\mathrm{d}\lambda \leqslant \int_{-2}^{-1} \frac{B}{-\lambda}\mathrm{d}\lambda,$$

从而有

$$A\ln 2 \leqslant \int_0^\infty \frac{|\widehat{\psi}(-\lambda)|^2}{\lambda}\mathrm{d}\lambda \leqslant B\ln 2.$$

#

定义 4.8 假设 ψ 是一个二进小波, 称

$$\widehat{\psi^*}(\lambda) = \frac{\widehat{\psi}(\lambda)}{\sum_{k=-\infty}^{\infty} |\widehat{\psi}(2^{-k}\lambda)|^2}$$

的傅里叶逆变换 $\psi^* \in L^2(\mathbf{R})$ 为 ψ 的二进对偶.

定理 4.8 假设 ψ 是一个二进小波, 则其二进对偶 ψ^* 也是一个二进小波, 并且满足

$$\frac{1}{B} \leqslant \sum_{k=-\infty}^{\infty} |\widehat{\psi^*}(2^{-k}\lambda)|^2 \leqslant \frac{1}{A},$$

此外, 对任意的 $f \in L^2(\mathbf{R})$ 有反演公式

$$f(t) = \frac{1}{2\pi}\sum_{j=-\infty}^{\infty}\int_{-\infty}^{\infty}(W_{\psi}^{j}f)(b)2^{j}\psi^{*}(2^{j}(t-b))\mathrm{d}b.$$

证明　由 ψ^* 的傅里叶变换可得

$$\widehat{\psi^*}(2^{-j}\lambda) = \frac{\widehat{\psi}(2^{-j}\lambda)}{\sum_{k\in\mathbf{Z}}|\widehat{\psi}(2^{-k}\lambda)|^2},$$

从而有

$$\begin{aligned}\sum_{j\in Z}|\widehat{\psi^*}(2^{-j}\lambda)|^2 &= \frac{\sum_{j\in\mathbf{Z}}|\widehat{\psi}(2^{-j}\lambda)|^2}{\left(\sum_{k\in\mathbf{Z}}|\widehat{\psi}(2^{-k}\lambda)|^2\right)^2}\\ &= \frac{1}{\sum_{k\in\mathbf{Z}}|\widehat{\psi}(2^{-k}\lambda)|^2}.\end{aligned}$$

因此, ψ^* 也是一个二进小波, 并且满足

$$\frac{1}{B} \leqslant \sum_{k=-\infty}^{\infty}|\widehat{\psi^*}(2^{-k}\lambda)|^2 \leqslant \frac{1}{A}.$$

令 $g_j(t) = 2^j\overline{\psi(-2^{-j}t)}$, 则有

$$\begin{aligned}(W_{\psi}^{j}f)(b) &= 2^{\frac{j}{2}}(W_{\psi}f)\left(\frac{1}{2^j}, b\right)\\ &= 2^j\int_{\mathbf{R}} f(t)\overline{\psi(2^j(t-b))}\mathrm{d}t\\ &= (f * g_j)(b).\end{aligned}$$

由 $\widehat{g_j}(\lambda) = \overline{\widehat{\psi}(2^{-j}\lambda)}$ 可得

$$\begin{aligned}&\frac{1}{2\pi}\sum_{j=-\infty}^{\infty}\int_{\mathbf{R}}(W_{\psi}^{j}f)(b)2^{j}\psi^{*}(2^{j}(t-b))\mathrm{d}b\\ =&\frac{1}{2\pi}\sum_{j=-\infty}^{\infty}\sqrt{2\pi}\int_{\mathbf{R}}\widehat{f}(\lambda)\overline{\widehat{\psi}(2^{-j}\lambda)}\widehat{\psi^*}(2^{-j}\lambda)\mathrm{d}\lambda\end{aligned}$$

$$=\frac{1}{\sqrt{2\pi}}\int_{\mathbf{R}}\widehat{f}(\lambda)\mathrm{e}^{\mathrm{i}t\lambda}\mathrm{d}\lambda$$
$$=f(t). \qquad \#$$

4.5 小波框架和正交小波

为了计算的有效性, 将时间 b 离散化

$$b_{j,k}=\frac{k}{2^j}b_0,$$

其中 j,k 是整数, $b_0>0$ 是一个固定的常数. 进一步, 引入

$$\psi_{b_0;j,k}(t)=2^{\frac{j}{2}}\psi(2^jt-kb_0).$$

我们考虑的问题是, 对任意的 $f\in L^2(\mathbf{R})$, 利用连续小波变换的离散形式

$$(W_\psi f)\left(\frac{1}{2^j},b_{j,k}\right)=\langle f,\psi_{b_0;j,k}\rangle$$

来重构 f. 下面从一个统一的框架理论来学习离散的小波变换.

4.5.1 框架理论

框架理论最早是由 Duffin 和 Schaffer 在 1952 年为了解决从非正则样本值 $f(t_n)$ 重构带限信号时提出来的. 从采样定理我们知道, 当信号的傅里叶变换的支集位于某个区间时, f 可以从一些采样点的值完全重构出来. 而 Duffin 和 Schaffer 则希望在更加一般的条件下, Hilbert 空间中的向量可以通过与至多可数个向量的内积来重构的条件和基本框架.

定义 4.9 假设 ϕ_j 是 Hilbert 空间 H 中的序列, 如果存在常数 A,B, 满足 $0<A\leqslant B<\infty$, 使得对任意的 $f\in H$, 有

$$A||f||^2\leqslant\sum_{j=-\infty}^{\infty}|\langle f,\phi_j\rangle|^2\leqslant B||f||^2,$$

则称 $\{\phi_j\}$ 是 H 中的一个框架. A,B 称为框架的上下界. 如果 $A=B$, 则称 $\{\phi_j\}$ 是 H 中的紧框架.

例 4.9 设 $H = \mathbf{R}^2$, $e_1 = (0,1)$, $e_2 = \left(-\dfrac{\sqrt{3}}{2}, -\dfrac{1}{2}\right)$, $e_3 = \left(\dfrac{\sqrt{3}}{2}, -\dfrac{1}{2}\right)$. 对任意的 $x = (x_1, x_2) \in \mathbf{R}^2$, 有

$$\sum_{j=1}^{3} |\langle x, e_j\rangle|^2 = \frac{3}{2}(x_1^2 + x_2^2) = \frac{3}{2}||x||^2.$$

于是, $\{e_1, e_2, e_3\}$ 是 H 中的紧框架, 其中 $A = B = \dfrac{3}{2}$. 显然, $\{e_1, e_2, e_3\}$ 是线性相关, 从而不构成基函数.

定理 4.9 Hilbert 空间 H 中的序列 $\{\phi_j\}$ 是标准正交基的充要条件是 $\{\phi_j\}$ 构成 H 的紧框架, 且 $A = B = 1$, $||\phi_j|| = 1$.

证明 必要性是显然的, 这里只证明充分性. 由 $\{\phi_j\}$ 构成 H 的紧框架可知, 对任意的 $f \in H$, 有

$$\sum_{j=-\infty}^{\infty} |\langle f, \phi_j\rangle|^2 = ||f||^2.$$

特别地, 取 $f = \phi_k$, 则有

$$\sum_{j=-\infty}^{\infty} |\langle \phi_k, \phi_j\rangle|^2 = ||\phi_k||^2 = 1.$$

从而, $\langle \phi_k, \phi_j\rangle = \delta_{j,k}$. 即序列 $\{\phi_j\}$ 是标准正交基. #

定义 4.10 设序列 $\{\phi_j\}$ 是 Hilbert 空间 H 的一个框架, 称线性算子

$$F: H \to l^2, \quad F(f) = \{\langle f, \phi_j\rangle\}, \quad \forall f \in H$$

为框架 $\{\phi_j\}$ 的分析算子. 称 F 的伴随算子

$$F^*: l^2 \to H, \quad F^*(c) = \sum c_j \phi_j, \quad \forall c = \{c_j\} \in l^2$$

为框架 $\{\phi_j\}$ 的综合算子. 令 $T = F^*F$, 则

$$T: H \to H, \quad T(f) = \sum \langle f, \phi_j\rangle \phi_j, \quad \forall f \in H,$$

称 T 为框架 $\{\phi_j\}$ 的框架算子.

说明 4.3 根据框架算子 T 的定义, 易知

$$\langle T(f), f\rangle = \sum |\langle f, \phi_j\rangle|^2.$$

因此, 框架条件等价于, 对任意的 $f \in H$,

$$A\langle f, f\rangle \leqslant \langle T(f), f\rangle \leqslant B\langle f, f\rangle,$$

即

$$AI \leqslant T \leqslant BI,$$

其中 I 是恒等算子.

定理 4.10 设 T 是 Hilbert 空间 H 上的一个正有界线性算子, 且 T 的下界是 a, 则 T 是可逆的, 且其逆算子 T^{-1} 以 a^{-1} 为上界.

证明 首先证明, 算子 T 的像 $\mathrm{Im}(T) = \{Tf \in H, \forall f \in H\}$ 是 H 的一个闭子空间, 这等价于证明 $\mathrm{Im}(T)$ 中的任一 Cauchy 点列 $\{g_n\}$ 在 $\mathrm{Im}(T)$ 中极限存在且极限属于 T 的像 $\mathrm{Im}(T)$. 设 $g_n = Tf_n$, $f_n \in H$. 由于

$$\begin{aligned} a||f_n - f_m||^2 &\leqslant \langle T(f_n - f_m), (f_n - f_m)\rangle \\ &\leqslant ||T(f_n - f_m)||||f_n - f_m||, \end{aligned}$$

所以,

$$||f_n - f_m|| \leqslant a^{-1}||g_n - g_m|| \to 0, \quad n, m \to \infty.$$

从而, $\{f_n\}$ 也是 H 中的一个 Cauchy 列. 由 H 的完备性知, $\{f_n\}$ 在 H 中存在极限 f. 利用算子 T 的连续性, 可得

$$\lim_{n\to\infty} g_n = \lim_{n\to\infty} Tf_n = Tf \in \mathrm{Im}(T),$$

即 $\mathrm{Im}(T)$ 为 H 的闭子空间.

其次, 如果 $\langle g, Tf\rangle = 0$ 对一切的 f 成立, 则 $a||g||^2 \leqslant \langle g, Tg\rangle = 0$, 从而 $g = 0$, 因此 $\mathrm{Im}(T)^{\perp} = \{0\}$. 这说明 $\mathrm{Im}(T) = H$, 且 T 是可逆的.

此外, 由于 $\forall f \in H$, 有

$$\begin{aligned} a||T^{-1}f||^2 &\leqslant \langle TT^{-1}f, T^{-1}f\rangle = \langle f, T^{-1}f\rangle \\ &\leqslant ||f||||T^{-1}f||, \end{aligned}$$

即 $||T^{-1}f|| \leqslant a^{-1}||f||$, 所以 $||T^{-1}|| \leqslant a^{-1}$. #

引理 4.4 设序列 $\{\phi_j\}$ 是 Hilbert 空间 H 的一个框架, 其上下界分别是 A, B, T 是相应的框架算子, 则

(1) $T^* = T$, 且

$$A||f|| \leqslant ||T(f)|| \leqslant B||f||.$$

(2) T 可逆, 且 T^{-1} 满足

$$
\begin{aligned}
&(T^{-1})^* = T^{-1}, \\
&\frac{1}{B}||f|| \leqslant ||T^{-1}(f)|| \leqslant \frac{1}{A}||f||, \\
&\frac{1}{B}I \leqslant T^{-1} \leqslant \frac{1}{A}I.
\end{aligned}
$$

这个引理的证明作为习题.

定理 4.11　设序列 $\{\phi_j\}$ 是 Hilbert 空间 H 的一个框架, 其上下界分别是 A, B, T 是相应的框架算子, 令

$$\widetilde{\phi}_j = T^{-1}\phi_j,$$

则 $\{\widetilde{\phi}_j\}$ 是 H 的以 B^{-1}, A^{-1} 为框架界的框架. 并称 $\{\widetilde{\phi}_j\}$ 为 $\{\phi_j\}$ 的对偶框架.

证明　对任意的 $f \in H$, 有

$$\langle f, \widetilde{\phi}_j \rangle = \langle f, T^{-1}\phi_j \rangle = \langle T^{-1}f, \phi_j \rangle.$$

从而

$$
\begin{aligned}
\sum_{j\in\mathbf{Z}} |\langle f, \widetilde{\phi}_j \rangle|^2 &= \sum_{j\in\mathbf{Z}} |\langle T^{-1}f, \phi_j \rangle|^2 \\
&= ||F(T^{-1}f)||^2 \\
&= \langle T^{-1}f, f \rangle.
\end{aligned}
$$

再由

$$\frac{1}{B}I \leqslant T^{-1} \leqslant \frac{1}{A}I,$$

可得

$$\frac{1}{B}||f||^2 \leqslant \sum_{j\in\mathbf{Z}} |\langle f, \widetilde{\phi}_j \rangle|^2 \leqslant \frac{1}{A}||f||^2.$$

#

定理 4.12　设 $\{\phi_j\}$ 是 Hilbert 空间 H 的一个框架, $\{\widetilde{\phi}_j\}$ 为 $\{\phi_j\}$ 的对偶框架, 则对任意的 $f \in H$,

$$f = \sum \langle f, \phi_j \rangle \widetilde{\phi}_j,$$

或者

$$f = \sum \langle f, \widetilde{\phi}_j \rangle \phi_j.$$

证明 对任意的 $f \in H$, 有

$$\begin{aligned} f &= T^{-1}T(f) \\ &= T^{-1}\left(\sum \langle f, \phi_j\rangle \phi_j\right) \\ &= \sum \langle f, \phi_j\rangle \left(T^{-1}(\phi_j)\right) \\ &= \sum \langle f, \phi_j\rangle \widetilde{\phi}_j. \end{aligned}$$

对于第二个式子, 我们有

$$\begin{aligned} \sum \langle f, \widetilde{\phi}_j\rangle \phi_j &= \sum \left\langle f, T^{-1}(\phi_j)\right\rangle \phi_j \\ &= \sum \left\langle T^{-1}(f), \phi_j\right\rangle \phi_j \\ &= T(T^{-1}(f)) = f. \end{aligned}$$ #

说明 4.4 注意到由于 $\{\phi_j\}$ 不一定线性无关, 所以上述的展开并不唯一. 那么基于框架的展开有什么样的特殊性呢? 这里我们从两个方面来看这个问题. 首先我们给出一些记号:

$$\widetilde{F}: H \to l^2, \quad \widetilde{F}(f) = \{\langle f, \widetilde{\phi}_j\rangle\}, \quad \forall f \in H,$$

$$\mathrm{Im}(F) = \{Ff \in l^2, \forall f \in H\} = \mathrm{Im}(\widetilde{F}) = \{\widetilde{F}f \in l^2, \forall f \in H\}.$$

(1) 如果 $f = \sum c_j\phi_j$, 其中 $\{c_j\}$ 不完全等于 $\langle f, \widetilde{\phi}_j\rangle$, 则

$$\sum |c_j|^2 > \sum |\langle f, \widetilde{\phi}_j\rangle|^2.$$

这说明利用框架 $\{\phi_j\}$ 展开是最节省的展开方式.

事实上, 由于 $f = \sum c_j\phi_j$, 所以 $f = F^*c$, 其中 $c = \{c_j\}_{j\in\mathbf{Z}}$. 设 $c = a + b$, 其中 $a \in \mathrm{Im}(F) = \mathrm{Im}(\widetilde{F})$, $b \perp \mathrm{Im}(F)$. 由于 $a \perp b$, 所以

$$||c||^2 = ||a||^2 + ||b||^2.$$

另外, 由于 $a \in \mathrm{Im}(F) = \mathrm{Im}(\widetilde{F})$, 所以存在 $g \in H$, 使得 $a = \widetilde{F}g$, 即 $c = \widetilde{F}g + b$, 注意到对任意的 $f \in H$, 有

$$0 = \langle b, Ff\rangle = \langle F^*b, f\rangle,$$

所以 $F^*b = 0$. 因此

$$f = F^*c = F^*\widetilde{F}g + F^*b = g,$$

从而 $c=\widetilde{F}f+b$, 且

$$||c||^2=||\widetilde{F}f||^2+b^2=\sum|\langle f,\widetilde{\phi}_j\rangle|^2+||b||^2.$$

(2) 如果 $f=\sum\langle f,\phi_j\rangle u_j$, 其中 $\{u_j\}$ 不完全等于 $\widetilde{\phi}_j$, 则

$$\sum|\langle f,u_j\rangle|^2\geqslant\sum|\langle f,\widetilde{\phi}_j\rangle|^2.$$

这说明在相同的系数下, 利用框架 $\{\phi_j\}$ 展开是最节省的展开方式 (这个证明见习题).

例 4.10　比如在例 4.9 中, 我们已经得到

$$v=\frac{2}{3}\sum_{j=1}^{3}\langle v,e_j\rangle e_j,\quad \forall v\in C^2.$$

注意到, 在这个例子中, $\sum_{j=1}^{3}e_j=0$, 所以对任意的 $\alpha\in C$, 下式成立

$$v=\frac{2}{3}\sum_{j=1}^{3}\left(\langle v,e_j\rangle+\alpha\right)e_j.$$

我们知道当 $\alpha=0$ 时,

$$\sum_{j=1}^{3}|\langle v,e_j\rangle|^2=\frac{3}{2}||v||^2,$$

但是当 $\alpha\neq 0$ 时,

$$\sum_{j=1}^{3}|\langle v,e_j\rangle+\alpha|^2=\frac{3}{2}||v||^2+3|\alpha|^2>\frac{3}{2}||v||^2.$$

因此框架算子提供了一种最省的表示方式.

4.5.2　小波框架与正交小波

定义 4.11　对于函数 $\psi\in L^2(\mathbf{R})$, 如果序列

$$\psi_{b_0;j,k}(t)=2^{\frac{j}{2}}\psi(2^jt-kb_0),\quad j,k\in\mathbf{Z}$$

构成 $L^2(\mathbf{R})$ 的一个框架, 则称 ψ 生成 $L^2(\mathbf{R})$ 的一个具有抽样速率 b_0 的小波框架.

定理 4.13　假设 $\psi\in L^2(\mathbf{R})$ 生成 $L^2(\mathbf{R})$ 的一个具有抽样速率 b_0 的小波框架 $\psi_{b_0;j,k}(t)$, 且框架界为 A 与 B, 则 ψ 是一个二进小波, 且

$$b_0A\leqslant 2\pi\sum|\widehat{\psi}(2^{-j}\lambda)|^2\leqslant b_0B.$$

证明 该证明留作习题. #

定义 4.12 对于函数 $\psi \in L^2(\mathbf{R})$, 如果

$$\psi_{j,k}(t) = 2^{\frac{j}{2}}\psi(2^j t - k), \quad j,k \in \mathbf{Z}$$

构成 $L^2(\mathbf{R})$ 的标准正交基, 则称 ψ 为正交小波, 称 $\psi_{j,k}(t)$ 是 $L^2(\mathbf{R})$ 的一组标准正交基.

说明 4.5 在小波变换中, 一个关键的问题是寻找 $\psi \in L^2(\mathbf{R})$, 使得 $\psi_{j,k}(t)$ 构成 $L^2(\mathbf{R})$ 的标准正交基. 这一个问题将在接下来的两章给出答案.

习 题 4

1. 证明引理 4.1.
2. 设窗函数的离散序列 g_k 是一个包含 L 个非零系数的序列, 对于长度是 n 的信号, 试给出一个计算离散窗口傅里叶变换的快速算法, 该算法的计算复杂度是 $O(n^2 \log L)$.
3. 计算高斯型函数 $g_\alpha(t) = \dfrac{1}{2\sqrt{\pi\alpha}}\mathrm{e}^{-\frac{t^2}{4\alpha}}$ 的中心和半径.
4. 证明: Morlet 小波 $\psi(t) = \mathrm{e}^{\mathrm{i}\lambda_0 t}\mathrm{e}^{-\frac{t^2}{2}}$ 不满足基小波条件, 但是改进的 Morlet 小波 $\psi(t) = (\mathrm{e}^{\mathrm{i}\lambda_0 t} - \mathrm{e}^{-\frac{\lambda_0^2}{2}})\mathrm{e}^{-\frac{t^2}{2}}$ 满足基小波条件.
5. 证明: 高斯小波 $\psi(t) = -\dfrac{1}{\sqrt{2\pi}}t\mathrm{e}^{-\frac{t^2}{2}}$ 满足基小波条件.
6. 证明定理 4.4 中小波变换的性质.
7. 设 ψ 是一个实的偶函数小波, 满足

$$C = \int_0^\infty \frac{\widehat{\psi}(\lambda)}{\lambda}\mathrm{d}\lambda < \infty,$$

证明:

$$\forall f \in L^2(\mathbf{R}), \quad f(t) = \frac{1}{C}\int_0^\infty (W_\psi f)(t,b)\frac{1}{b^{3/2}}\mathrm{d}b.$$

8. 证明: 如果 $K \in \mathbf{Z} - \{0\}$, 则 $\left\{\phi_k[n] = \exp\left(\dfrac{\mathrm{i}2\pi kn}{KN}\right)\right\}_{0\leqslant k\leqslant KN}$ 是 C^N 的紧框架, 并计算框架界.
9. 证明: 有限个向量组成的集合一定是这些向量张成的线性空间的一个框架.
10. 证明: 引理 4.4.
11. 证明: 定理 4.13.
12. 证明: 如果 $f = \sum\langle f, \phi_j\rangle u_j$, 其中 $\{u_j\}$ 不完全等于 $\widetilde{\phi}_j$, 则

$$\sum|\langle f, u_j\rangle|^2 \geqslant \sum|\langle f, \widetilde{\phi}_j\rangle|^2.$$

第 5 章　多分辨率分析

CHAPTER

1986 年, Meyer 创造性地构造出具有一定衰减性的光滑函数, 其二进伸缩和平移构成 $L^2(\mathbf{R})$ 的标准正交基. 这一杰出成果使得小波得到真正的发展[17]. 1988 年, Mallat 提出了多分辨率分析的概念[18], 从空间的概念上形象地说明了小波的多分辨率特性, 并将之前所有的正交小波基函数的构造方法统一起来, 给出了正交小波的构造方法以及正交小波变换的快速算法: Mallat 算法. 这一章重点阐述多分辨率思想和方法以及对应的正交小波基函数的构造和分解重构算法.

5.1　一个简单的例子

在傅里叶变换和小波变换中, 最核心的任务就是从信号中提取信息. 傅里叶变换或者小波变换都不会增加能量, 也不会改变信号自身的特征. 但是, 经过变换之后的信号可能更方便信息的提取. 下面举一个简单的例子来说明这个特性.

例 5.1　假设给定一个由八个元素构成的数据向量 $v = [3, 1, 2, 4, 8, 6, 9, 9]$, 下面对向量 v 做如下操作: 从 v 中取出两个相邻的元素, 计算它们的平均值和第一个元素减去平均值的差值. 比如, 如果我们取出 $[3, 1]$, 那么我们计算得到的新数对是 $[2, 1]$. 将向量 v 两两为一组分成 4 组, 对每一组数我们都做同样的事情, 并将所有的平均值都放在前面, 所有的差值放在后面. 比如, 对于给定的向量 v, 我们可以得到

$$[2, 3, 7, 9, 1, -1, 1, 0].$$

可以看出, 新的向量包含了和原始向量 v 完全一样的信息, 因为它们之间可以相互转换. 现在我们对平均值对应的四维向量做同样的事情, 就可以得到 $[2.5, 8, -0.5, -1]$, 并将它取代平均值向量. 最后, 我们对二维平均值向量 $[2.5, 8]$ 做同样的事情就可以得到 $[5.25, -2.75]$. 这样我们得到一个新的八维数据向量

$$\tilde{v} = [5.25, -2.75, -0.5, -1, 1, -1, 1, 0].$$

对于这个新的向量 $\tilde{v}$, 很显然它包含了原向量 v 完全相同的信息. 事实上,

如果记

$$M = \begin{pmatrix} \frac{1}{8} & \frac{1}{8} & \frac{1}{8} & \frac{1}{8} & \frac{1}{8} & \frac{1}{8} & \frac{1}{8} & \frac{1}{8} \\ \frac{1}{8} & \frac{1}{8} & \frac{1}{8} & \frac{1}{8} & -\frac{1}{8} & -\frac{1}{8} & -\frac{1}{8} & -\frac{1}{8} \\ 0 & 0 & 0 & 0 & \frac{1}{4} & \frac{1}{4} & \frac{1}{4} & \frac{1}{4} \\ 0 & 0 & 0 & 0 & \frac{1}{4} & \frac{1}{4} & -\frac{1}{4} & -\frac{1}{4} \\ \frac{1}{2} & -\frac{1}{2} & 0 & 0 & 0 & 0 & 0 & 0 \\ 0 & 0 & \frac{1}{2} & -\frac{1}{2} & 0 & 0 & 0 & 0 \\ 0 & 0 & 0 & 0 & \frac{1}{2} & -\frac{1}{2} & 0 & 0 \\ 0 & 0 & 0 & 0 & 0 & 0 & \frac{1}{2} & -\frac{1}{2} \end{pmatrix},$$

则

$$\tilde{v}^{\mathrm{T}} = Mv.$$

经过这个变换后, 我们会发现数据向量 $\tilde{v}$ 可以告诉我们更多的信息. 比如, 第一个元素 5.25 是原数据向量 v 所有元素的平均值. 另外, 如果我们想用更少的数据来逼近向量 v, 直接从原始向量 v 不是很容易做到. 但是, 利用数据向量 $\tilde{v}$ 就可以很方便地做到. 例如, 如果我们想用一个六维的数据向量来逼近 v, 那么可以令 $v_1' = [5.25, -2.75, 0, -1, 1, -1, 1, 0] \approx \tilde{v}$, $\bar{v}_1 = [5.25, -2.75, -1, 1, -1, 1]$, 则

$$v_1 = M^{-1}v_1' = [3.5, 1.5, 1.5, 3.5, 8, 6, 9, 9]$$

就是 v 的一个良好逼近.

如果我们想用一个两维数据向量来逼近 v, 那么可以令 $v_2' = [5.25, -2.75, 0, 0, 0, 0, 0, 0]$, $\bar{v}_2 = [5.25, -2.75]$, 则

$$v_2 = M^{-1}[5.25, -2.75, 0, 0, 0, 0, 0, 0]^{\mathrm{T}} = [2.5, 2.5, 2.5, 2.5, 8, 8, 8, 8]$$

是 v 的另一个逼近.

图 5.1 显示了数据逼近结果. 其中实线表示原始数据向量 v, 点状虚线表示用六维数据得到的逼近向量 v_1, 线状虚线表示只用两维向量 v_2 逼近的结果. 我们可以看出, 虽然我们只用了很少的数据, 但是它还是反映了给定数据的基本特征.

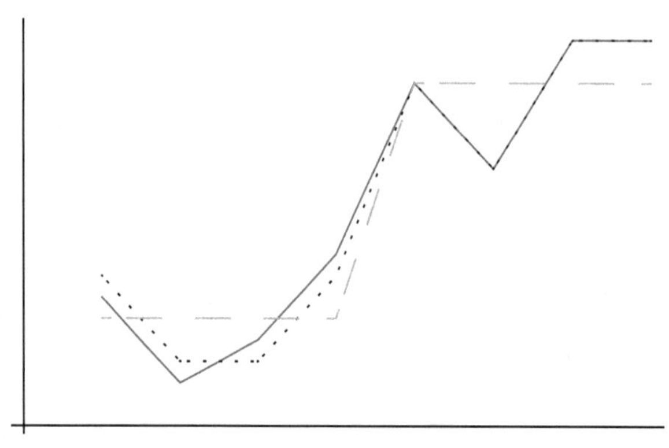

图 5.1　一个简单的多分辨率分析例子

说明 5.1　从上面的例子可以看出, 对于一个给定的信号, 一种可行的信号变换的方法是将信号分成两个部分, 一个是给定信号的平均值, 另外一个就是给定信号的特征 (这里是其中一个元素和平均值的差值). 这个过程就是分解. 分解后的信号的平均值部分还可以继续做同样的分解. 这一过程对我们的启发就是在小波变换的处理中可以引入二进剖分的层次, 并且每一次处理只处理相邻两层之间的关系.

说明 5.2　从第 4 章的介绍可以看出, 为了建立小波变换, 一个重要的任务是求出小波函数 ψ, 使得 $\psi_{j,k} = 2^{j/2}\psi(2^j t - k)$ 张成 L^2 空间的一组标准正交基. 从这个例子看出, 我们需要处理对固定的 j, $\psi_{j,k}$ 张成的线性空间, 记作 W_j. 另外, 我们需要注意相邻两层空间的关系. 但是, 直接构造 W_j 无法利用不同 j 对应的空间之间的关系. 所以, Mallat 创造性地引入另外一个空间序列 $\{V_j\}$, 而 W_j 则是相邻两个 V_j 空间的补空间, 从而充分利用了相邻空间的关系. 由于分解的过程是针对不同层次的, 所以这个过程也叫多分辨率分析. 5.2 节将具体介绍更一般的多分辨率分析框架.

5.2　多分辨率框架

5.1 节的例子可以推广到一般的多分辨率分析框架. 1988 年, Mallat 将多分辨率分析的概念和构造正交小波基结合起来, 利用线性空间理论给出了一个构造正交小波基函数的通用框架, 并说明了这样构造的小波具有多分辨率特性. 这里的一个关键想法是不直接处理小波函数张成的空间, 而是引入一个尺度函数, 处理相邻嵌套的尺度空间的关系.

定义 5.1　设 $\{V_j\}$ 是 $L^2(\mathbf{R})$ 的一个闭子空间序列, $\{V_j\}$ 称为 $L^2(\mathbf{R})$ 的一个多分辨率分析, 如果它们满足

(1) **嵌套性** $V_j \subset V_{j+1}$;

(2) **稠密性** $\overline{\bigcup V_j} = L^2(\mathbf{R})$;

(3) **可分性** $\bigcap V_j = \{0\}$;

(4) **伸缩性** $f(t) \in V_j \Longleftrightarrow f(2t) \in V_{j+1}$;

(5) **平移不变性** $f(t) \in V_0 \Longrightarrow f(t-k) \in V_0$;

(6) **正交基的存在性** 存在 $\phi \in V_0$, 使得 $\{\phi(t-k)\}$ 构成 V_0 的标准正交基.

其中, ϕ 称为尺度函数, V_j 称为尺度空间. 满足上面条件的多分辨率分析 $\{V_j\}$ 也称由尺度函数 ϕ 生成的多分辨率分析.

定理 5.1 设 $\{V_j\}$ 是由尺度函数 ϕ 生成的 $L^2(\mathbf{R})$ 的多分辨率分析, 则对任意的 j,

$$\left\{\phi_{j,k}(t) = 2^{\frac{j}{2}}\phi(2^j t - k)\right\}$$

是 V_j 的标准正交基.

证明 首先, 由 $\phi(t-k) \in V_0$ 以及伸缩性可知 $\phi_{j,k} \in V_j$. 其次, 标准正交性可以由下面的式子得到

$$\begin{aligned}
\langle \phi_{j,k}, \phi_{j,l} \rangle &= \int_{\mathbf{R}} 2^j \phi_{2^j t-k}\overline{\phi(2^j t - l)}\mathrm{d}t \\
&= \int_{\mathbf{R}} \phi_{t-k}\overline{\phi(t-l)}\mathrm{d}t \\
&= \langle \phi_{0,k}, \phi_{0,l} \rangle \\
&= \delta_{k,l}.
\end{aligned}$$

最后, 说明 V_j 中的函数可以由 $\phi_{j,k}$ 线性表示. 假设 $f \in V_j$, 由伸缩性可知, $f(2^{-j}t) \in V_0$. 由于 $\{\phi(t-k)\}$ 是 V_0 的标准正交基, 所以

$$\begin{aligned}
f(2^{-j}t) &= \sum_{k=-\infty}^{\infty} \langle f(2^{-j}x), \phi(x-k) \rangle \phi(t-k) \\
&= \sum_{k=-\infty}^{\infty} \left(\int_{\mathbf{R}} f(2^{-j}x)\overline{\phi(x-k)}\mathrm{d}x \right) \phi(t-k) \\
&= \sum_{k=-\infty}^{\infty} \left(2^{\frac{j}{2}} \int_{\mathbf{R}} f(y)\overline{\phi(2^j y - k)}\mathrm{d}y \right) 2^{\frac{j}{2}}\phi(t-k),
\end{aligned}$$

因而

$$f(x) = \sum_{k=-\infty}^{\infty} \langle f, \phi_{j,k} \rangle \phi_{j,k}(x). \qquad \#$$

5.3 双尺度方程

双尺度方程在小波正交基函数的构造中具有非常重要的作用, 它主要有时间域和频域两种不同的描述方法.

5.3.1 双尺度方程的时域描述

根据多分辨分析的嵌套性条件, 我们知道尺度函数 $\phi(t) \in V_1$. 另一方面, 线性空间 V_1 是由函数列 $\{\phi(2t-k)\}, k \in \mathbf{Z}$ 张成的空间. 从而, 存在一系列系数 h_k 使得

$$\phi(t) = \sum_{k\in\mathbf{Z}} h_k \phi(2t-k), \tag{5.1}$$

其中, 双尺度系数 h_k 可以通过下式计算

$$h_k = 2\int_{\mathbf{R}} \phi(t)\overline{\phi(2t-k)}\mathrm{d}t. \tag{5.2}$$

我们先给出双尺度系数的若干性质.

引理 5.1 *双尺度系数满足下面等式:*

(1) $\sum_{k\in\mathbf{Z}} h_{k-2n}\overline{h}_{k-2m} = 2\delta_{m,n}$;

(2) $\sum_{k\in\mathbf{Z}} |h_k|^2 = 2$;

(3) $\sum_{k\in\mathbf{Z}} h_k = 2$;

(4) $\sum_{k\in\mathbf{Z}} h_{2k} = \sum_{k\in\mathbf{Z}} h_{2k+1} = 1$.

证明 (1) 由双尺度方程

$$\phi(t) = \sum_{k\in\mathbf{Z}} h_k \phi(2t-k)$$

可得

$$\begin{aligned}\phi(t-n) &= \sum_{k\in\mathbf{Z}} h_k \phi(2t-2n-k), \\ &= \sum_{k\in\mathbf{Z}} h_{k-2n} \phi(2t-k), \\ &= \frac{1}{\sqrt{2}}\sum_{k\in\mathbf{Z}} h_{k-2n}\phi_{1,k}.\end{aligned}$$

同理

$$\phi(t-n) = \frac{1}{\sqrt{2}}\sum_{k\in\mathbf{Z}} h_{k-2m}\phi_{1,k}.$$

于是由 $\{\phi(t-k)\}$ 是 V_1 的标准正交基可得

$$\begin{aligned}\delta_{n,m} &= \langle \phi(t-n), \phi(t-m) \rangle \\ &= \frac{1}{2}\left\langle \sum_{k\in\mathbf{Z}} h_{k-2n}\phi_{1,k}, \sum_{k\in\mathbf{Z}} h_{k-2m}\phi_{1,k} \right\rangle \\ &= \frac{1}{2}\sum_{k\in\mathbf{Z}}\sum_{l\in\mathbf{Z}} h_{k-2n}\overline{h_{l-2m}}\langle \phi_{1,k}, \phi_{1,l}\rangle \\ &= \frac{1}{2}\sum_{k\in\mathbf{Z}} h_{k-2n}\overline{h_{k-2m}},\end{aligned}$$

即

$$\sum_{k\in\mathbf{Z}} h_{k-2n}\overline{h_{k-2m}} = 2\delta_{m,n}.$$

(2) 在 (1) 中, 令 $n=m=0$ 即得

$$\sum_{k\in\mathbf{Z}} |h_k|^2 = 2.$$

(3) 对双尺度方程两边同时取积分

$$\begin{aligned}\int_{\mathbf{R}} \phi(t)\mathrm{d}t &= \sum_{k\in\mathbf{Z}} h_k \int_{\mathbf{R}} \phi(2t-k)\mathrm{d}t \\ &= \frac{1}{2}\sum_{k\in\mathbf{Z}} h_k \int_{\mathbf{R}} \phi(t)\mathrm{d}t \\ &= \int_{\mathbf{R}} \phi(t)\mathrm{d}t \frac{1}{2}\sum_{k\in\mathbf{Z}} h_k.\end{aligned}$$

由于 $\int_{\mathbf{R}} \phi(t)\mathrm{d}t \neq 0$ (见习题), 因此

$$\sum_{k\in\mathbf{Z}} h_k = 2.$$

(4) 由

$$\left|\sum_{k\in\mathbf{Z}} h_{2k}\right|^2 + \left|\sum_{k\in\mathbf{Z}} h_{2k}\right|^2 = \sum_{k\in\mathbf{Z}} \overline{h_{2k}} \sum_{l\in\mathbf{Z}} h_{2l} + \sum_{k\in\mathbf{Z}} \overline{h_{2k+1}} \sum_{l\in\mathbf{Z}} h_{2l+1}$$

$$\begin{aligned}
&= \sum_{k\in\mathbf{Z}}\left(\sum_{l\in\mathbf{Z}} h_{2k+2l}\overline{h_{2k}} + h_{2k+2l+1}\overline{h_{2k+1}}\right)\\
&= \sum_{l\in\mathbf{Z}}\left(\sum_{k\in\mathbf{Z}} h_{2k+2l}\overline{h_{2k}} + h_{2k+2l+1}\overline{h_{2k+1}}\right)\\
&= \sum_{l\in\mathbf{Z}}\left(\sum_{k\in\mathbf{Z}} h_{k+2l}\overline{h_{k}}\right)\\
&= \sum_{l\in\mathbf{Z}} 2\delta_{l,0}\\
&= 2,
\end{aligned}$$

再结合 (3) 即得

$$\sum_{k\in\mathbf{Z}} h_{2k} = \sum_{k\in\mathbf{Z}} h_{2k+1} = 1. \qquad \#$$

5.3.2　双尺度方程的频域描述

对双尺度方程

$$\phi(t) = \sum_{k\in\mathbf{Z}} h_k\phi(2t-k),$$

两边做傅里叶变换可得

$$\widehat{\phi}(\lambda) = \frac{1}{2}\sum_{k\in\mathbf{Z}} h_k \mathrm{e}^{\frac{-\mathrm{i}k\lambda}{2}}\widehat{\phi}\left(\frac{\lambda}{2}\right).$$

令

$$H(\lambda) = \frac{1}{2}\sum_{k\in\mathbf{Z}} h_k \mathrm{e}^{-\mathrm{i}k\lambda},$$

则得到双尺度方程的频域表示

$$\widehat{\phi}(\lambda) = H\left(\frac{\lambda}{2}\right)\widehat{\phi}\left(\frac{\lambda}{2}\right).$$

引理 5.2　假设 $\phi\in L^2(\mathbf{R})$, 则 $\{\phi(t-k), k\in\mathbf{Z}\}$ 是标准正交基的充要条件是

$$\sum_{k\in\mathbf{Z}} |\widehat{\phi}(\lambda+2k\pi)|^2 = \frac{1}{2\pi}.$$

证明 $\{\phi(t-k), k\in\mathbf{Z}\}$ 是标准正交基当且仅当对任意的 $k\in\mathbf{Z}$,

$$\int_{\mathbf{R}}\phi(t)\overline{\phi(t-k)}\mathrm{d}t=\delta_{0,k}.$$

由 Parseval 等式

$$\begin{aligned}\delta_{0,k}&=\int_{\mathbf{R}}\phi(t)\overline{\phi(t-k)}\mathrm{d}t\\&=\int_{\mathbf{R}}\widehat{\phi}(\lambda)\overline{\widehat{\phi}(\lambda)}\mathrm{e}^{\mathrm{i}k\lambda}\mathrm{d}\lambda\\&=\int_{\mathbf{R}}|\widehat{\phi}(\lambda)|^2\mathrm{e}^{\mathrm{i}k\lambda}\mathrm{d}\lambda\\&=\sum_{j\in\mathbf{Z}}\int_{2j\pi}^{2(j+1)\pi}|\widehat{\phi}(\lambda)|^2\mathrm{e}^{\mathrm{i}k\lambda}\mathrm{d}\lambda\\&=\sum_{j\in\mathbf{Z}}\int_0^{2\pi}|\widehat{\phi}(\lambda+2j\pi)|^2\mathrm{e}^{\mathrm{i}k\lambda}\mathrm{d}\lambda\\&=\int_0^{2\pi}\sum_{j\in\mathbf{Z}}|\widehat{\phi}(\lambda+2j\pi)|^2\mathrm{e}^{\mathrm{i}k\lambda}\mathrm{d}\lambda.\end{aligned}$$

令

$$F(\lambda)=2\pi\sum_{j\in\mathbf{Z}}|\widehat{\phi}(\lambda+2j\pi)|^2,$$

则 $\{\phi(t-k), k\in\mathbf{Z}\}$ 是标准正交基当且仅当

$$\frac{1}{2\pi}\int_0^{2\pi}F(\lambda)\mathrm{e}^{\mathrm{i}k\lambda}\mathrm{d}\lambda=\delta_{0,k}.$$

注意到 $F(\lambda)$ 周期是 2π, 事实上

$$\begin{aligned}F(\lambda+2\pi)&=2\pi\sum_{j\in\mathbf{Z}}\left|\widehat{\phi}(\lambda+2(j+1)\pi)\right|^2\\&=2\pi\sum_{j\in\mathbf{Z}}\left|\widehat{\phi}(\lambda+2j\pi)\right|^2=F(\lambda),\end{aligned}$$

所以 $\{\phi(t-k), k\in\mathbf{Z}\}$ 是标准正交基当且仅当 $F(\lambda)$ 的傅里叶系数满足 $\alpha_{-k}=\delta_{0,k}$, 即 $F(\lambda)=1$. #

定理 5.2 $H(\lambda)$ 是周期为 2π 的函数, 并且满足

$$|H(\lambda)|^2+|H(\lambda+\pi)|^2=1, \quad \forall \lambda \in \mathbf{R}.$$

证明 根据双尺度方程 $\widehat{\phi}(\lambda)=H\left(\frac{\lambda}{2}\right)\widehat{\phi}\left(\frac{\lambda}{2}\right)$ 可得

$$\begin{aligned}
\frac{1}{2\pi}&=\sum_{k\in\mathbf{Z}}\left|\widehat{\phi}(\lambda+2k\pi)\right|^2\\
&=\sum_{k\in\mathbf{Z}}\left|H\left(\frac{\lambda}{2}+k\pi\right)\right|^2\left|\widehat{\phi}\left(\frac{\lambda}{2}+k\pi\right)\right|^2\\
&=\sum_{k\in\mathbf{Z}}\left|H\left(\frac{\lambda}{2}+2k\pi\right)\right|^2\left|\widehat{\phi}\left(\frac{\lambda}{2}+2k\pi\right)\right|^2\\
&\quad+\sum_{k\in\mathbf{Z}}\left|H\left(\frac{\lambda}{2}+(2k+1)\pi\right)\right|^2\left|\widehat{\phi}\left(\frac{\lambda}{2}+(2k+1)\pi\right)\right|^2\\
&=\left|H\left(\frac{\lambda}{2}\right)\right|^2\sum_{k\in\mathbf{Z}}\left|\widehat{\phi}\left(\frac{\lambda}{2}+2k\pi\right)\right|^2+\left|H\left(\frac{\lambda}{2}+\pi\right)\right|^2\sum_{k\in\mathbf{Z}}\left|\widehat{\phi}\left(\frac{\lambda}{2}+(2k+1)\pi\right)\right|^2\\
&=\frac{1}{2\pi}\left(\left|H\left(\frac{\lambda}{2}\right)\right|^2+\left|H\left(\frac{\lambda}{2}+\pi\right)\right|^2\right).
\end{aligned}$$

#

5.3.3 小波滤波器

引入 $g_k=(-1)^k\overline{h}_{1-k}$, 并记

$$G(\lambda)=\frac{1}{2}\sum_{k\in\mathbf{Z}}g_k\mathrm{e}^{-\mathrm{i}k\lambda}.$$

引理 5.3 g_k 满足下面的性质:

(1) $\sum_{k\in\mathbf{Z}}g_{k-2n}\overline{g}_{k-2m}=2\delta_{m,n}$;

(2) $\sum_{k\in\mathbf{Z}}h_{k-2n}\overline{g}_{k-2m}=0$;

(3) $\sum_{k\in\mathbf{Z}}(h_{n-2k}\overline{h}_{m-2k}+g_{n-2k}\overline{g}_{m-2k})=2\delta_{m,n}$.

证明 (1)

$$\begin{aligned}
\sum_{k\in\mathbf{Z}}g_{k-2n}\overline{g}_{k-2m}&=\sum_{k\in\mathbf{Z}}(-1)^{k-2n}\overline{h}_{1-k+2n}(-1)^{k-2m}h_{1-k+2m}\\
&=\sum_{k\in\mathbf{Z}}h_{1-k+2m}\overline{h}_{1-k+2n}
\end{aligned}$$

$$= \sum_{k\in\mathbf{Z}} h_{k-2n}\overline{h}_{k-2m}$$

$$= 2\delta_{m,n}.$$

上式的第二个等号通过令 $l = 1-k+2m+2n$, 则 $1-k+2m = l-2n$, $1-k+2n = l-2m$, 从而

$$h_{1-k+2m}\overline{h}_{1-k+2n} = h_{l-2n}\overline{h}_{l-2m}.$$

(2)

$$\begin{aligned}\sum_{k\in\mathbf{Z}} h_{k-2n}\overline{g}_{k-2m} &= \sum_{k\in\mathbf{Z}} h_{k-2m}(-1)^{k-2n}h_{1-k+2m}\\ &= \sum_{k\in\mathbf{Z}} h_{2k-2n}(-1)^{2k-2m}h_{1-2k+2m}\\ &\quad+\sum_{k\in\mathbf{Z}} h_{2k+1-2m}(-1)^{2k+1-2n}h_{-2k+2m}\\ &= \sum_{k\in\mathbf{Z}} h_{2k-2n}h_{1-2k+2m} - \sum_{l\in\mathbf{Z}} h_{1-2l+2m}h_{2l-2n}\\ &= 0.\end{aligned}$$

上式的第三个等号通过令 $l = m+n-k$, 则 $2m-2k = 2l-2n$, $2k+1-2n = 1-2l+2m$, 从而

$$h_{2k+1-2n}h_{-2k+2m} = h_{1-2l+2m}h_{2l-2n}.$$

(3)

$$\begin{aligned}&\sum_{k\in\mathbf{Z}}(h_{n-2k}\overline{h}_{m-2k} + g_{n-2k}\overline{g}_{m-2k})\\ =&\sum_{k\in\mathbf{Z}} h_{n-2k}\overline{h}_{m-2k} + \sum_{k\in\mathbf{Z}}(-1)^{n+m}\overline{h}_{1-n+2k}h_{1-m+2k}.\end{aligned}$$

如果 $n+m = 2p+1$, 令 $l = p-k$, 则 $1-m+2k = n-2l$, $1-n+2k = m-2l$, 从而上式等于

$$\sum_{k\in\mathbf{Z}} h_{n-2k}\overline{h}_{m-2k} - \sum_{l\in\mathbf{Z}} h_{n-2l}\overline{h}_{m-2l} = 0.$$

如果 $n+m = 2p$, 令 $l = p-k$, 则 $1-m+2k = 1+n-2l$, $1-n+2k = 1+m-2l$, 从而上式等于

$$\sum_{k\in\mathbf{Z}} h_{n-2k}\overline{h}_{m-2k} + \sum_{l\in\mathbf{Z}} h_{n-2l+1}\overline{h}_{m-2l+1}$$

$$
\begin{aligned}
&= \sum_{k \in \mathbf{Z}} h_{n-k} \overline{h}_{m-k} \\
&= \sum_{k \in \mathbf{Z}} h_{k-m} \overline{h}_{k-n}.
\end{aligned}
$$

如果 $n = 2q$, 则 $m = 2p - 2q$, 上式等于

$$
\sum_{k \in \mathbf{Z}} h_{k-(2p-2q)} \overline{h}_{k-2q} = 2\delta_{p-q,q} = 2\delta_{m,n}.
$$

如果 $n = 2q - 1$, 则 $m = 2p - 2q + 1$, 上式等于

$$
\begin{aligned}
&\sum_{k \in \mathbf{Z}} h_{k-1-2p+2q} \overline{h}_{k+1-2q} \\
&= \sum_{k \in \mathbf{Z}} h_{k+1-2(p-q+1)} \overline{h}_{k+1-2q} \\
&= 2\delta_{p-q+1,q} = 2\delta_{m+1,n+1} = 2\delta_{m+1,n+1}.
\end{aligned}
$$

#

引理 5.4　$G(\lambda)$ 满足下面的性质:

(1) $G(\lambda) = -\mathrm{e}^{-\mathrm{i}\lambda} \overline{H(\lambda + \pi)}$;

(2) $|G(\lambda)|^2 + |G(\lambda + \pi)|^2 = 1$;

(3) $H(\lambda)\overline{G(\lambda)} + H(\lambda + \pi)\overline{G(\lambda + \pi)} = 0$.

这个引理的证明比较直观, 请读者自己完成.

5.4　小波子空间和 L^2 空间的正交分解

设 V_j 是 V_{j+1} 的真子空间, 从而 V_{j+1} 可以表示成 V_j 和它的正交补空间 W_j 的直和. 此外, 根据 V_j 的定义, W_j 也可以通过一个函数 ψ 的放缩和平移得到. 下面的定理告诉我们, 这个函数 ψ 可以通过系数 g_k 得到.

定理 5.3　设 $\{V_j, j \in \mathbf{Z}\}$ 是一个多分辨率分析, 相应的尺度函数为

$$
\phi(x) = \sum_{k \in \mathbf{Z}} h_k \phi(2x - k),
$$

令

$$
\psi(x) = \sum_{k \in \mathbf{Z}} g_k \phi(2x - k),
$$

其中 $g_k = (-1)^k \overline{h}_{1-k}$. 记 W_j 是函数序列 $\{\psi_{j,k}(x) = \psi(2^j x - k)\}$ 张成的空间, 则 W_j 是 V_{j+1} 中 V_j 的正交补空间, 并且 $\psi_{j,k}(x)$ 是 W_j 的一个标准正交基.

证明 证明包含三步:

(1) $\{\psi(x-k)\}, k\in\mathbf{Z}$ 是标准正交的.

实际上, 由 $\psi(x)$ 的定义可知

$$
\begin{aligned}
\langle\psi(x-m),\psi(x-n)\rangle &= \left\langle\sum_{k\in\mathbf{Z}} g_k\phi(2x-2m-k),\sum_{l\in\mathbf{Z}} g_l\phi(2x-2n-l)\right\rangle \\
&= \sum_{k,l\in\mathbf{Z}} g_{k-2m}\overline{g}_{l-2n}\langle\phi(2x-k),\phi(2x-l)\rangle \\
&= \frac{1}{2}\sum_{k\in\mathbf{Z}} g_{k-2m}\overline{g}_{k-2n} \\
&= \delta_{m,n}.
\end{aligned}
$$

即 $\{\psi(x-k)\}$, $k\in\mathbf{Z}$ 是标准正交的. 其中, 最后一个等式是引理 5.3 的第一个等式.

(2) $\forall k\in\mathbf{Z},\psi(x-k)\in W_0$.

根据 $\psi(x)$ 的定义, $\psi(x-k)\in V_1$, 因此只需要证明

$$
\langle\phi(x-n),\psi(x-m)\rangle=0.
$$

事实上,

$$
\begin{aligned}
\langle\phi(x-n),\psi(x-m)\rangle &= \left\langle\sum_{k\in\mathbf{Z}} h_k\phi(2x-2n-k),\sum_{l\in\mathbf{Z}} g_l\phi(2x-2m-l)\right\rangle \\
&= \sum_{k,l\in\mathbf{Z}} h_{k-2n}\overline{g}_{l-2m}\langle\phi(2x-k),\phi(2x-l)\rangle \\
&= \frac{1}{2}\sum_{k\in\mathbf{Z}} h_{k-2n}\overline{g}_{l-2m}=0,
\end{aligned}
$$

其中, 最后一个等式是引理 5.3 的第二个等式.

(3) W_0 中的任意一个函数可以写成 $\{\psi(x-k)\}, k\in\mathbf{Z}$ 的线性组合.

首先, 我们证明对任意的 $j\in\mathbf{Z}$ 有

$$
\phi(2x-j)=\frac{1}{2}\sum_{k\in\mathbf{Z}}\left(\overline{h}_{j-2k}\phi(x-k)+\overline{g}_{j-2k}\psi(x-k)\right).
$$

由双尺度关系和小波函数的定义, 上式等价于证明

$$
\phi(2x-j)=\frac{1}{2}\sum_{k\in\mathbf{Z}}(\overline{h}_{j-2k}\sum_{l\in\mathbf{Z}} h_l\phi(2x-2k-l)+\overline{g}_{j-2k}\sum_{l\in\mathbf{Z}} g_l\phi(2x-2k-l))
$$

$$
= \frac{1}{2} \sum_{k,l\in\mathbf{Z}} (h_l \overline{h}_{j-2k} + g_l \overline{g}_{j-2k}) \phi(2x-2k-l),
$$

如果记 $2k+l=j+n$, 则上式又等价于证明

$$
\sum_{k\in\mathbf{Z}} \left(h_{j-2k+n}\overline{h}_{j-2k} + g_{j-2k+n}\overline{g}_{j-2k}\right) = 2\delta_{n,0}.
$$

这个又等价于引理 5.3 的第三个等式.

接下来我们证明, 对任意的 $f\in W_0 \subseteq V_1$, f 是 $\{\psi(x-k)\}$ 的线性组合. 实际上,

$$
\begin{aligned}
f(x) &= \sum_{j\in\mathbf{Z}} c_j \phi(2x-j) \\
&= \sum_{k\in\mathbf{Z}} \left(\frac{1}{2}\sum_{j\in\mathbf{Z}} c_j \overline{h}_{j-2k}\right) \phi(x-k) + \sum_{k\in\mathbf{Z}} \left(\frac{1}{2}\sum_{j\in\mathbf{Z}} (-1)^j c_j h_{1-j+2k}\right) \psi(x-k).
\end{aligned}
$$

由于 $f \perp V_0$, 所以对任意的 $k\in\mathbf{Z}$,

$$
\frac{1}{2}\sum_{j\in\mathbf{Z}} c_j \overline{h}_{j-2k} = 0,
$$

从而,

$$
f(x) = \sum_{k\in\mathbf{Z}} \left(\frac{1}{2}\sum_{j\in\mathbf{Z}} (-1)^j c_j h_{1-j+2k}\right) \psi(x-k).
$$

定理证毕. #

现在我们可以给出在多分辨率框架下如何构造正交小波基函数的方法.

(1) 构造满足多分辨率分析的嵌套函数子空间序列 $\{V_j, j\in\mathbf{Z}\}$.

(2) 选择尺度函数 $\phi(x)$ 使得 $\{\phi(x-k), k\in\mathbf{Z}\}$ 构成 V_0 的一组标准正交基.

(3) 求出相应的双尺度系数 $\{h_k, k\in\mathbf{Z}\}$:

- 利用双尺度方程 (5.2);
- 利用 $H(\lambda) = \dfrac{\widehat{\phi}(2\lambda)}{\widehat{\phi}(\lambda)}$, 可以求出 $H(\lambda)$. 再利用 $H(\lambda)$ 的傅里叶级数展开得到 $\{h_k\}$.

(4) 由 h_k 和 $\phi(x)$ 可以得到正交小波基函数

$$
\psi(x) = \sum_{k\in\mathbf{Z}} (-1)^k \overline{h}_{1-k} \phi(2x-k).
$$

5.5 常见小波

本节给出若干常见小波的例子.

例 5.2 (Haar 小波) 设 V_j 是区间 $\left[\frac{n}{2^j}, \frac{n+1}{2^j}\right)$ 上为常数并且平方可积的函数组成的空间, 即

$$V_j = \left\{ f(x) \in L^2(\mathbf{R}) \middle| f(x) = c_k, x \in \left[\frac{n}{2^j}, \frac{n+1}{2^j}\right) \right\}.$$

记

$$\phi(x) = \begin{cases} 1, & x \in [0,1), \\ 0, & \text{其他}. \end{cases}$$

则可以证明 $\{V_j\}$ 是由尺度函数 ϕ 生成的多分辨率分析 (见习题). 我们可以有两种不同的办法来求解小波函数. 由

$$\phi(2x) = \phi(2x) + \phi(2x-1)$$

知

$$h_0 = h_1 = 1,$$

所以, 小波函数

$$\psi(x) = \phi(2x) - \phi(2x-1).$$

另一方面, $\phi(x)$ 的傅里叶变换为

$$\widehat{\phi}(\lambda) = \frac{1}{\sqrt{2\pi}} \frac{\sin \lambda/2}{\lambda/2} \mathrm{e}^{-\mathrm{i}\lambda/2},$$

进而可得

$$H(\lambda) = \frac{\widehat{\phi}(2\lambda)}{\widehat{\phi}(\lambda)} = \frac{1}{2}(1 + \mathrm{e}^{-\mathrm{i}\lambda}),$$

所以, $h_0 = h_1 = 1$.

Haar 小波的尺度函数和小波函数图像如图 5.2 所示.

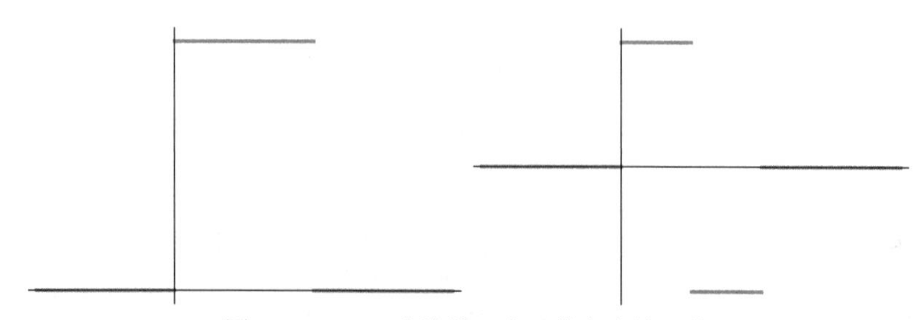

图 5.2 Haar 小波的尺度函数和小波函数

例 5.3 (Shannon 小波) 令

$$V_j = \left\{ f(x) \in L^2(\mathbf{R}) \middle| \operatorname{supp}(\widehat{f}(\lambda)) \in [-2^j\pi, 2^j\pi] \right\}$$

和

$$\phi(x) = \begin{cases} 1, & x = 0, \\ \dfrac{\sin(\pi x)}{\pi x}, & 其他. \end{cases}$$

则可以证明 $\{V_j\}$ 是由尺度函数 ϕ 生成的多分辨率分析. 很容易证明, ϕ 和 V_j 满足定义 5.1 中的性质 (1) 到 (5). 下面我们证明, $\{\phi(x-k)\}$ 张成 V_0 的一组标准正交基.

事实上, $\phi(x)$ 的傅里叶变换是

$$\widehat{\phi}(\lambda) = \begin{cases} \dfrac{1}{\sqrt{2\pi}}, & |\lambda| \leqslant \pi, \\ 0, & 其他. \end{cases}$$

由 Parseval 等式可得

$$\begin{aligned} \langle \phi(x-k), \phi(x-l) \rangle &= \left\langle \widehat{\phi}(x-k), \widehat{\phi}(x-l) \right\rangle \\ &= \frac{1}{2\pi} \int_{\mathbf{R}} \mathrm{e}^{\mathrm{i}(l-k)\lambda} \mathrm{d}\lambda = \delta_{k,l}, \end{aligned}$$

即 $\{\phi(x-k)\}$ 是 V_0 的一组标准正交基.

另外, 由 Shannon 采样定理 (取 $\Omega = \pi$) 可得, 对任意的 $f(x) \in V_0$ 有

$$f(x) = \sum_{k \in \mathbf{R}} f(k) \frac{\sin(\pi x - k\pi)}{\pi x - k\pi} = \sum_{k \in \mathbf{R}} f(k)\phi(x-k).$$

因此, $\{\phi(x-k)\}$ 张成 V_0 的一组标准正交基.

下面我们来计算双尺度系数并构造 Shannon 小波. 由 Shannon 采样定理 (取 $\Omega = 2\pi$) 可得

$$
\begin{aligned}
\phi(x) &= \sum_{k\in\mathbf{Z}} \phi\left(\frac{k}{2}\right)\frac{\sin(2\pi x - k\pi)}{2\pi x - k\pi} \\
&= \sum_{k\in\mathbf{Z}} \frac{\sin\left(\dfrac{k\pi}{2}\right)}{\dfrac{k\pi}{2}}\phi(2x-k) \\
&= \phi(2x) + \sum_{k\in\mathbf{Z}} \frac{2(-1)^k}{(2k+1)\pi}\phi(2x-2k-1),
\end{aligned}
$$

因此双尺度方程的系数为

$$
\begin{aligned}
h_0 &= 1, \\
h_{2k} &= 0, \\
h_{2k+1} &= \frac{2(-1)^k}{(2k+1)\pi}.
\end{aligned}
$$

相应的 Shannon 小波为

$$
\begin{aligned}
\psi(x) &= \sum_{k\in\mathbf{Z}} (-1)^k \overline{h}_{1-k}\phi(2x-k) \\
&= -\phi(2x-1) + \sum_{k\in\mathbf{Z}} \frac{2(-1)^k}{(2k+1)\pi}\phi(2x+2k) \\
&= \frac{\sin\left(\pi\left(x-\dfrac{1}{2}\right)\right) - \sin\left(2\pi\left(x-\dfrac{1}{2}\right)\right)}{\pi\left(x-\dfrac{1}{2}\right)}.
\end{aligned}
$$

Shannon 小波的尺度函数和小波函数图像如图 5.3 所示.

说明 5.3 Shannon 小波是无限次可微的, 因此它的光滑性是最优的. 但是 Shannon 小波没有局部支集, 并且当 x 趋于零的时候, $\psi(x)$ 趋于零的速度是 $O\left(\dfrac{1}{|x|}\right)$. 因此, Shannon 小波的局部性并不好, 计算效率不高.

例 5.4 线性样条小波 (Battle-Lemarie 小波). 设 V_j 是连续平方可积且在每

个区间 $\left[\frac{n}{2^j},\frac{n+1}{2^j}\right)$ 上为线性的函数组成的空间, 即

$$V_j=\left\{f(x)\in L^2(\mathbf{R})\cap C^1(\mathbf{R})\middle|f(x)=c_kx+d_k,x\in\left[\frac{n}{2^j},\frac{n+1}{2^j}\right)\right\}.$$

记

$$\phi(x)=\begin{cases}x+1, & x\in[-1,0],\\ 1-x, & x\in(0,1],\\ 0, & \text{其他}.\end{cases}$$

则可以证明对于空间 $\{V_j\}$ 而言, 尺度函数 ϕ 满足条件定义 5.1(1)—(5) (见习题). 但是很可惜, 该尺度函数不满足正交的条件.

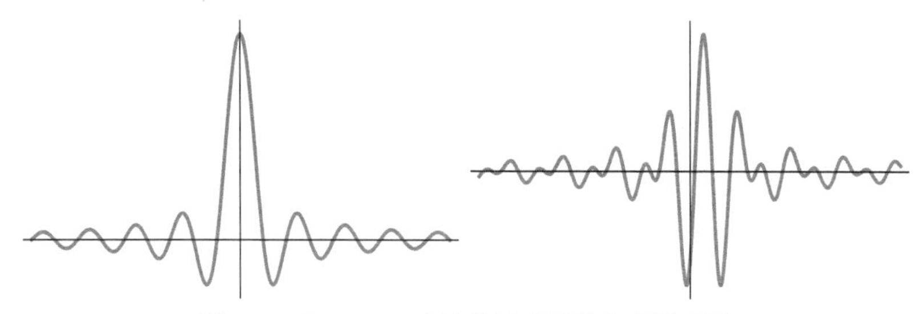

图 5.3　Shannon 小波的尺度函数和小波函数

可以证明 (证明作为作业)

$$\sum_{k\in\mathbf{Z}}\frac{\sin^2\left(\frac{\lambda}{2}+k\pi\right)}{\left(\frac{\lambda}{2}+k\pi\right)^2}=1.$$

从而

$$\csc^2\left(\frac{\lambda}{2}\right)=\sum_{k\in\mathbf{Z}}\frac{4}{(\lambda+2k\pi)^2}.$$

对上式求导两次可得

$$\sum_{k\in\mathbf{Z}}\frac{1}{(\lambda+2k\pi)^4}=\frac{3-2\sin^2\left(\frac{\lambda}{2}\right)}{48\sin^2\left(\frac{\lambda}{2}\right)}.$$

另一方面, 计算 $\phi(x)$ 的傅里叶变换

$$\begin{aligned}\widehat{\phi}(\lambda) &= \frac{1}{\sqrt{2\pi}}\int_{\mathbf{R}}\phi(x)\mathrm{e}^{-\mathrm{i}x\lambda}\mathrm{d}x \\ &= \frac{1}{\sqrt{2\pi}}\left(\int_0^1(1-x)\mathrm{e}^{-\mathrm{i}x\lambda}\mathrm{d}x+\int_{-1}^0(1+x)\mathrm{e}^{-\mathrm{i}x\lambda}\mathrm{d}x\right) \\ &= \frac{1}{\sqrt{2\pi}}\left(\frac{\sin\left(\frac{\lambda}{2}\right)}{\frac{\lambda}{2}}\right)^2.\end{aligned}$$

利用上述等式可得

$$\begin{aligned}\sum_{k\in\mathbf{Z}}|\widehat{\phi}(\lambda+2k\pi)|^2 &= \frac{8}{\pi}\sum_{k\in\mathbf{Z}}\frac{\sin^4\left(\frac{\lambda}{2}\right)}{(\lambda+2k\pi)^4} \\ &= \frac{1}{6\pi}\left(3-2\sin^2\left(\frac{\lambda}{2}\right)\right)\neq\frac{1}{2\pi}.\end{aligned}$$

因而 $\{\phi(x-k)\}$ 不是 V_0 的标准正交基. 虽然它们不是正交的, 但是我们仍然可以计算相应的双尺度系数. 由

$$\begin{aligned}H(\lambda) &= \frac{\widehat{\phi}(2\lambda)}{\widehat{\phi}(\lambda)} \\ &= \cos^2\left(\frac{\lambda}{2}\right) \\ &= \frac{1}{4}\left(\mathrm{e}^{-\mathrm{i}\lambda}+2+\mathrm{e}^{\mathrm{i}\lambda}\right),\end{aligned}$$

故知

$$h_{-1}=\frac{1}{2},\quad h_0=1,\quad h_1=\frac{1}{2}.$$

一般来说, 对于非正交的尺度函数, 我们有一个通用的方法将它变成正交的.

引理 5.5 设 $\phi^*(x)$ 的傅里叶变换 $\widehat{\phi}^*(\lambda)$ 满足

$$\widehat{\phi}^*(\lambda)=\frac{\widehat{\phi}(\lambda)}{\left(2\pi\sum_{k\in\mathbf{Z}}|\widehat{\phi}(\lambda+2k\pi)|^2\right)^{\frac{1}{2}}},$$

则 $\{\phi^*(x-k)\}$ 是标准正交的.

对于线性样条小波, 我们可以用这个办法得到一组标准正交基. 但是, 它的双尺度系数不再是前面求出的 $h_{-1}=\dfrac{1}{2}, h_0=1, h_1=\dfrac{1}{2}$, 实际上此时对所有的 k, $h_k \neq 0$. 不过当 k 趋于零, h_k 趋于 0, 而且趋于零的速度很快. 线性样条小波的尺度函数和小波函数图像如图 5.4 所示.

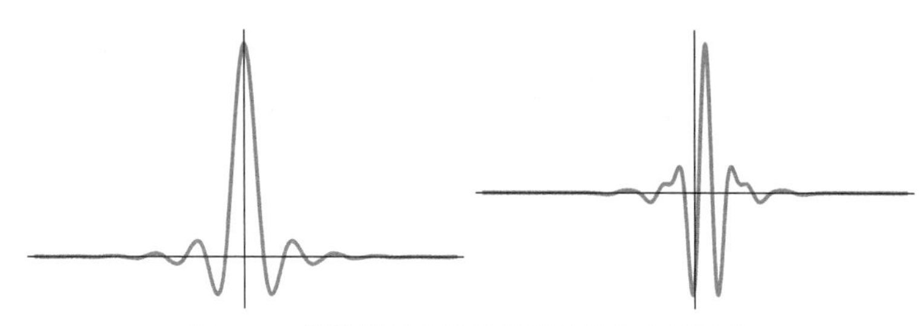

图 5.4　线性样条小波的尺度函数和小波函数

然而, 一个新的问题产生了: ϕ 本身是满足双尺度方程的, 正交化之后所得的 ϕ^* 是否还满足同样的尺度方程呢? 如果是, 那么它的双尺度系数又是什么呢? 实际上, 由

$$
\begin{aligned}
\frac{\widehat{\phi}^*(\lambda)}{\widehat{\phi}^*(\lambda/2)} &= \frac{\widehat{\phi}(\lambda)}{\left(2\pi\sum_{k\in\mathbf{Z}}|\widehat{\phi}(\lambda+2k\pi)|^2\right)^{\frac{1}{2}}}\frac{\left(2\pi\sum_{k\in\mathbf{Z}}|\widehat{\phi}(\lambda/2+2k\pi)|^2\right)^{\frac{1}{2}}}{\widehat{\phi}(\lambda/2)}\\
&= H(\lambda/2)\frac{\left(2\pi\sum_{k\in\mathbf{Z}}|\widehat{\phi}(\lambda/2+2k\pi)|^2\right)^{\frac{1}{2}}}{\left(2\pi\sum_{k\in\mathbf{Z}}|\widehat{\phi}(\lambda+2k\pi)|^2\right)^{\frac{1}{2}}},
\end{aligned}
$$

只要取

$$
H^*(\lambda/2) = H(\lambda/2)\frac{\left(2\pi\sum_{k\in\mathbf{Z}}|\widehat{\phi}(\lambda/2+2k\pi)|^2\right)^{\frac{1}{2}}}{\left(2\pi\sum_{k\in\mathbf{Z}}|\widehat{\phi}(\lambda+2k\pi)|^2\right)^{\frac{1}{2}}},
$$

再将 $H^*(\lambda)$ 展开成傅里叶级数

$$
H^*(\lambda) = \frac{1}{2}\sum_{k\in\mathbf{Z}} h_k^* \mathrm{e}^{-\mathrm{i}k\lambda},
$$

则对应双尺度系数 h_k^* 的尺度函数 ϕ^* 满足尺度方程.

但是, 上述构造方法引入了新的问题, 即上面得到的尺度函数 $\phi^*(x)$ 并不是属于尺度空间 V_0, 从而它们不能构成一个严格的多分辨率分析框架. 为了解决这个问题, 一个直接的想法就是尺度空间可以直接通过尺度函数定义.

5.6 由尺度函数生成多分辨率分析

到目前为止, 我们给出了多分辨率分析框架下正交小波的构造方法. 在这个框架下, 只要给出嵌套空间 $\{V_j\}$ 和尺度函数 $\phi(x)$, 并且满足定义 5.1 中的条件 (1)~(6), 就可以得到小波基函数 $\psi(x)$. 在多分辨率分析中, 如果嵌套空间 $\{V_j\}$ 和尺度函数 $\phi(x)$ 满足定义 5.1 中的条件 (1)~(6), 可以看出嵌套空间可以用尺度函数给出, 即 $V_j=\overline{\mathrm{span}\{\phi(2^jx-k)\}}, j,k\in\mathbf{Z}$. 下面, 我们希望可以给出直接从尺度函数出发建立多分辨率框架的条件.

给定尺度函数 $\phi(x)$, 记 $V_j=\overline{\mathrm{span}\{\phi(2^jx-k)\}}, j,k\in\mathbf{Z}$, 则有下面的定理.

定理 5.4 假设 $\phi(x)$ 是一个具有紧支集的连续函数, 并且满足标准正交性条件

$$\int_{\mathbf{R}}\phi(t-k)\overline{\phi(t-l)}\mathrm{d}t=\delta_{k,l},\quad k,l\in\mathbf{Z},$$

则有 $\bigcap_{j\in\mathbf{Z}}V_j=\{0\}$.

证明 由条件可知, $\{\phi(t-k),k\in\mathbf{Z}\}$ 是 V_0 的标准正交基. 如果 $f\in V_0$, 则有

$$\begin{aligned}f(t)&=\sum_{k\in\mathbf{Z}}\langle f(x),\phi(x-k)\rangle\phi(t-k)\\&=\sum_{k\in\mathbf{Z}}\left(\int_{\mathbf{R}}f(x)\overline{\phi(x-k)}\mathrm{d}x\right)\phi(t-k)\\&=\int_{\mathbf{R}}\left(\sum_{k\in\mathbf{Z}}\phi(t-k)\overline{\phi(x-k)}\right)f(x)\mathrm{d}x\\&=\int_{\mathbf{R}}k(t,x)f(x)\mathrm{d}x,\end{aligned}$$

其中

$$k(t,x)=\sum_{k\in\mathbf{Z}}\phi(t-k)\overline{\phi(x-k)}.$$

利用 Cauchy-Schwarz 不等式可得

$$|f(t)|\leqslant\left(\int_{\mathbf{R}}|k(t,x)|^2\mathrm{d}x\right)^{\frac{1}{2}}\left(\int_{\mathbf{R}}|f(x)|^2\mathrm{d}x\right)^{\frac{1}{2}}$$

$$= \left(\int_{\mathbf{R}} |k(t,x)|^2 \mathrm{d}x \right)^{\frac{1}{2}} ||f||_{L^2}.$$

又由标准正交性条件得

$$\begin{aligned}
&\int_{\mathbf{R}} |k(t,x)|^2 \mathrm{d}x \\
&= \int_{\mathbf{R}} \left(\sum_{k\in\mathbf{Z}} \phi(t-k)\overline{\phi(x-k)} \right) \left(\sum_{l\in\mathbf{Z}} \phi(t-l)\overline{\phi(x-l)} \right) \mathrm{d}x \\
&= \sum_{k,l\in\mathbf{Z}} \phi(t-k)\overline{\phi(t-l)} \left(\int_{\mathbf{R}} \phi(x-k)\overline{\phi(x-l)} \mathrm{d}x \right) \\
&= \sum_{k\in\mathbf{Z}} |\phi(t-k)|^2.
\end{aligned}$$

于是有

$$|f(t)| \leqslant \left(\sum_{k\in\mathbf{Z}} |\phi(t-k)|^2 \right)^{\frac{1}{2}} ||f||_{L^2}.$$

由于 ϕ 是一个具有紧支集的连续函数, 所以上式求和只有有限项, 进而存在常数 C 使得

$$\max_{t\in\mathbf{R}} |f(t)| \leqslant C||f||_{L^2}.$$

假设 $f \in \bigcap_{j\in\mathbf{Z}} V_j$, 则对任意的正整数 j, 有 $f \in V_{-j}$, 因而 $f(2^j t) \in V_0$, 并且

$$\begin{aligned}
|f(2^j t)| &\leqslant C \left(\int_{\mathbf{R}} |f(2^j x)|^2 \mathrm{d}x \right)^{\frac{1}{2}} \\
&= C 2^{-\frac{j}{2}} \left(\int_{\mathbf{R}} |f(t)|^2 \mathrm{d}t \right)^{\frac{1}{2}},
\end{aligned}$$

从而有

$$\max_{t\in\mathbf{R}} |f(t)| \leqslant C 2^{-\frac{j}{2}} ||f||_{L^2}.$$

由于上式对所有的正整数 j 都成立, 令 j 趋向无穷, 可得 $f=0$. 因此,

$$\bigcap_{j\in\mathbf{Z}} V_j = \{0\}. \qquad \#$$

定理 5.5 假设 ϕ 是一个具有紧支集的连续函数, 并且满足如下条件.

(1) **标准正交性条件** $\int_{\mathbf{R}} \phi(t-k)\overline{\phi(t-l)}\mathrm{d}t = \delta_{k,l}, \quad k,l \in \mathbf{Z}$;

(2) **标准化条件** $\int_{\mathbf{R}} \phi(t)\mathrm{d}t = 1$;

(3) **双尺度方程** $\phi(t) = \sum_{k\in\mathbf{Z}} h_k\phi(2t-k)$, 其中只有有限个 h_k 非零.

则 $\{V_j\}$ 构成一个多分辨率分析.

证明 我们只用证明稠密性即可.

$$\overline{\bigcup_{j\in\mathbf{Z}} V_j} = L^2(\mathbf{R}).$$

令 P_j 是 $L^2(\mathbf{R})$ 到 V_j 的正交投影算子. 稠密性等价于, 对任意的 $f \in L^2(\mathbf{R})$ 有

$$\lim_{j\to\infty} P_j f \to f.$$

由于

$$||f||_{L^2}^2 = ||f - P_j f||_{L^2}^2 + ||P_j f||_{L^2}^2,$$

我们只需要证明, 对任意的 $f \in L^2(\mathbf{R})$ 有

$$\lim_{j\to\infty} ||P_j f||_{L^2} \to ||f||_{L^2}.$$

我们分三步来证明上式.

(1) 上述结论对

$$u(t) = \begin{cases} 1, & t \in [a,b], \\ 0, & \text{其他}. \end{cases}$$

成立, 其中 $a < b$ 是任意给定的常数. 事实上,

$$\begin{aligned}(P_j u)(t) &= \sum_{k\in\mathbf{Z}} \langle u, \phi_{j,k}\rangle \phi_{j,k}(t) \\ &= \sum_{k\in\mathbf{Z}} \left(\int_a^b \overline{\phi_{j,k}(x)}\mathrm{d}x\right) \phi_{j,k}(t),\end{aligned}$$

所以

$$||P_j u||_{L^2}^2 = \sum_{k\in\mathbf{Z}} \left|\int_a^b \overline{\phi_{j,k}(x)}\mathrm{d}x\right|^2$$

$$= 2^{-j} \sum_{k \in \mathbf{Z}} \left| \int_{2^j a}^{2^j b} \phi(t-k) \mathrm{d}t \right|^2 .$$

当 j 足够大的时候, 上式右端的积分区间 $[2^j a, 2^j b]$ 非常大. 相对而言, ϕ 的支集很小, 此时求和中的积分可以分成三种情形:

(a) $\phi(t-k)$ 的支集位于积分区间的外面, 因而积分为零.

(b) $\phi(t-k)$ 的支集和积分区间相交但是不全在积分区间的内部. 这样的 $\phi(t-k)$ 个数很少, 它们的积分值乘以 2^{-j} 会趋向零.

(c) $\phi(t-k)$ 的支集位于积分区间内部, 每一个积分由标准化条件知其积分为 1. 这样的 $\phi(t-k)$ 的个数大约为 $2^j(b-a)$ 个.

故有

$$\lim_{j \to \infty} ||P_j u||_{L^2} = \lim_{j \to \infty} 2^{-j} 2^j (b-a) = ||u||_{L^2}.$$

(2) 定理结论对阶梯函数成立.

假设

$$s(t) = \sum_k a_k u_k(t),$$

其中只有有限个 a_k 非零, 由于

$$\begin{aligned} ||P_j s - s||_{L^2} &= \left\| \sum_k a_k (P_j u_k - u_k) \right\|_{L^2} \\ &\leqslant \sum_k |a_k| \, ||P_j u_k - u_k||_{L^2} , \end{aligned}$$

并且对每一个 k, $||P_j u_k - u_k||_{L^2}$ 趋向零, 因而

$$||P_j s - s||_{L^2} \to 0.$$

(3) 对任意的 $f \in L^2(\mathbf{R})$ 定理成立.

首先我们需要引用泛函分析中的一个基本结论, 就是阶梯函数空间在 $L^2(\mathbf{R})$ 中稠密, 即对任意的 $f \in L^2(\mathbf{R})$, 对任意的 $\epsilon > 0$, 存在阶梯函数 s, 使得

$$||f - s||_{L^2} \leqslant \frac{\epsilon}{3}.$$

另外当 j 充分大的时候, 我们有

$$||P_j s - s|| \leqslant \frac{\epsilon}{3}.$$

从而有

$$\begin{aligned}||f-P_jf|| &= ||f-s+s-P_js+P_js-P_jf|| \\ &\leqslant ||f-s||+||s-P_js||+||P_js-P_jf|| \\ &\leqslant ||f-s||+||s-P_js||+||s-f|| \\ &\leqslant \epsilon.\end{aligned}$$

定理证毕. #

说明 5.4 这一节的结果告诉我们, 给定一个合适的尺度函数 $\phi(t)$, 如果 $\{\phi(x-k)\}_{k\in\mathbf{Z}}$ 是对它所张成的空间的一组标准正交基, 则我们就可以建立对应的多分辨率分析框架. 否则, 我们需要通过第 4 章标准化的方法得到一组标准正交基. 这样的构造方式还不是特别完美, 因为这样得到的多分辨率分析不能保证非零的双尺度系数是有限的. 5.7 节将给出新的策略.

5.7 双尺度系数建立多分辨率分析

定理 5.6 假设 $P(z)=\dfrac{1}{2}\sum_{k\in\mathbf{Z}}h_kz^k$ 是一个多项式, 且满足下面条件

(1) $P(1)=1$;

(2) $|P(z)|^2+|P(-z)|^2=1,\ |z|=1$;

(3) $|P(\mathrm{e}^{\mathrm{i}t})|>0,\ |t|\leqslant\dfrac{\pi}{2}$.

令 $\phi_0(x)$ 是 Haar 尺度函数, 且对任意的 $n\in\mathbf{N}$,

$$\phi_n(x)=\sum_{k\in\mathbf{Z}}h_k\phi_{n-1}(2x-k),$$

则函数列 $\{\phi_n(x)\}$ 在 L^2 中依范数收敛到函数 $\phi(x)$, 并且 $\phi(x)$ 满足

(1) **标准正交性条件** $\displaystyle\int_{\mathbf{R}}\phi(t-k)\overline{\phi(t-l)}\mathrm{d}t=\delta_{k,l},\quad k,l\in\mathbf{Z}$;

(2) **标准化条件** $\displaystyle\int_{\mathbf{R}}\phi(t)\mathrm{d}t=1$;

(3) **双尺度方程** $\phi(t)=\sum_{k\in\mathbf{Z}}h_k\phi(2t-k)$, 其中只有有限个 h_k 非零.

证明 对迭代式子两边做傅里叶变换得

$$\widehat{\phi_n}(\lambda)=P\left(\mathrm{e}^{-\frac{\mathrm{i}\lambda}{2}}\right)\widehat{\phi_{n-1}}\left(\frac{\lambda}{2}\right).$$

于是

$$\widehat{\phi_n}(\lambda)=\prod_{j=1}^{n-1}P\left(\mathrm{e}^{-\frac{\mathrm{i}\lambda}{2^j}}\right)\widehat{\phi_0}\left(\frac{\lambda}{2^n}\right).$$

我们分两步来证明 $\{\phi_n(x)\}$ 在 L^2 中依范数收敛到函数 $\phi(x)$. 首先证明 $\widehat{\phi_n}$ 在 $\mathbf{R}$ 的紧支集上一致收敛, 然后证明 $\{\phi_n(x)\}$ 在 L^2 中依范数收敛.

对于第一步, 我们首先证明下面的引理.

引理 5.6 设 $\{e_j\}$ 是一个函数列, 且 $\sum_j|e_j|$ 在紧集 K 上一致收敛, 那么 $\prod_j(1+e_j)$ 在 K 上一致收敛.

证明 如果 $\sum_j|e_j|$ 在紧集 K 上一致收敛, 则 e_j 在 K 上一定收敛到 0. 由于当 $|x|$ 很小时, $\ln(1+x)\approx x$, 利用

$$\prod_j(1+e_j)=\mathrm{e}^{\ln\prod_j(1+e_j)}=\mathrm{e}^{\sum_j\ln(1+e_j)},$$

可知 $\sum_j|e_j|$ 在 K 上一致收敛蕴含了 $\sum_j\ln(1+e_j)$ 在 K 上一致收敛. 因此, $\prod_j(1+e_j)$ 在 K 上是一致收敛的. #

现在回过头来证明定理. 令 $e_j=P\left(\dfrac{\lambda}{2^j}\right)-1$, 很显然 $\sum_j|e_j|$ 在集 K 上一致收敛$\left(\text{因为 } P(z) \text{ 是一个多项式, 且 } P(0)=1, \text{ 所以存在 } C, \text{ 使得 } |e_j|\leqslant C\left|\dfrac{\lambda}{2^j}\right|\right)$. 所以, $\widehat{\phi_n}(\lambda)$ 在每一个紧支集上一致收敛到函数

$$\widehat{g}(\lambda)=\prod_{j=1}^{\infty}P\left(\mathrm{e}^{-\frac{\mathrm{i}\lambda}{2^j}}\right)\widehat{\phi_0}(0).$$

下面我们证明, $g\in L^2$. 将 $\widehat{\phi_n}(\lambda)$ 写成如下乘积的形式:

$$\widehat{\phi_n}(\lambda)=h_n(\lambda)\widehat{\phi_0}\left(\frac{\lambda}{2^n}\right),\quad h_n(\lambda)=\prod_{j=1}^{n}P\left(\frac{\lambda}{2^j}\right).$$

注意到 h_n 是周期为 $2^{n+1}\pi$ 的周期函数 (因为 P 以 2π 为周期), 且 $\widehat{\phi_0}(\lambda)$ 的支集位于 $\left[-\dfrac{\pi}{2},\dfrac{\pi}{2}\right]$, 即当 $|\lambda|\geqslant 2^{n-1}\pi$ 时, $\widehat{\phi_n}(\lambda)=0$, 从而

$$\int_{\mathbf{R}}|\widehat{\phi_n}(\lambda)|^2\mathrm{d}\lambda=\int_{-2^{n-1}\pi}^{2^{n-1}\pi}|\widehat{\phi_n}(\lambda)|^2\mathrm{d}\lambda\leqslant C\int_{-2^n\pi}^{2^n\pi}|h_n(\lambda)|^2\mathrm{d}\lambda,$$

其中 C 是 $\widehat{\phi_n}(\lambda)$ 的上界.

另一方面,

$$\begin{aligned}\int_{-2^n\pi}^{2^n\pi}|h_n(\lambda)|^2\mathrm{d}\lambda &= \int_0^{2^n\pi}\left(|h_n(\lambda)|^2+h_n(\lambda-2^n\pi)|^2\right)\mathrm{d}\lambda\\ &= \int_0^{2^n\pi}|h_{n-1}(\lambda)|^2\left(\left|P\left(\frac{\lambda}{2^n}\right)\right|^2+\left|P\left(\frac{\lambda}{2^n}-\pi\right)\right|^2\right)\mathrm{d}\lambda\\ &= \int_0^{2^n\pi}|h_{n-1}(\lambda)|^2\mathrm{d}\lambda\\ &= \int_{-2^{n-1}\pi}^{2^{n-1}\pi}|h_{n-1}(\lambda)|^2\mathrm{d}\lambda=2\pi.\end{aligned}$$

其中倒数第二个等式利用了 $h_{n-1}(\lambda)$ 的周期性. 所以 $\widehat{\phi_n}(\lambda)$ 的 L^2 范数对所有的 n 是一致有界的, 从而我们就证明了 $g\in L^2$. 于是存在 $\phi\in L^2$, 使得 $g=\widehat{\phi}$. 下面我们证明 $\{\phi_n(x)\}$ 在 L^2 中依范数收敛到函数 $\phi(x)$.

首先 $\widehat{\phi}(\lambda)$ 是连续的, 并且满足 $\widehat{\phi}(0)=\dfrac{1}{\sqrt{2\pi}}$, 从而存在 $a>0$, 当 $|\lambda|\leqslant a$ 时, 有 $\widehat{\phi}(\lambda)\neq 0$. 如果存在 $a<\lambda_0\leqslant\dfrac{\pi}{2}$ 使得 $\widehat{\phi}(\lambda_0)=0$, 则由 $\widehat{\phi}(\lambda_0)=h_n(\lambda)\widehat{\phi}\left(\dfrac{\lambda_0}{2^n}\right)$ 可得, 对任意的 n, $\widehat{\phi}\left(\dfrac{\lambda_0}{2^n}\right)=0$, 这显然矛盾. 从而存在 $c>0$, 在区间 $|\lambda|\leqslant\dfrac{\pi}{2}$ 上有 $\widehat{\phi}(\lambda)\geqslant c$. 进而当 $|\lambda|\leqslant 2^{n-1}\pi$ 时, $\widehat{\phi}\left(\dfrac{\lambda}{2^n}\right)\geqslant c$.

由

$$\widehat{\phi_n}(\lambda)=\frac{\widehat{\phi}(\lambda)\widehat{\phi_0}\left(\dfrac{\lambda}{2^n}\right)}{\widehat{\phi}\left(\dfrac{\lambda}{2^n}\right)}$$

可得

$$|\widehat{\phi_n}(\lambda)|\leqslant\frac{1}{c}\left|\widehat{\phi}(\lambda)\right|\left|\widehat{\phi_0}\left(\frac{\lambda}{2^n}\right)\right|\leqslant\frac{C}{c}\left|\widehat{\phi}(\lambda)\right|,\quad |\lambda|\leqslant 2^{n-1}\pi.$$

注意到 $\widehat{\phi_n}(\lambda)$ 的支集也是 $|\lambda|\leqslant 2^{n-1}\pi$, 从而上式对于任意的 $\lambda\in\mathbf{R}$ 都成立, 即 $|\widehat{\phi}(\lambda)-\widehat{\phi_n}(\lambda)|^2\leqslant C'|\widehat{\phi}(\lambda)|^2$. 由于 $\widehat{\phi}(\lambda)\in L^2(\mathbf{R})$, 所以 $|\widehat{\phi_n}(\lambda)|^2\in L^1(\mathbf{R})$, 而 $\widehat{\phi_n}(\lambda)$ 逐点收敛到 $\widehat{\phi}(\lambda)$, 应用控制收敛定理, $\{\phi_n(x)\}$ 依范数收敛到 $\phi(x)$.

在迭代式

$$\phi_n(t) = \sum_k h_k \phi_{n-1}(2t-k)$$

中令 n 趋向无穷, 可得

$$\phi(t) = \sum_k h_k \phi(2t-k),$$

即 ϕ 满足双尺度方程.

下面我们证明 $\phi_1(t)$ 也满足标准化条件和正交性条件. 对

$$\phi_1(t) = \sum_k h_k \phi_0(2t-k)$$

两端做傅里叶变换得

$$\widehat{\phi_1}(\lambda) = P\left(\mathrm{e}^{-\frac{\mathrm{i}\lambda}{2}}\right)\widehat{\phi_0}\left(\frac{\lambda}{2}\right).$$

由于 $\widehat{\phi_0}(0) = \dfrac{1}{\sqrt{2\pi}}$, 且 $P(1) = 1$, 所以 $\widehat{\phi_1}(0) = \dfrac{1}{\sqrt{2\pi}}$, 即 ϕ_1 满足标准化条件.

另一方面,

$$\begin{aligned}
&\sum_{k\in\mathbf{Z}} |\widehat{\phi_1}(\lambda+2k\pi)|^2 \\
=&\sum_{k\in\mathbf{Z}} |P(\mathrm{e}^{-\frac{\mathrm{i}\lambda}{2}+\mathrm{i}k\pi})|^2 \left|\widehat{\phi_0}\left(\frac{\lambda}{2}+k\pi\right)\right|^2 \\
=&\sum_{k\in\mathbf{Z}} \left|P\left(\mathrm{e}^{-\frac{\mathrm{i}\lambda}{2}+\mathrm{i}2k\pi}\right)\right|^2 \left|\widehat{\phi_0}\left(\frac{\lambda}{2}+2k\pi\right)\right|^2 \\
&+\sum_{k\in\mathbf{Z}} \left|P\left(\mathrm{e}^{-\frac{\mathrm{i}\lambda}{2}+\mathrm{i}(2k+1)\pi}\right)\right|^2 \left|\widehat{\phi_0}\left(\frac{\lambda}{2}+(2k+1)\pi\right)\right|^2 \\
=&|P(\mathrm{e}^{-\frac{\mathrm{i}\lambda}{2}})|^2 \sum_{k\in\mathbf{Z}} \left|\widehat{\phi_0}\left(\frac{\lambda}{2}+2k\pi\right)\right|^2 + |P(-\mathrm{e}^{-\frac{\mathrm{i}\lambda}{2}})|^2 \sum_{k\in\mathbf{Z}} \left|\widehat{\phi_0}\left(\frac{\lambda}{2}+\pi+2k\pi\right)\right|^2 \\
=&\frac{1}{2\pi}\left(|P(\mathrm{e}^{-\frac{\mathrm{i}\lambda}{2}})|^2 + |P(-\mathrm{e}^{-\frac{\mathrm{i}\lambda}{2}})|^2\right) = \frac{1}{2\pi}.
\end{aligned}$$

即 ϕ_1 满足标准正交条件. 由递推关系知, 所有的 ϕ_n 都满足标准正交性条件和标准化条件, 从而 ϕ 也满足这两个条件. #

例 5.5 对于 Haar 小波, $h_0 = h_1 = 1$, 对其他的 k, $h_k = 0$. 此时, $P(z) = \dfrac{1+z}{2}$. 可以验证, $P(1) = 1$, 且当 $z = \mathrm{e}^{\mathrm{i}\theta}$,

$$|P(z)|^2+|P(-z)|^2=\left(\frac{1+\cos(\theta)}{2}\right)^2+\left(\frac{1+\cos(\theta)}{2}\right)^2+\frac{\sin^2(\theta)}{2}=1.$$

另一方面, 当 $|\theta|<\pi$ 时, $|P(\mathrm{e}^{\mathrm{i}\theta})|=\left|\frac{1+\mathrm{e}^{\mathrm{i}\theta}}{2}\right|>0$. 于是, $P(z)$ 满足上面定理的条件. 根据迭代公式, 容易验证 $\phi_n=\phi_0$, 即 ϕ_0 就是 Haar 小波的尺度函数.

例 5.6 记 $h_0=\frac{1+\sqrt{3}}{4}$, $h_1=\frac{3+\sqrt{3}}{4}$, $h_2=\frac{3-\sqrt{3}}{4}$, $h_3=\frac{1-\sqrt{3}}{4}$, 对其他的 k, $h_k=0$. 可以验证, $P(z)$ 也满足定理 5.6 的条件 (见习题 7). 由此构造的尺度函数 ϕ_n 如图 5.5 和图 5.6 所示. 该小波是由 Daubechies 构造的, 称为 Daubechies 小波.

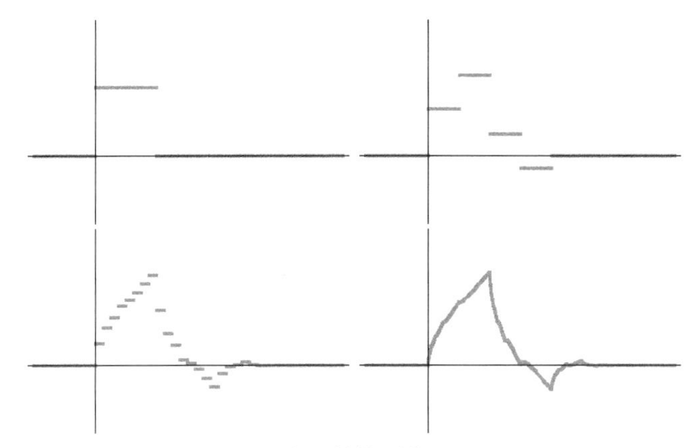

图 5.5 D4 尺度函数的图像 (1, 2, 4, 6 层)

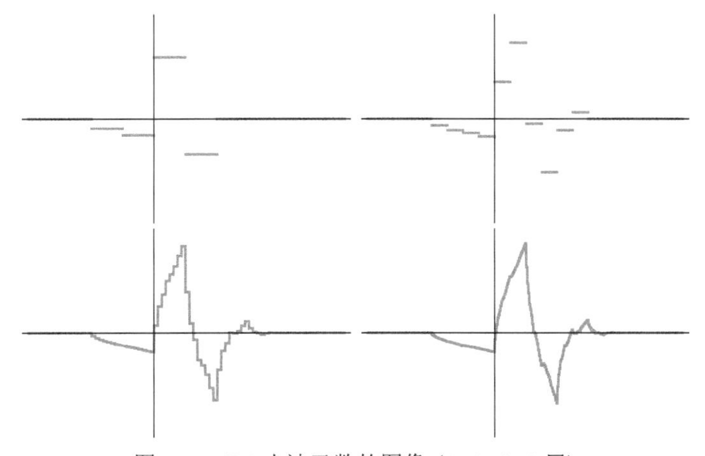

图 5.6 D4 小波函数的图像 (1, 2, 4, 6 层)

说明 5.5 定理 5.6 告诉我们, 为了构造正交小波的多分辨率分析, 只需要给定一个合适的双尺度系数序列 $\{h_k\}$, 该序列定义的多项式 $P(z)$ 满足定理 5.6 的三个条件, 则可以定义该序列对应的尺度函数 $\phi(x)$ 以及小波函数 $\psi(x)$, 对应的尺度空间和小波空间则由 $\phi_{j,k}(x)$ 和 $\psi_{j,k}(x)$ 所张成. 因此, 构造正交小波的最关键的任务就是定义一个合适的双尺度系数序列 $\{h_k\}$, 这个问题将在第 6 章给出.

5.8 分解和重构算法

本节介绍基于多分辨率分析下的小波的分解和重构算法, 也就是对于给定的信号, 如何将信号分解为不同尺度下的小波表示, 以及基于信号的多尺度表示, 如何重构信号.

5.8.1 分解算法

为了对信号做处理, 比如滤波、数据压缩等, 需要一个有效的算法将信号分解成不同的频率成分. 在多分辨率分析中, 这个过程对应于将信号分解成小波空间 W_j 中各个分量的表示. 分解一个信号主要有三步: 初始化、迭代和终止.

1. 初始化

这一步主要包含两个部分: 一是确定逼近空间 V_j, 二是计算信号 f 在 V_j 上的正交投影 $f_j = P_j[f]$. 由于 $\{\phi_{j,k}(x)\}$ 是标准正交的, 从而它的投影可以很容易计算, 如下:

$$P_j[f] = \sum_{k\in\mathbf{Z}} c_{j,k}\phi_{j,k}(x), \quad c_{j,k} = 2^{\frac{j}{2}} \int_{\mathbf{R}} f(t)\overline{\phi_{j,k}(t)}\mathrm{d}t.$$

但是在实践应用中, 给定的信号 $f(t)$ 通常是离散采样的, 下面的引理告诉我们如何在这种情况下求解系数 $c_{j,k}$.

引理 5.7 设 $\{V_j\}$ 是一个具有紧支集的尺度函数 ϕ 的多分辨率分析. 如果 $f(t)$ 是连续的, 则对足够大的 j, 有

$$c_{j,k} = 2^j \int_{\mathbf{R}} f(t)\overline{\phi(2^j t - k)}\mathrm{d}t \approx 2^{-\frac{j}{2}} \int_{\mathbf{R}} \overline{\phi(x)}\mathrm{d}x f\left(\frac{k}{2^j}\right).$$

证明 因为 ϕ 具有紧支集, 所以 ϕ 的非零集是被限定在一个闭区间 $\{|t| \leqslant M\}$ (实际应用中 M 都不是太大) 中. 因此当 j 足够大的时候, 对于 $t \in [-M, M]$, $2^{-j}t + 2^{-j}k \approx 2^{-j}k$,

$$c_{j,k} = 2^{\frac{j}{2}} \int_{\mathbf{R}} f(t)\overline{\phi(2^j t - k)}\mathrm{d}t$$

$$= 2^{-\frac{j}{2}} \int_{-M}^{M} f(2^{-j}t + 2^{-j}k)\overline{\phi(t)}\mathrm{d}t$$

$$\approx f(2^{-j}k) \int_{-M}^{M} 2^{-\frac{j}{2}}\overline{\phi(t)}\mathrm{d}t = 2^{-\frac{j}{2}} \int_{\mathbf{R}} \overline{\phi(x)}\mathrm{d}x f\left(\frac{k}{2^j}\right). \qquad \#$$

以上近似公式的精度随着 j 的增加而提高, 我们可以根据给定的误差来估计需要多大的 j (见习题 4). 在实际的应用中, j 的选择非常重要, 因为我们既要注意精度也要注意效率, 两者之间需要达到一个好的平衡. 而且, 上述引理的结论不仅对连续信号成立, 对于分段连续信号也是成立的 (见习题 6).

2. 迭代

这一步是多分辨率分析的核心, 它充分利用了空间 V_j, V_{j-1} 和 W_{j-1} 的关系. 初始化后, 我们得到 $f_j(x) \approx f(x)$. 此时, 我们可以由 $f_j(x)$ 开始, 一步一步地将它们分解成近似部分 $f_{j-1}(x) \in V_{j-1}$ 和小波部分 $w_{j-1}(x) \in W_{j-1}$ 之和, 即 $f_j(x) = f_{j-1}(x) + w_{j-1}(x)$. 这个过程可以一直进行下去, 如图 5.7 所示.

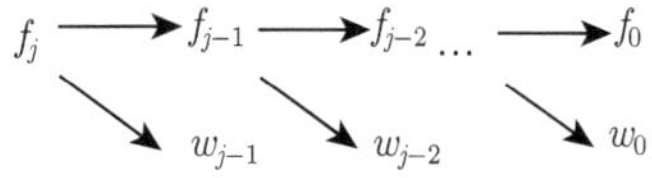

$$\begin{array}{ccccccc} f_j & \longrightarrow & f_{j-1} & \longrightarrow & f_{j-2}\ \cdots & \longrightarrow & f_0 \\ & \searrow & & \searrow & & \searrow & \\ & & w_{j-1} & & w_{j-2} & & w_0 \end{array}$$

图 5.7 小波分解算法

假设

$$f_j(x) = \sum_{k\in\mathbf{Z}} c_{j,k}\phi_{j,k}(x),$$

$$f_{j-1}(x) = \sum_{k\in\mathbf{Z}} c_{j-1,k}\phi_{j-1,k}(x),$$

$$w_{j-1}(x) = \sum_{k\in\mathbf{Z}} d_{j-1,k}\psi_{j-1,k}(x).$$

所谓分解算法就是已知 $c_{j,k}$, 计算 $c_{j-1,k}$ 和 $d_{j-1,k}$ 使得 $f_j(x) = f_{j-1}(x) + w_{j-1}(x)$.

事实上, 因为

$$\sum_{k\in\mathbf{Z}} c_{j,k}\phi_{j,k}(x) = \sum_{k\in\mathbf{Z}} c_{j-1,k}\phi_{j-1,k}(x) + \sum_{k\in\mathbf{Z}} d_{j-1,k}\psi_{j-1,k}(x),$$

并且 $V_{j-1} \perp W_{j-1}$, 从而

$$c_{j-1,l} = \sum_{k\in\mathbf{Z}} c_{j,k}\langle\phi_{j,k}, \phi_{j-1,l}\rangle.$$

由双尺度方程

$$\phi(t)=\sum_{k\in\mathbf{Z}}h_k\phi(2t-k)$$

可得

$$\begin{aligned}\phi_{j-1,l}(t)&=2^{\frac{j-1}{2}}\phi(2^{j-1}t-l)\\&=2^{\frac{j-1}{2}}\sum_{k\in\mathbf{Z}}h_k\phi(2^jt-2l-k)\\&=2^{\frac{j-1}{2}}\sum_{k\in\mathbf{Z}}h_{k-2l}\phi(2^jt-k)\\&=2^{-\frac{1}{2}}\sum_{k\in\mathbf{Z}}h_{k-2l}\phi_{j,k}(t),\end{aligned}$$

于是

$$c_{j-1,l}=2^{-\frac{1}{2}}\sum_{k\in\mathbf{Z}}c_{j,k}\overline{h_{k-2l}}.$$

同理, 由小波方程

$$\psi(t)=\sum_{k\in\mathbf{Z}}g_k\phi(2t-k)$$

可得

$$\begin{aligned}\psi_{j-1,l}(t)&=2^{\frac{j-1}{2}}\psi(2^{j-1}t-l)\\&=2^{\frac{j-1}{2}}\sum_{k\in\mathbf{Z}}g_k\phi(2^jt-2l-k)\\&=2^{\frac{j-1}{2}}\sum_{k\in\mathbf{Z}}g_{k-2l}\phi(2^jt-k)\\&=2^{-\frac{1}{2}}\sum_{k\in\mathbf{Z}}g_{k-2l}\phi_{j,k}(t),\end{aligned}$$

于是

$$d_{j-1,l}=2^{-\frac{1}{2}}\sum_{k\in\mathbf{Z}}c_{j,k}\overline{g_{k-2l}}.$$

3. 终止

终止分解运算的准则有好几个. 最简单的就是一直分解下去直到耗尽所有的样本点. 但是这样做一般是不必要的, 终止的准则一般与问题相关. 比如在奇异性检测中, 一般只需要分解一到二层就可以了. 这个分解过程结束后会生成一个数据集合, 它包含了近似系数和细节系数.

例 5.7 回顾 5.1 节给出的 Haar 小波的例子. 在 Haar 小波中, $h_0 = h_1 = 1$, 所以, Haar 小波对应的分解算法就是

$$c_{j-1,k} = 2^{-\frac{1}{2}}(c_{j,2k} + c_{j,2k+1}),$$

$$d_{j-1,k} = 2^{-\frac{1}{2}}(c_{j,2k} - c_{j,2k+1}).$$

这和 5.1 节给出的算法就相差一个常数因子.

5.8.2 重构算法

一旦信号 $f_j(t)$ 被分解完毕, 我们就得到原始信号在小波空间下的一个多分辨率表示

$$f_j(t) = f_{j_0}(t) + \sum_{k=j_0}^{j-1} w_k(t).$$

在这个表示中, $w_k(t)$ 表示该信号在不同尺度下的投影, 从而可以根据应用, 对不同尺度下的表示 $w_k(t)$ 做修改. 比如, 如果处理信号的目的是滤波, 那么就可以对特定的 k, 将 $w_k(t)$ 置为零. 如果是压缩数据, 那么可以对所有的 k, 将 $w_k(t)$ 表示的小于某个阈值的系数都置为零. 所以, 我们需要建立算法得到修改后的信号表示, 即给定信号在 V_{j_0} 以及 $W_{j_0}, \cdots, W_{j-1}$ 中的表示, 计算信号在 V_j 中的表示.

重构一个信号主要也是三步: 初始化、迭代和终止, 如图 5.8 所示.

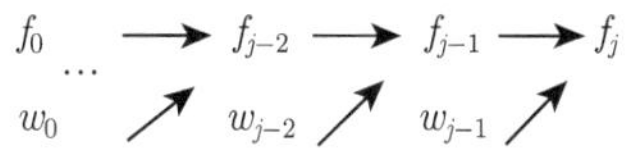

f_0 $\cdots$ $\longrightarrow$ f_{j-2} $\longrightarrow$ f_{j-1} $\longrightarrow$ f_j

w_0 $\nearrow$ w_{j-2} $\nearrow$ w_{j-1} $\nearrow$

图 5.8 小波重构算法

1. 初始化

这一步的信息一般来自于分解算法, 主要包含两个部分: 一是信号在空间 V_{j_0} 投影的系数 $c_{j_0,k}$, 二是信号在小波空间 $W_{j_0}, \cdots, W_{j-1}$ 下投影的系数 $d_{j_0,k}, \cdots, d_{j,k}$.

2. 迭代

这一步也充分利用了空间 V_j, V_{j-1} 和 W_{j-1} 的关系. 假设

$$f_j(x) = \sum_{k\in\mathbf{Z}} c_{j,k}\phi_{j,k}(x),$$

$$f_{j-1}(x) = \sum_{k\in\mathbf{Z}} c_{j-1,k}\phi_{j-1,k}(x),$$

$$w_{j-1}(x) = \sum_{k\in\mathbf{Z}} d_{j-1,k}\psi_{j-1,k}(x).$$

所谓重构算法就是已知 $c_{j-1,k}$ 和 $d_{j-1,k}$, 计算 $c_{j,k}$ 使得 $f_j(x) = f_{j-1}(x) + w_{j-1}(x)$. 由于

$$\phi_{j-1,l}(t) = 2^{-\frac{1}{2}} \sum_{k\in\mathbf{Z}} h_{k-2l}\phi_{j,k}(t),$$

$$\psi_{j-1,l}(t) = 2^{-\frac{1}{2}} \sum_{k\in\mathbf{Z}} g_{k-2l}\phi_{j,k}(t),$$

因此

$$c_{j,l} = 2^{-\frac{1}{2}} \sum_{k\in\mathbf{Z}} c_{j-1,k}h_{l-2k} + 2^{-\frac{1}{2}} \sum_{k\in\mathbf{Z}} d_{j-1,k}g_{l-2k}.$$

3. 终止

分解和重构算法都使用了双尺度系数 h_k, 而不是实际的尺度函数 $\phi(x)$ 和小波函数 $\psi(x)$. 为了得到重构信号 $f(x) = \sum_{k\in\mathbf{Z}} c_{j,k}\phi_{j,k}(x)$, 可以用 $c_{j,k}$ 来近似 $f(x)$ 在 $\dfrac{k}{2^j}$ 的值. 这一点非常重要, 因为对大多数波来说, 这些函数的计算非常复杂. 比如, 我们第 6 章介绍的 Daubechies 小波, 计算就很复杂. 然而, 在实际应用中, 我们并不需要计算这些函数, 而只需要它们对应的系数.

在实际应用中, 一般只有有限个 h_k 非零. 这时分解与重构算法可以进一步简化. 不妨设 $h_0, h_1, \cdots, h_{M-1}$ 非零, 那么对于小波系数 g_k, 则 g_{2-M}, g_{3-M}, $\cdots$, g_0, g_1 非零. 于是上面的分解重构算法可以写成下面的形式:

- 分解算法

$$\begin{cases} c_{j-1,l} = 2^{-\frac{1}{2}} \displaystyle\sum_{k=2l}^{2l+M-1} c_{j,k}\overline{h_{k-2l}}, \\ d_{j-1,l} = 2^{-\frac{1}{2}} \displaystyle\sum_{k=2l+2-M}^{2l+1} c_{j,k}\overline{g_{k-2l}}. \end{cases} \tag{5.3}$$

- 重构算法

$$c_{j,l} = 2^{-\frac{1}{2}} \sum_{k=\lceil \frac{l-M+1}{2} \rceil}^{\lfloor \frac{l}{2} \rfloor} c_{j-1,k}h_{l-2k} + 2^{-\frac{1}{2}} \sum_{k=\lceil \frac{l-1}{2} \rceil}^{\lfloor \frac{M+l-2}{2} \rfloor} d_{j-1,k}g_{l-2k}. \tag{5.4}$$

5.8.3 小波滤波器

多分辨率分析的小波分解和重构算法也可以通过离散滤波器来实现, 如图 5.9 所示. 引入下采样算子: 如果一个序列 $x = (\cdots, x_{-2}, x_{-1}, x_0, x_1, x_2, \cdots)$, 则

$$Dx = (\cdots, x_{-2}, x_0, x_2, \cdots),$$

即

$$(Dx)_k = x_{2k}, \quad k \in \mathbf{Z},$$

则分解算法可以写成下面的形式

$$\begin{cases} c^{j-1} = D(c^j * \overline{h}^*), \\ d^{j-1} = D(c^j * \overline{g}^*), \end{cases} \tag{5.5}$$

其中,

$$c^{j-1} = \{c_{j-1,k}\}_{k\in\mathbf{Z}}, \quad d^{j-1} = \{d_{j-1,k}\}_{k\in\mathbf{Z}}, \quad c^j = \{c_{j,k}\}_{k\in\mathbf{Z}},$$

$$\overline{h}^* = \left\{\frac{1}{\sqrt{2}}\overline{h_{-k}}\right\}_{k\in\mathbf{Z}}, \quad \overline{g}^* = \left\{\frac{1}{\sqrt{2}}\overline{g_{-k}}\right\}_{k\in\mathbf{Z}}.$$

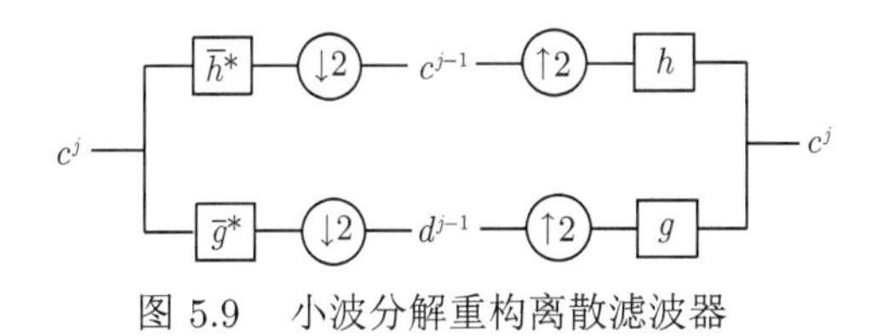

图 5.9 小波分解重构离散滤波器

重构算法也是类似的. 引入上采样算子: 如果一个序列 $x = (\cdots, x_{-2}, x_{-1}, x_0, x_1, x_2, \cdots)$, 则

$$Ux = (\cdots, x_{-1}, 0, x_0, 0, x_1, 0, x_2, \cdots),$$

即

$$(Ux)_k = \begin{cases} 0, & k \text{ 是奇数}, \\ x_{\frac{k}{2}}, & k \text{ 是偶数}, \end{cases} \quad k \in \mathbf{Z}.$$

从而重构算法可以写成下面的形式

$$c^j = Uc^{j-1} * h + Ud^{j-1} * g, \tag{5.6}$$

其中

$$h = \left\{\frac{1}{\sqrt{2}}h_k\right\}_{k\in\mathbf{Z}}, \quad g = \left\{\frac{1}{\sqrt{2}}g_k\right\}_{k\in\mathbf{Z}}.$$

5.8.4 应用实例

在实际应用中, 小波通常按下列步骤处理.

(1) **采样** 这是一个预处理步骤. 如果信号连续, 我们需要以能够捕获原始信号的速率采样, 一般采样率是 Nyquist 频率的两倍.

(2) **分解** 信号采样后, 利用分解算法, 得到各个层次的小波系数和最低层次的近似系数, 该系数是下一步处理的对象.

(3) **信号处理**　通过舍弃非显著系数来压缩信号, 或者是某种方式使得信号滤波或者去噪. 输出的是修改后的系数集合.

(4) **重构**　把上一步得到的修改后的系数应用重构算法得到最高层次的近似系数.

相较于傅里叶变换, 小波变换作为一种时频局部化方法, 其窗口是可变的, 即在低频部分具有较低的时间分辨率和较高的频率分辨率, 具有对信号的自适应性, 因此被广泛应用于信号分析. 由于小波分析具有局部分析和细化的功能, 所以小波分析可以揭示信号的间断点、趋势和自相似性等性质. 并且与传统的信号分析技术相比, 小波分析还能在没有明显损失的情况下, 对信号进行降噪和压缩.

例 5.8　信号快速变化的核心性质包括间断、一阶或二阶导数的不连续等. 利用小波分解可以找到信号的高频部分, 因此可以寻找高频系数幅值很大的区间检测出信号的间断点. 对于间断类问题, 可以有以下的小波选择经验:

(1) 处理信号本身的间断, 使用 Haar 小波;

(2) 处理信号第 i 阶导数的间断, 使用至少具有 i 阶消失矩的小波.

对图 5.10 所示的 scddvbrk 信号 (Matlab 中自带的信号), 虽然看不出任何间

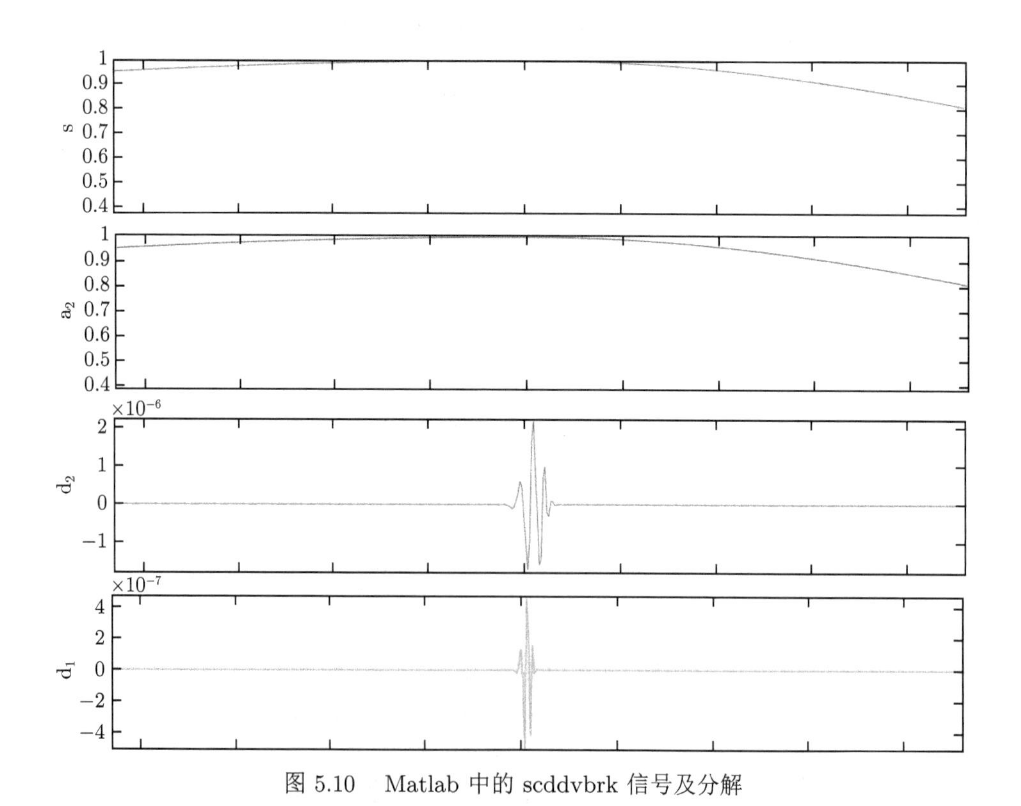

图 5.10　Matlab 中的 scddvbrk 信号及分解

断，但实际上这个信号在时间点 500 处，信号值和一阶导数连续，而二阶导数突变. 利用第 6 章构造的 D4 小波进行分解，可以看到小波变换在 $t = 500$ 附近的系数比较大，这意味着该信号附近存在导数突变或不连续.

习 题 5

1. 证明 Haar 小波中的尺度函数满足多分辨率的条件.
2. 证明 Shannon 小波的尺度函数满足多分辨率的条件.
3. 利用 Haar 尺度函数 $\phi(x-k)$ 的正交性证明:

$$\sum_{k\in\mathbf{Z}}\frac{\sin^2\left(\dfrac{\lambda}{2}+k\pi\right)}{\left(\dfrac{\lambda}{2}+k\pi\right)^2}=1.$$

4. 设 f 是一个连续可微的函数, 对于 $0\leqslant x<1$ 有 $|f'(x)|\leqslant M$. 用下面 (a) 中的阶梯函数一致地逼近 f, 误差是 ϵ. 该阶梯函数属于由 $\phi(2^jx-k)$ 张成的空间 V_j, 其中 ϕ 是 Haar 尺度函数.

   (a) 对 $1\leqslant j\leqslant 2^n$, 令 $a_j=f\left(\dfrac{j}{2^n}\right)$, 则 $f_n(x)=\sum_{k\in\mathbf{Z}}a_k\phi(2^nx-k)$,

   (b) 证明如果 n 远远大于 $\log_2\left(\dfrac{M}{\epsilon}\right)$, 则 $|f(x)-f_n(x)|\leqslant\epsilon$.
5. 完成引理 5.4 的证明.
6. 当 $f(x)$ 是分段连续函数, 证明引理 5.7.
7. 证明例 5.6 中的多项式满足定理 5.6 的所有要求.
8. 证明: 如果 $\phi(t)$ 是某个多分辨率分析的尺度函数, 则 $\int\phi(t)\mathrm{d}t\neq 0$.
9. 求证: 如果 $\{\psi_{j,k}=2^{j/2}\psi(2^jt-k)\}$ 是 $L^2(\mathbf{R})$ 的一组标准正交基, 那么对任意的 $\lambda\neq 0$ 有

$$\sum_{j\in\mathbf{Z}}|\widehat{\psi}(2^j\lambda)|^2=\frac{1}{2\pi}.$$

10. 定义下面两个尺度函数

$$\phi_1(t)=\phi_1(2t)+\phi_1(2t-1),$$

$$\phi_2(t)=\frac{1}{2}\left(\phi_2(2t)+\phi_2(2t-1)-\phi_1(2t)+\phi_1(2t-1)\right).$$

计算函数 $\phi_1(t)$ 和 $\phi_2(t)$, 并证明 $\{\phi_1(t-k),\phi_2(t-k)\}_{k\in\mathbf{Z}}$ 是它们生成空间的一组标准正交基.

第 6 章　Daubechies 小波

CHAPTER

到目前为止，我们提到的小波 (Haar、Shannon 和线性样条小波) 都有不少缺陷. Haar 小波具有紧支撑但是不连续. Shannon 小波充分光滑但是没有紧支撑，而且趋向无穷时衰减很慢. 线性样条小波是连续的，但是其正交尺度函数的支集是无穷的，不过它趋向无穷时衰减很快. 本章将介绍 Daubechies 发明的以她的名字命名的正交小波系[19]，从而为科学家与工程技术人员提供更多的选择.

6.1　小波的正则性和消失矩

在复变函数理论中，正则函数也称为全纯函数，是指无穷次可导的函数. 在小波分析中，我们面对的是实变函数或者实变复值函数，没有正则函数的概念. 这里所谓函数的正则性，是指函数的光滑性. 正则性越高，函数越光滑.

常见的刻画函数正则性的方法有

(1) 直接用函数的可导阶数作为正则性的度量;

(2) 对函数 f，如果 $|f(x)-f(x_0)|\leqslant C|x-x_0|^\alpha$，$x\in(x_0-\delta,x_0+\delta)$，其中 $C,\alpha>0$ 是常数，则称函数 f 在 x_0 具有局部 Lipschitz 指数 α. 局部 Lipschitz 指数可以作为局部正则性的度量;

(3) 对于函数 f，如果 $|f(x)-f(y)|\leqslant C|x-y|^\alpha$ 对定义域中任意的 x,y 都成立，则称 f 具有 Lipschitz 指数 α. 此时，Lipschitz 指数 α 就可以作为全局正则性的度量;

(4) 用函数在频域中的性质来刻画 Lipschitz 指数. 对于函数 f，如果 $\int_{\mathbf{R}}|\widehat{f}(\lambda)|\cdot(1+|\lambda|^\alpha)<\infty$，则称 f 的正则性是 α.

当然，其他还有连续模、平滑模等工具来刻画正则性. 在小波分析中，我们通常需要将函数在一组正交基中展开，并对展开式进行近似计算. 如果小波函数的正则性高，则近似计算的稳定性好.

定义 6.1　如果

$$\int_{\mathbf{R}}x^n\psi(x)\mathrm{d}x=0,\quad n=0,1,\cdots,m-1,\quad \int_{\mathbf{R}}x^m\psi(x)\mathrm{d}x\neq 0,$$

则称 ψ 具有 m 阶消失矩.

从消失矩的定义可以看出, 如果一个小波具有 m 阶消失矩, 那么一个不超过 $m-1$ 次的多项式的信号的小波变换恒为零. 如果该信号可展开成一个高阶的多项式 (如 Taylor 级数), 那么其中阶次小于 m 次的多项式部分 (对应低频) 在小波变换中的贡献恒为零. 所以, 这个结果反映在小波变换中的只是阶次大于 $m-1$ 的多项式部分, 它们对应高频部分. 所以, 高阶消失矩有利于突出信号中的高频成分及信号中的突变点. 从这个角度讲, 我们希望一个小波函数具有尽量高阶的消失矩. 当我们将小波变换用于实际的信号分析和处理时, 不论是从数据压缩的角度, 还是从去除噪声的角度以及从突出信号中的奇异性的角度, 我们希望信号在小波变换后的系数绝大部分能为零, 或尽量小. 这一方面取决于信号本身的特点, 另一方面取决于小波函数的支集的大小, 再一方面就是取决于小波基函数是否具有高阶消失矩.

定理 6.1　设 ψ 为一小波, 如果 $H(\lambda)=\dfrac{1}{2}\sum_{k\in\mathbf{Z}}h_k\mathrm{e}^{-\mathrm{i}k\lambda}$ 在 $\lambda=0$ 具有 $m-1$ 阶连续导数, 则下面的结论等价.

(1) $|\psi|$ 具有 m 阶消失矩.

(2) $(\widehat{\psi})^{(n)}(0)=0,\ n=0,1,\cdots,m-1.$

(3) $H^{(n)}(\pi)=0,\ n=0,1,\cdots,m-1.$

(4) $\sum_{k\in\mathbf{Z}}(-1)^k k^n h_k=0,\ n=0,1,\cdots,m-1.$

证明　由

$$\begin{aligned}\widehat{\psi}(\lambda)&=\frac{1}{\sqrt{2\pi}}\int_{\mathbf{R}}\psi(t)\mathrm{e}^{-\mathrm{i}\lambda t}\mathrm{d}t,\\(\widehat{\psi})^{(n)}(\lambda)&=\frac{1}{\sqrt{2\pi}}\int_{\mathbf{R}}(-\mathrm{i}t)^n\psi(t)\mathrm{e}^{-\mathrm{i}\lambda t}\mathrm{d}t,\\(\widehat{\psi})^{(n)}(0)&=\frac{1}{\sqrt{2\pi}}\int_{\mathbf{R}}(-\mathrm{i}t)^n\psi(t)\mathrm{d}t,\\&=(-\mathrm{i})^n\frac{1}{\sqrt{2\pi}}\int_{\mathbf{R}}t^n\psi(t)\mathrm{d}t\end{aligned}$$

知 (1) 和 (2) 等价.

另一方面, 由

$$\widehat{\psi}(\lambda)=G\left(\frac{\lambda}{2}\right)\widehat{\phi}\left(\frac{\lambda}{2}\right)=-\mathrm{e}^{-\mathrm{i}\lambda}\overline{H\left(\frac{\lambda+2\pi}{2}\right)}\widehat{\phi}\left(\frac{\lambda}{2}\right)$$

知 $\widehat{\psi}(0)=-\overline{H}(\pi)\widehat{\phi}(0)$, 从而

$$\widehat{\psi}(0)=0\Leftrightarrow H(\pi)=0.$$

再由于

$$
\begin{aligned}
(\widehat{\psi})'(\lambda) &= \mathrm{i}\mathrm{e}^{-\mathrm{i}\lambda}\overline{H\left(\frac{\lambda+2\pi}{2}\right)}\widehat{\phi}\left(\frac{\lambda}{2}\right) - \frac{1}{2}\mathrm{e}^{-\mathrm{i}\lambda}\overline{H'\left(\frac{\lambda+2\pi}{2}\right)}\widehat{\phi}\left(\frac{\lambda}{2}\right) \\
&\quad - \frac{1}{2}\mathrm{e}^{-\mathrm{i}\lambda}\overline{H\left(\frac{\lambda+2\pi}{2}\right)}(\widehat{\phi})'\left(\frac{\lambda}{2}\right) \\
&= -\mathrm{i}\widehat{\psi}(\lambda) - \frac{1}{2}\mathrm{e}^{-\mathrm{i}\lambda}\overline{H'\left(\frac{\lambda+2\pi}{2}\right)}\widehat{\phi}\left(\frac{\lambda}{2}\right) - \frac{1}{2}\mathrm{e}^{-\mathrm{i}\lambda}\overline{H\left(\frac{\lambda+2\pi}{2}\right)}(\widehat{\phi})'\left(\frac{\lambda}{2}\right),
\end{aligned}
$$

故

$$
(\widehat{\psi})'(0) = -\mathrm{i}\widehat{\psi}(0) - \frac{1}{2}\overline{H'(\pi)}\widehat{\phi}(0) - \frac{1}{2}\overline{H(\pi)}(\widehat{\phi})'(0).
$$

所以

$$
\widehat{\psi}(0) = 0, (\widehat{\psi})'(0) = 0 \Leftrightarrow H(\pi) = 0, H'(\pi) = 0.
$$

同理可证

$$
(\widehat{\psi})^{(n)}(0) = 0, n = 0, \cdots, m-1 \Leftrightarrow H^{(n)}(\pi) = 0, n = 0, \cdots, m-1.
$$

从而 (2) 和 (3) 等价.

由

$$
H(\lambda) = \frac{1}{2}\sum_{k\in\mathbf{Z}} h_k \mathrm{e}^{-\mathrm{i}\lambda}
$$

可得

$$
\begin{aligned}
H^{(n)}(\lambda) &= \frac{1}{2}\sum_{k\in\mathbf{Z}} h_k(-\mathrm{i}k)^n \mathrm{e}^{-\mathrm{i}k\lambda}, \\
H^{(n)}(\pi) &= \frac{1}{2}\sum_{k\in\mathbf{Z}} h_k(-\mathrm{i}k)^n(-1)^k = \frac{(-\mathrm{i})^n}{2}\sum_{k\in\mathbf{Z}}(-1)^k k^n h_k.
\end{aligned}
$$

即 (4) 和 (3) 等价.　　#

当小波 ψ 具有高阶消失矩时, 用小波函数生成的级数逼近光滑函数, 就能够获得高阶的逼近阶. 这个结论由下面的定理给出.

定理 6.2　设小波具有 m 阶消失矩, 其相应的尺度函数为 ϕ, $f \in L^2(\mathbf{R})$ 具有任意阶导数, 则对任意的正整数 j, 有

$$
\left\|f - \sum_{k\in\mathbf{Z}}\langle f, \phi_{j,k}\rangle\phi_{j,k}\right\| \leqslant 2^{-jm}\|f^{(m)}\|.
$$

对于小波基 ψ, ψ 的正则性与 $\widehat{\psi}$ 在 $\lambda=0$ 处的零点的重数之间存在着一种内在联系, 即 ψ 的正则性与消失矩之间的联系, 这便是下面的定理.

定理 6.3 如果 $\{\psi_{j,k}(x)=2^{\frac{j}{2}}\psi(2^jx-k)\}$ 是 $L^2(\mathbf{R})$ 上的标准正交集, 且 $|\psi(x)|\leqslant C(1+|x|)^{-\alpha}$, $\alpha>m+1$, $\psi\in C^m$, 且当 $l\leqslant m$, $\psi^l(x)$ 有界, 则

$$\int_{\mathbf{R}} x^l\psi(x)\mathrm{d}x=0,\quad l=0,1,\cdots,m.$$

这两个定理的证明可以参考文献 [16], 这里不再赘述.

6.2 Daubechies 小波的构造

第 5 章的结论告诉我们, 一个正交小波可以直接从双尺度系数 $\{h_k\}$ 通过迭代求解获得. 而双尺度系数 $\{h_k\}$ 的生成多项式 $P(z)$ 需要满足三个条件:

(1) $P(1)=1$;

(2) $|P(z)|^2+|P(-z)|^2=1,\ \ |z|=1$;

(3) $|P(\mathrm{e}^{\mathrm{i}t})|>0,\ \ |t|\leqslant\dfrac{\pi}{2}$.

在这三个条件中, 第一个条件最容易处理. 第二个条件没有明确给出关于 h_k 的约束, 但是如果设 $P(z)=\dfrac{1}{2}\sum_{k=0}^{n}h_kz^k$, 则

$$\begin{aligned}P(z)\overline{P(z)}&=\frac{1}{4}\left(\sum_{k=0}^{n}h_kz^k\right)\left(\sum_{l=0}^{n}\overline{h}_lz^{-l}\right)\\&=\frac{1}{4}\sum_{k=-n}^{n}\left(\sum_{j=0}^{n}h_{j+k}\overline{h}_j\right)z^k.\end{aligned}$$

同理,

$$\begin{aligned}P(-z)\overline{P(-z)}&=\frac{1}{4}\left(\sum_{k=0}^{n}h_k(-z)^k\right)\left(\sum_{l=0}^{n}\overline{h}_l(-z)^{-l}\right)\\&=\frac{1}{4}\sum_{k=-n}^{n}\left(\sum_{j=0}^{n}h_{j+k}\overline{h}_j\right)(-z)^k.\end{aligned}$$

从而第二个条件等价于

$$\sum_{j=0}^{n}h_{j+2k}\overline{h_j}=2\delta_{k,0}.$$

上述条件可以很容易得到 n 一定是奇数. 这是因为如果 n 是偶数, 上述条件中的最后一个方程是

$$h_0 h_n = 0,$$

进而导致 $h_n = 0$, 矛盾.

上述条件中的第三个条件其实非常不容易处理, 因为它等价于对任意的 $|t| \leqslant \frac{\pi}{2}$, $P(\mathrm{e}^{\mathrm{i}t}) \neq 0$. 这是一个很容易验证但是不容易求解的条件.

例 6.1　假设一个给定的双尺度系数只有 h_0, h_1, h_2, h_3 非零, 则前面两个条件就是

$$\begin{cases} h_0^2 + h_1^2 + h_2^2 + h_3^2 = 2, \\ h_0 h_2 + h_1 h_3 = 0, \\ h_0 + h_1 + h_2 + h_3 = 2. \end{cases}$$

求解这个方程可得

$$\begin{cases} h_1 = 1 - h_3, \\ h_2 = \dfrac{1 \pm \sqrt{2 - 4\left(h_3 - \dfrac{1}{2}\right)^2}}{2}, \\ h_0 = 1 - h_2. \end{cases}$$

这个方程的两个特解分别为

$$\left\{\frac{1+\sqrt{3}}{4}, \frac{3+\sqrt{3}}{4}, \frac{3-\sqrt{3}}{4}, \frac{1-\sqrt{3}}{4}\right\}$$

和

$$\{1, 0, 0, 1\}.$$

对于第一个解, 我们已经知道它对应于一个正交小波. 但是对于第二个解, 可以验证它是不满足条件 (3) 的.

从上面的例子可以看出, 满足前两个条件的解并一定能构造出正交小波基, 需要加入其他容易求解的条件. Daubechies 的做法是, 通过加入消失矩的条件, 进而构造了一大类具有不同消失矩和紧支集的正交小波.

例 6.2　假设一个给定的双尺度系数只有 $h_0, \cdots, h_3$ 非零, 加入消失矩的条件后得

$$\begin{cases} h_0^2 + h_1^2 + h_2^2 + h_3^2 = 2, \\ h_0 h_2 + h_1 h_3 = 0, \\ h_0 + h_1 + h_2 + h_3 = 2. \end{cases}$$

$$
\begin{cases}
h_0 - h_1 + h_2 - h_3 = 0, \\
h_1 - 2h_2 + 3h_3 = 0, \\
h_1 - 4h_2 + 9h_3 \neq 0.
\end{cases}
$$

求解上述方程组得到两组实数解

$$
\left\{\frac{1+\sqrt{3}}{4}, \frac{3+\sqrt{3}}{4}, \frac{3-\sqrt{3}}{4}, \frac{1-\sqrt{3}}{4}\right\}
$$

和

$$
\left\{\frac{1-\sqrt{3}}{4}, \frac{3-\sqrt{3}}{4}, \frac{3+\sqrt{3}}{4}, \frac{1+\sqrt{3}}{4}\right\}.
$$

第一个解对应 D4 小波滤波器, 第二个解对应 Symmlets 滤波器.

下面给出 Daubechies 小波的构造方法.

定理 6.4 设有限实系数 $h = \{h_0, h_1, \cdots, h_L\}$ 满足

(1) $\sum_{k\in\mathbf{Z}} h_k h_{k-2n} = 2\delta_{0,n}$;

(2) $\sum_{k\in\mathbf{Z}} h_k = 2$;

(3) 存在正整数 N, 使得

$$
H(\lambda) = \left(\frac{1+\mathrm{e}^{-\mathrm{i}\lambda}}{2}\right)^N Q_N(\mathrm{e}^{-\mathrm{i}\lambda}),
$$

其中 $Q_N(z)$ 是 $L-N$ 次实系数多项式, 且满足

$$
Q_N(-1) \neq 0, \quad \sup_{|z|\leqslant 1}|Q_N(z)| < 2^{N-1}.
$$

则双尺度方程迭代可解. 在条件 $\widehat{\phi}(0) = \dfrac{1}{\sqrt{2\pi}}$ 下, 其解连续唯一且是具有紧支集的正交尺度函数.

首先我们介绍一下 Riesz 引理, 该证明可以参考相关书籍.

引理 6.1 (Riesz 引理) 设 A 是一个实系数余弦多项式

$$
A(\lambda) = \sum_{k=0}^{N} a_k \cos k\lambda,
$$

其中, $a_N \neq 0$, 满足对任意的 $\lambda \in \mathbf{R}$ 有, $A(\lambda) \geqslant 0$. 则存在 N 次实系数代数多项式

$$
B(z) = \sum_{k=0}^{N} b_k z^k
$$

满足 $|B(\mathrm{e}^{\mathrm{i}\lambda})|^2 = A(\lambda)$, 且 $B(1) > 0$.

引理 6.2 形如 $H(\lambda) = \left(\dfrac{1+\mathrm{e}^{-\mathrm{i}\lambda}}{2}\right)^N Q_N(\mathrm{e}^{-\mathrm{i}\lambda})$ 的实系数三角多项式满足

$$|H(\lambda)|^2 + |H(\lambda+\pi)|^2 = 1$$

的充要条件是

$$|Q_N(\mathrm{e}^{\mathrm{i}\lambda})|^2 = P\left(\sin^2\frac{\lambda}{2}\right),$$

其中多项式 P 满足

$$P(y) = P_N(y) + y^N R\left(\frac{1}{2} - y\right),$$

$$P_N(y) = \sum_{k=0}^{N-1} \frac{(N+k-1)!}{(N-1)!k!} y^k,$$

$R(y)$ 是一个可选择的奇多项式, 使得 $P(y) \geqslant 0, \forall y \in [0,1]$.

证明 首先注意到, $|Q_N(\mathrm{e}^{\mathrm{i}\lambda})|^2$ 可以表示成 $\cos\lambda$ 的多项式, 从而可以表示成 $\sin^2\dfrac{\lambda}{2}$ 的多项式, 即存在多项式 $P(x)$, 使得

$$|Q_N(\mathrm{e}^{\mathrm{i}\lambda})|^2 = P\left(\sin^2\frac{\lambda}{2}\right).$$

将 $H(\lambda) = \left(\dfrac{1+\mathrm{e}^{-\mathrm{i}\lambda}}{2}\right)^N Q_N(\mathrm{e}^{-\mathrm{i}\lambda})$ 代入到

$$|H(\lambda)|^2 + |H(\lambda+\pi)|^2 = 1$$

中得

$$\left(\cos^2\frac{\lambda}{2}\right)^N P\left(\sin^2\frac{\lambda}{2}\right) + \left(\sin^2\frac{\lambda}{2}\right)^N P\left(\cos^2\frac{\lambda}{2}\right) = 1.$$

令 $y = \sin^2\dfrac{\lambda}{2}$, 则上式变成

$$(1-y)^N P(y) + y^N P(1-y) = 1. \tag{6.1}$$

由于 $(1-y)^N$ 和 y^N 没有公共根, 由 Bezout 定理知, 存在不超过 $N-1$ 次多项式 $q_1(y)$ 和 $q_2(y)$ 使得

$$(1-y)^N q_1(y) + y^N q_2(y) = 1.$$

在上式中, 将 y 换成 $1-y$, 得到

$$y^N q_1(1-y) + (1-y)^N q_2(1-y) = 1.$$

由 q_1 和 q_2 的唯一性有 $q_2(y) = q_1(1-y)$. 从而存在唯一的 $q_1(y)$ 使得

$$(1-y)^N q_1(y) + y^N q_1(1-y) = 1.$$

为了求出 $q_1(y)$, 我们将上式稍微变一下形式

$$q_1(y) = (1-y)^{-N}\left(1 - y^N q_1(1-y)\right).$$

由于 $q_1(y)$ 的次数不超过 $N-1$, 所以

$$q_1(y) = \sum_{k=0}^{N-1} \frac{(N+k-1)!}{(N-1)!k!} y^k.$$

假设 $P(y)$ 满足等式 (6.1), 则存在 $U(y)$, 使得 $P(y) - q_1(y) = y^N U(y)$, 且

$$(1-y)^N (P(y) - q_1(y)) + y^N (P(1-y) - q_1(1-y)) = 0,$$

即

$$U(y) + U(1-y) = 0.$$

令 $U(y) = R\left(\dfrac{1}{2} - y\right)$, 则 $R(-y) = -R(y)$, 即 $R(y)$ 是奇多项式. #

引理 6.3 对任意的自然数 $N \geqslant 2$ 和任意的 $\lambda \in \mathbf{R}$ 有

$$P_N\left(\sin^2 \frac{\lambda}{2}\right) < 2^{2N-2}.$$

证明 由 $P_N(y)$ 的定义可知

$$P_N\left(\sin^2 \frac{\lambda}{2}\right) = \sum_{k=0}^{N-1} \frac{(N+k-1)!}{(N-1)!k!} \left(\sin^2 \frac{\lambda}{2}\right)^k \leqslant \sum_{k=0}^{N-1} \frac{(N+k-1)!}{(N-1)!k!} = \sum_{k=0}^{N-1} \mathrm{C}_{N+k-1}^k.$$

易验证

$$\begin{aligned}\sum_{k=0}^{N-1} \mathrm{C}_{N+k-1}^k &= 1 + \sum_{k=1}^{N-1} (\mathrm{C}_{N+k}^k - \mathrm{C}_{N+k-1}^{k-1}) \\ &= 1 + \mathrm{C}_{2N-1}^{N-1} - \mathrm{C}_N^0\end{aligned}$$

$$
\begin{aligned}
&= \frac{1}{2}(\mathrm{C}_{2N-1}^{N-1} + \mathrm{C}_{2N-1}^{N}) \\
&= \frac{1}{2}\sum_{k=0}^{2N-1} \mathrm{C}_{2N-1}^{k} = 2^{2N-2}.
\end{aligned}
$$

引理证毕. #

至此我们可以给出 Daubechies 小波的主要步骤.

(1) 选取正整数 $N \geqslant 2$, 确定多项式 $P_N(y)$ 如下:

$$
P_N(y) = \sum_{k=0}^{N-1} \frac{(N+k-1)!}{(N-1)!k!} y^k.
$$

(2) 利用

$$
|Q_N(\mathrm{e}^{\mathrm{i}\lambda})|^2 = P_N\left(\sin^2\frac{\lambda}{2}\right)
$$

解出 $Q_N(z)$ 的系数 $q_0, q_1, \cdots, q_{N-1}$, 进而求出多项式 $Q_N(z)$, 使得 $Q_N(1) = 1$.

(3) 利用

$$
H(\lambda) = \left(\frac{1+\mathrm{e}^{-\mathrm{i}\lambda}}{2}\right)^N Q_N(\mathrm{e}^{-\mathrm{i}\lambda})
$$

求出双尺度系数 $\{h_k\}_{k=0}^{2N-1}$.

(4) 按照第 5 章的迭代求解方法, 可以求出尺度函数 ϕ.

(5) 利用双尺度系数和 ϕ 求出正交小波 ψ.

我们看两个例子.

例 6.3 (D4 小波) 取 $N = 2$, 则

$$
P_2(y) = \sum_{k=0}^{1}(k+1)y^k = 1 + 2y.
$$

假设

$$
Q_2(\mathrm{e}^{\mathrm{i}\lambda}) = q_0 + q_1\mathrm{e}^{\mathrm{i}\lambda},
$$

则

$$
\begin{aligned}
|Q_2(\mathrm{e}^{\mathrm{i}\lambda})|^2 &= (q_0 + q_1\mathrm{e}^{\mathrm{i}\lambda})(q_0 + q_1\mathrm{e}^{-\mathrm{i}\lambda}) \\
&= q_0^2 + q_1^2 + q_0q_1(\mathrm{e}^{\mathrm{i}\lambda} + \mathrm{e}^{-\mathrm{i}\lambda}) \\
&= (q_0 + q_1)^2 - 4q_0q_1\sin^2\frac{\lambda}{2}.
\end{aligned}
$$

代入到条件

$$|Q_N(\mathrm{e}^{\mathrm{i}\lambda})|^2 = P\left(\sin^2\frac{\lambda}{2}\right)$$

可得

$$(q_0+q_1)^2 = 1, \quad q_0q_1 = -\frac{1}{2}.$$

由此可得满足 $Q(1)=1$ 的两组解:

$$q_0 = \frac{1+\sqrt{3}}{2}, \quad q_1 = \frac{1-\sqrt{3}}{2}$$

和

$$q_0 = \frac{1-\sqrt{3}}{2}, \quad q_1 = \frac{1+\sqrt{3}}{2}.$$

对于 $q_0 = \dfrac{1+\sqrt{3}}{2}, q_1 = \dfrac{1-\sqrt{3}}{2}$ 有

$$\begin{aligned}H(\lambda) &= \left(\frac{1+\mathrm{e}^{-\mathrm{i}\lambda}}{2}\right)^2\left(\frac{1+\sqrt{3}}{2}+\frac{1-\sqrt{3}}{2}\mathrm{e}^{-\mathrm{i}\lambda}\right)\\ &= \frac{1}{4}(1+2\mathrm{e}^{-\mathrm{i}\lambda}+\mathrm{e}^{-2\mathrm{i}\lambda})\left(\frac{1+\sqrt{3}}{2}+\frac{1-\sqrt{3}}{2}\mathrm{e}^{-\mathrm{i}\lambda}\right)\\ &= \frac{1+\sqrt{3}}{8}+\frac{3+\sqrt{3}}{8}\mathrm{e}^{-\mathrm{i}\lambda}+\frac{3-\sqrt{3}}{8}\mathrm{e}^{-2\mathrm{i}\lambda}+\frac{1-\sqrt{3}}{8}\mathrm{e}^{-3\mathrm{i}\lambda}.\end{aligned}$$

从而

$$\{h_0,h_1,h_2,h_3\} = \left\{\frac{1+\sqrt{3}}{4},\frac{3+\sqrt{3}}{4},\frac{3-\sqrt{3}}{4},\frac{1-\sqrt{3}}{4}\right\}.$$

对于 $q_0 = \dfrac{1-\sqrt{3}}{2}, q_1 = \dfrac{1+\sqrt{3}}{2}$, 类似可以得到另外一组解:

$$\{h_0,h_1,h_2,h_3\} = \left\{\frac{1-\sqrt{3}}{4},\frac{3-\sqrt{3}}{4},\frac{3+\sqrt{3}}{4},\frac{1+\sqrt{3}}{4}\right\}.$$

例 6.4 (D6 小波) 取 $N=3$, 则

$$P_3(y) = \sum_{k=0}^{1}\frac{(k+2)(k+1)}{2}y^k = 1+3y+6y^2.$$

假设

$$Q_2(\mathrm{e}^{\mathrm{i}\lambda}) = q_0 + q_1\mathrm{e}^{\mathrm{i}\lambda} + +q_2\mathrm{e}^{2\mathrm{i}\lambda},$$

则

$$\begin{aligned}|Q_2(\mathrm{e}^{\mathrm{i}\lambda})|^2 &= (q_0 + q_1\mathrm{e}^{\mathrm{i}\lambda} + +q_2\mathrm{e}^{2\mathrm{i}\lambda})(q_0 + q_1\mathrm{e}^{-\mathrm{i}\lambda} + +q_2\mathrm{e}^{-2\mathrm{i}\lambda}) \\ &= q_0^2 + q_1^2 + +q_2^2 + (q_0q_1 + q_1q_2)(\mathrm{e}^{\mathrm{i}\lambda} + \mathrm{e}^{-\mathrm{i}\lambda}) + q_0q_2(\mathrm{e}^{2\mathrm{i}\lambda} + \mathrm{e}^{-2\mathrm{i}\lambda}) \\ &= (q_0 + q_1 + q_2)^2 - 4(q_0q_1 + 4q_0q_2 + q_1q_2)\sin^2\frac{\lambda}{2} + 16q_0q_2\sin^4\frac{\lambda}{2}.\end{aligned}$$

代入到条件

$$|Q_N(\mathrm{e}^{\mathrm{i}\lambda})|^2 = P\left(\sin^2\frac{\lambda}{2}\right)$$

可得

$$(q_0 + q_1 + q_2)^2 = 1, \quad -4(q_0q_1 + 4q_0q_2 + q_1q_2) = 3, \quad 8q_0q_2 = 3.$$

由此可得两组解满足 $Q(1) = 1$:

$$\begin{aligned}q_0 &= \frac{1}{4}\left(1 + \sqrt{10} + \sqrt{5 + 2\sqrt{10}}\right), \\ q_1 &= \frac{1}{2}(1 - \sqrt{10}), \\ q_2 &= \frac{1}{4}\left(1 + \sqrt{10} - \sqrt{5 + 2\sqrt{10}}\right)\end{aligned}$$

和

$$\begin{aligned}q_0 &= \frac{1}{4}\left(1 + \sqrt{10} - \sqrt{5 + 2\sqrt{10}}\right), \\ q_1 &= \frac{1}{2}(1 - \sqrt{10}), \\ q_2 &= \frac{1}{4}\left(1 + \sqrt{10} + \sqrt{5 + 2\sqrt{10}}\right).\end{aligned}$$

对于第一组解可求得

$$H(\lambda) = \left(\frac{1 + \mathrm{e}^{-\mathrm{i}\lambda}}{2}\right)^3 (q_0 + q_1\mathrm{e}^{-\mathrm{i}\lambda} + q_1\mathrm{e}^{-2\mathrm{i}\lambda})$$

$$
\begin{aligned}
&= \frac{1}{4}(1 + 2\mathrm{e}^{-\mathrm{i}\lambda} + \mathrm{e}^{-2\mathrm{i}\lambda}) \left(\frac{1+\sqrt{3}}{2} + \frac{1-\sqrt{3}}{2}\mathrm{e}^{-\mathrm{i}\lambda} \right) \\
&= \frac{1}{8}(q_0 + (3q_0 + q_1)\mathrm{e}^{-\mathrm{i}\lambda} + (3q_0 + 3q_1 + q_2)\mathrm{e}^{-2\mathrm{i}\lambda} + (q_0 + 3q_1 + 3q_2)\mathrm{e}^{-3\mathrm{i}\lambda} \\
&\quad + (q_1 + 3q_2)\mathrm{e}^{-4\mathrm{i}\lambda} + q_2\mathrm{e}^{-5\mathrm{i}\lambda}).
\end{aligned}
$$

从而

$$
\begin{cases}
h_0 = \dfrac{1}{16}\left(1 + \sqrt{10} + \sqrt{5 + 2\sqrt{10}}\right), \\
h_1 = \dfrac{1}{16}\left(5 + \sqrt{10} + 3\sqrt{5 + 2\sqrt{10}}\right), \\
h_2 = \dfrac{1}{16}\left(10 - 2\sqrt{10} + 2\sqrt{5 + 2\sqrt{10}}\right), \\
h_3 = \dfrac{1}{16}\left(10 - 2\sqrt{10} - 2\sqrt{5 + 2\sqrt{10}}\right), \\
h_4 = \dfrac{1}{16}\left(5 + \sqrt{10} - 3\sqrt{5 + 2\sqrt{10}}\right), \\
h_5 = \dfrac{1}{16}\left(1 + \sqrt{10} - \sqrt{5 + 2\sqrt{10}}\right).
\end{cases}
$$

图 6.1 给出了 D6 小波对应的尺度函数和小波函数的图像.

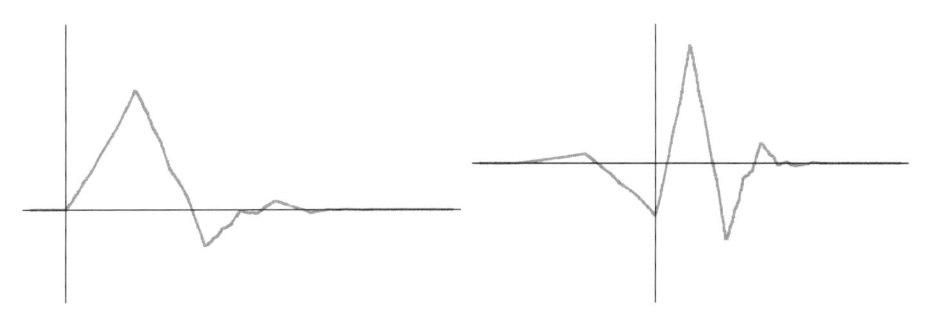

图 6.1 D6 小波对应的尺度函数和小波函数图像

6.3 Daubechies 小波的性质

Daubechies 小波满足一系列良好的性质, 下面分别介绍.

6.3.1 Daubechies 小波的支集

我们首先回顾一下尺度函数的迭代构造. 给定一组合适的 $h_k, k=0,1,\cdots,2N-1$, 给定一个满足条件的尺度函数 $\phi_0(x)$, 对任意的 n, 令

$$\phi_n(x)=\sum_{k\in\mathbf{Z}}h_k\phi_{n-1}(2x-k),$$

则函数列 $\phi_n(x)$ 在 L^2 中依范数收敛到尺度函数 $\phi(x)$.

假设 $\phi_n(x)$ 的支集是 $[a_n,b_n]$, 则

$$a_{n+1}=\frac{a_n}{2},$$

$$b_{n+1}=\frac{b_n}{2}+N-\frac{1}{2}.$$

从而求得

$$\lim_{n\to\infty}a_n=0,$$

$$\lim_{n\to\infty}b_n=2N-1.$$

即 Daubechies 小波的尺度函数的支集是 $[0,2N-1]$. 同理可以求出 Daubechies 小波函数的支集是 $[1-N,N]$.

6.3.2 Daubechies 小波的消失矩

对于 Daubechies 小波 $\psi_N(x)$, 有下面的定理.

定理 6.5

$$\int_{\mathbf{R}}x^k\psi_N\mathrm{d}x=\begin{cases}0, & k=0,\cdots,N-1,\\ -\dfrac{N!}{4^N}Q_N(-1), & k=N.\end{cases}$$

这个定理的证明留作习题.

6.3.3 Daubechies 小波的正则性

我们用 Lipschitz 指数在频率域中的度量来刻画小波函数的正则性, 即如果 $\int_{\mathbf{R}}|\widehat{f}(\lambda)|(1+|\lambda|^\alpha)\mathrm{d}\lambda<\infty$, 则称 f 的正则指数是 α. Daubechies 小波的正则性如表 6.1 所示.

表 6.1　Daubechies 小波的正则性

N	2	3	4	5	6	7	8	9	10
α	0.5	0.915	1.275	1.596	1.888	2.158	2.415	2.611	2.902

6.3.4 Daubechies 小波的对称性

定义 6.2 函数 f 称为对称的, 如果存在 $a \in \mathbf{R}$ 使得对任意的 $t \in \mathbf{R}$, $f(a+t) = f(a-t)$ 成立. 如果存在 $a \in \mathbf{R}$ 使得对任意的 $t \in \mathbf{R}$, $f(a+t) = -f(a-t)$ 成立, 则称该函数 f 是反对称的.

定理 6.6 假设与某个多分辨分析联系的尺度函数 ϕ 和小波函数 ψ 都是实的且具有紧支集, 如果 ψ 是对称的或者反对称的, 则 ψ 是 Haar 小波.

证明 首先不妨设 $h_k \neq 0, k = 0, 1, \cdots, N$, 而对于其他的 k, $h_k = 0$, 显然 N 一定是奇数. 由于 ψ 的支集是 $[0, N]$, 所以小波函数 ψ 的支集是 $-n_0, n_0+1$, 其中 $n_0 = \dfrac{N-1}{2}$. 因此, 小波函数的对称轴只可能是 $\dfrac{1}{2}$, 故要么 $\psi(1-x) = \psi(x)$, 要么 $\psi(1-x) = -\psi(x)$. 又由于

$$\psi_{j,k}(-x) = \pm 2^{j/2}\psi(2^j x + k + 1) = \pm\psi_{j,-(k+1)}(x),$$

所以小波空间 W_j 在变换 $x \to -x$ 下不变, 同理尺度空间 V_j 在变换 $x \to -x$ 下也不变.

令 $\widetilde{\phi}(x) = \phi(N-x)$, 则 $\widetilde{\phi}(x)$ 也生成 V_0 的一组标准正交基 (因为 V_0 在变换 $x \to -x$ 下不变). 可以证明 $\widetilde{\phi}(x) = \phi(x)$(见习题), 即 $\phi(N-x) = \phi(x)$, 从而

$$\begin{aligned}
h_n &= 2\int_{\mathbf{R}} \phi(t)\overline{\phi(2t-k)}\mathrm{d}t \\
&= 2\int_{\mathbf{R}} \phi(N-t)\overline{\phi(N-2t+k)}\mathrm{d}t \\
&= 2\int_{\mathbf{R}} \phi(x)\overline{\phi(2x-N+n)}\mathrm{d}x \\
&= h_{N-n}.
\end{aligned}$$

再由

$$\sum_{k\in\mathbf{Z}} h_k \overline{h_{k+2m}} = 2\delta_{m,0} \tag{6.2}$$

和

$$\sum_{k\in\mathbf{Z}} h_k = 2$$

可得

$$h_0 = h_N = 1, \quad h_i = 0, \ i \neq 0, N.$$

事实上, 在(6.2)式中, 取 $m=n_0$ 可得

$$0=h_0h_{N-1}+h_1h_N=2h_0h_{N-1},$$

所以 $h_1=h_{N-1}=0$. 假设对于 K, 有 $h_1=h_3=\cdots=h_{2K-1}=0$, 则 $h_{N-2K+1}=\cdots=h_{N-3}=h_{N-1}=0$, 从而由(6.2)式有

$$0=h_0h_{N-2K-1}+h_1h_{N-2K}+\cdots+h_{2K}h_{N-1}+h_{2K+1}h_N=2h_0h_{N-2K-1},$$

因此 $h_{N-2K-1}=0$. 最后根据 $h_i=h_{N-i}$ 和 $\sum_{k\in\mathbf{Z}}h_k=2$ 可得 $h_0=h_N=1,\ h_i=0,\ i\neq 0,N$.

于是 $\phi(x)=\phi(2x)+\phi(2x-N)$, 进而可以得到

$$\phi(x)=\begin{cases}\dfrac{1}{N}, & x\in[0,N],\\ 0, & \text{其他}.\end{cases}$$

如果 $N=1$, 则它对应到 Haar 小波;

如果 $N>1$, 则它不是标准正交的 (见习题 2). #

例 6.5 高阶的 Daubechies 小波由于具有更好的正则性, 因而在处理光滑信号的去噪和压缩中都会有明显的优势. 我们先看一个去噪的例子, 在这个例子中, 给定的信号和噪声信号如图 6.2 所示, 我们分别用 Haar 小波、D4 小波和 D6 小波对该信号去噪, 可以看出, D6 小波具有更好的去噪效果. 对信号压缩问题, 我们可以得出类似的结论, 如图 6.3 所示.

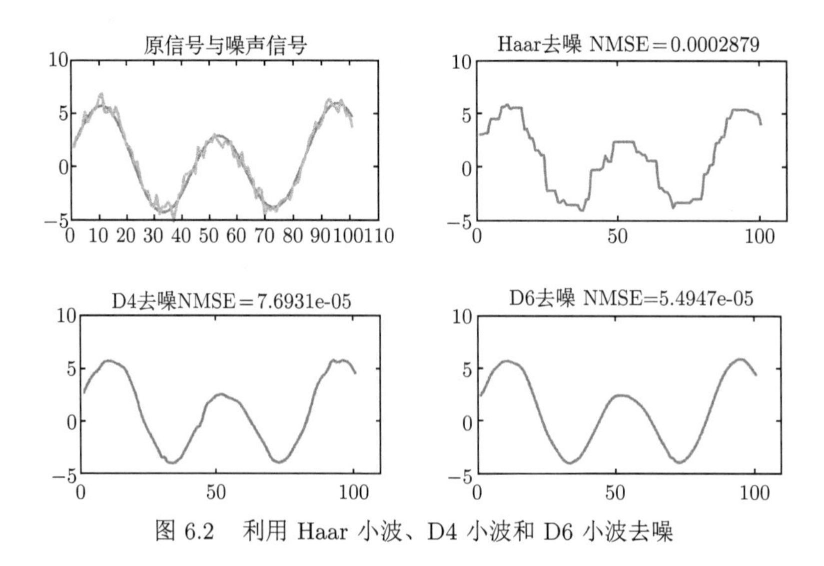

图 6.2 利用 Haar 小波、D4 小波和 D6 小波去噪

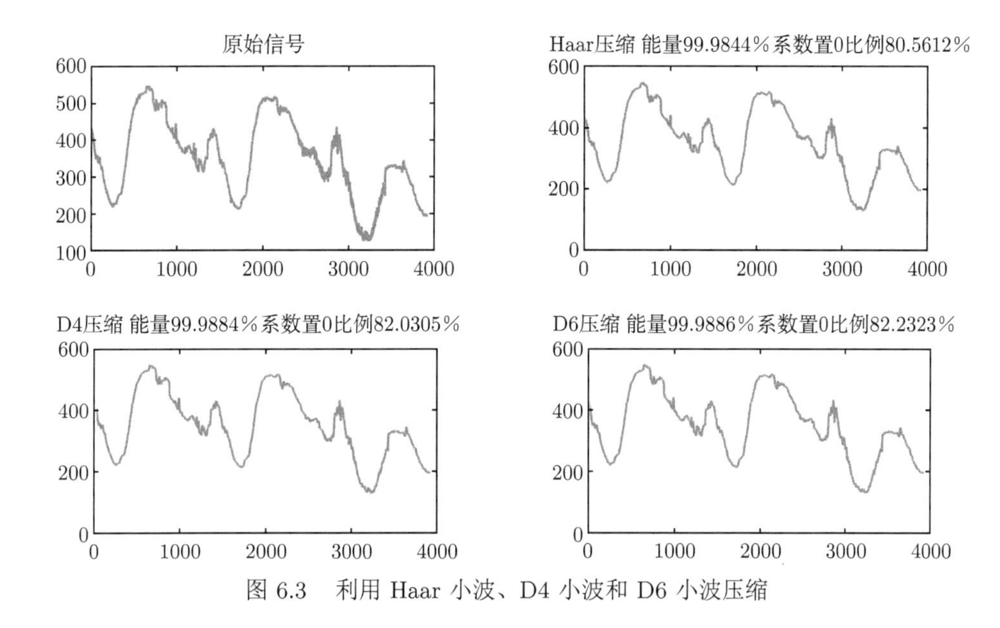

图 6.3 利用 Haar 小波、D4 小波和 D6 小波压缩

说明 6.1 由于除了 Haar 小波, 其他的 Daubechies 正交小波都不具有对称或者反对称性, 为此, Daubechies 对 Daubechies 正交小波的部分系数做了进一步的优化, 使得它的尺度函数和小波函数能同时拥有高阶消失矩并且接近对称, 得到了 Coiflets 小波. Coiflets 小波被广泛应用于数字信号处理.

6.4 Daubechies 小波的计算

虽然在小波函数 ψ_N 的分解和重构中, 我们不需要小波函数的具体求值, 但是在分析和理解 ψ_N 的基本性质以及绘制时, 我们还是需要知道如何求解小波函数在每一个点的值. 然而不幸的是, 除了 Haar 小波, 其他的 Daubechies 小波函数不能写出它们的初等函数的表示形式. 下面给出一个方法可以求出该小波函数和尺度函数在每一个有理点的值. 该算法主要包含三步.

(1) 依次计算尺度函数和小波函数在整数结点的值.

由于 $\phi(k)=0,\ k\leqslant 0, k\geqslant 2N-1$, 我们只需要计算 $\phi(j),\ j=1,\cdots,2N-2$. 令 $j=1,\cdots,2N-2$, 则

$$\phi(j)=\sum_{k=0}^{2N-1} h_k\phi(2j-k)=\sum_{k=2j-2N+1}^{2j} h_{2j-k}\phi(k).$$

上述关系可以写成一个线性方程组 $\boldsymbol{m}=M\boldsymbol{m}$, 其中

$$\boldsymbol{m} = [\phi(1), \phi(2), \cdots, \phi(2N-2)]^{\mathrm{T}},$$

$$M = [h_{2j-k}]_{j,k=1}^{2N-2}.$$

由于矩阵 M 是奇异的, 所以我们需要更多的条件. 注意到

$$\begin{aligned}
\sum_{n\in\mathbf{Z}} \phi\left(\frac{n}{2^j}\right) &= \sum_{n\in\mathbf{Z}}\sum_{k\in\mathbf{Z}} h_k \phi\left(\frac{n}{2^{j-1}} - k\right) \\
&= \sum_{k\in\mathbf{Z}} h_k \sum_{n\in\mathbf{Z}} \phi\left(\frac{n}{2^{j-1}} - k\right) \\
&= \sum_{k\in\mathbf{Z}} h_k \sum_{n\in\mathbf{Z}} \phi\left(\frac{n - 2^{j-1}k}{2^{j-1}}\right) \\
&= \sum_{k\in\mathbf{Z}} h_k \sum_{n\in\mathbf{Z}} \phi\left(\frac{n}{2^{j-1}}\right) \\
&= 2\sum_{n\in\mathbf{Z}} \phi\left(\frac{n}{2^{j-1}}\right).
\end{aligned}$$

另一方面

$$\begin{aligned}
\int_{x\in\mathbf{R}} \phi(x)\mathrm{d}x &= \lim_{j\to\infty} \sum_{n\in\mathbf{Z}} \phi\left(\frac{n}{2^j}\right)\frac{1}{2^j} \\
&= \lim_{j\to\infty} \frac{1}{2^j}\sum_{n\in\mathbf{Z}} \phi\left(\frac{n}{2^j}\right) \\
&= \sum_{j\in\mathbf{Z}} \phi(j).
\end{aligned}$$

从而尺度函数的标准化条件可以写成

$$\sum_{k=1}^{2N-2} \phi_k = 1.$$

联立上面的方程组, 可以求出 $\phi(1)$, $\phi(2)$, $\cdots$, $\phi(2N-2)$.

(2) 依次计算尺度函数 $\phi\left(\dfrac{n}{2^j}\right)$ 的值.

这由以下关系式很容易计算

$$
\begin{cases}
\phi\left(\dfrac{n}{2}\right)=\displaystyle\sum_{k=0}^{2N-1}h_k\phi\left(n-k\right),\\
\phi\left(\dfrac{n}{4}\right)=\displaystyle\sum_{k=0}^{2N-1}h_k\phi\left(\dfrac{n-2k}{2}\right),\\
\cdots\cdots\\
\phi\left(\dfrac{n}{2^j}\right)=\displaystyle\sum_{k=0}^{2N-1}h_k\phi\left(\dfrac{n-2^{j-1}k}{2^{j-1}}\right),\\
\cdots\cdots
\end{cases}
$$

(3) 依次计算小波函数 $\psi\left(\dfrac{n}{2^j}\right)$ 的值.

小波函数的计算也是一样的:

$$
\begin{cases}
\psi\left(\dfrac{n}{2}\right)=\displaystyle\sum_{k=0}^{2N-1}(-1)^{k-1}h_k\phi\left(n-k\right),\\
\psi\left(\dfrac{n}{4}\right)=\displaystyle\sum_{k=0}^{2N-1}(-1)^{k-1}h_k\phi\left(\dfrac{n-2k}{2}\right),\\
\cdots\cdots\\
\psi\left(\dfrac{n}{2^j}\right)=\displaystyle\sum_{k=0}^{2N-1}(-1)^{k-1}h_k\phi\left(\dfrac{n-2^{j-1}k}{2^{j-1}}\right),\\
\cdots\cdots
\end{cases}
$$

我们以 D4 小波的计算为例来说明上述算法.

例 6.6 考虑 D4 小波的计算. 第一步需要计算 $\phi(1)$ 和 $\phi(2)$, 由双尺度关系

$$
\phi(1)=h_1\phi(1)+h_0\phi(2),
$$

$$
\phi(2)=h_3\phi(1)+h_2\phi(2),
$$

其中

$$
\{h_0,h_1,h_2,h_3\}=\left\{\frac{1-\sqrt{3}}{4},\frac{3-\sqrt{3}}{4},\frac{3+\sqrt{3}}{4},\frac{1+\sqrt{3}}{4}\right\},
$$

我们知道上述两个方程完全等价. 为此加上 $\phi(1)+\phi(2)=1$ 条件, 可以求得

$$\begin{cases}\phi(1)=\dfrac{1+\sqrt{3}}{2},\\[2mm] \phi(2)=\dfrac{1-\sqrt{3}}{2}.\end{cases}$$

进一步, 我们可以求出

$$\phi\left(\frac{1}{2}\right)=h_0\phi(1)=\frac{(1+\sqrt{3})^2}{8},$$

$$\phi\left(\frac{3}{2}\right)=h_1\phi(2)+h_2\phi(1)=0,$$

$$\phi\left(\frac{5}{2}\right)=h_3\phi(2)=\frac{(1-\sqrt{3})^2}{8}.$$

同理可以求出尺度函数和小波函数在所有二等分点的值.

习　题　6

1. 证明 Daubechies 小波的消失矩定理 6.5.
2. 如果

$$\phi(x)=\begin{cases}\dfrac{1}{N}, & x\in[0,N],\\[2mm] 0, & 其他.\end{cases}$$

   证明: 如果 $N>1$, 则 $\{\phi(t-k)\}$ 不是标准正交的.
3. 如果 f, g 都有紧支集, 且 $f(t-k)$ 和 $g(t-k)$ 是同一个空间的标准正交基, 则存在 $\alpha\in C$, $|\alpha|=1$ 和 $n\in\mathbf{Z}$, 使得 $g(t)=\alpha f(t-n)$.
4. 求证: 如果 ϕ 是正交的尺度函数, 则 $\sum_{n\in\mathbf{Z}}\phi(t-n)=1$.
5. 设 $f(t)$ 是一个支集为 $[0,1]$ 的函数, 它在区间 $[\tau_k,\tau_{k+1}]_{0\leqslant k<K}$ 上是不同的 q 次多项式, 其中 $\tau_0=0,\tau_K=1$. 令 $\psi(t)$ 是有 p 阶消失矩的 Daubechies 小波.
   a) 如果 $q<p$, 在固定尺度 2^j 上计算非零小波系数 $\langle f,\psi_{j,n}\rangle$ 的个数, 为了使得这个个数最小, 如何选择 p?
   b) 如果 $q>p$, 在固定尺度 2^j 上非零小波系数 $\langle f,\psi_{j,n}\rangle$ 的最大个数是多少?

第 7 章 小 波 包

CHAPTER

在多分辨率分析的分解过程中, 对任意的 j, 有如下分解:

$$V_{j+1} = V_j \oplus W_j.$$

上面的分解就是将 V_{j+1} 中的元素 f_{j+1} 分解成 V_j 中的元素 f_j 和 W_j 中的元素 w_j 之和. 如果上面的分解没有达到给定的要求, 那么会继续对 V_j 做分解

$$V_{j+1} = V_{j-1} \oplus W_{j-1} \oplus W_j.$$

这个过程可以一直进行下去

$$V_{j+1} = V_{j-2} \oplus W_{j-2} \oplus W_{j-1} \oplus W_j = \cdots.$$

注意到, 每一次都是对尺度空间 V_j 进行分解, 小波空间 W_j 不再进行分解.

小波分解的目的是将信号分解成低频 (轮廓) 和高频 (细节) 两个部分, 然而信号在小波空间上的投影可能是信号的高频部分和低频部分的叠加. 从而, 上述的小波分解并不能达到完全将信号分解成高频和低频部分的目的. 所以, 传统的小波变换高频部分分辨率不高, 没能获得最好的结果.

对给定的信号, 如何得到一个更加合理的分解呢? 这里基本的想法是, 我们不仅仅对 V_j 做分解, 我们也会对小波空间 W_j 做分解. 这一想法带来的就是小波包分解. 虽然小波包分解也不能将轮廓和细节完全分开, 但是我们可以得到某种意义下最优的分解. 小波包分析是一种更加精细的分解方法, 它将信号进行多层次分解, 对多分辨率分析中没有分解的小波空间做进一步的分解. 然后根据信号自身的特点, 根据信号本身自适应地选择适合的分解. 图 7.1 的左边显示了基于多分辨率分析的分解模式, 而右边是小波包的分解模式.

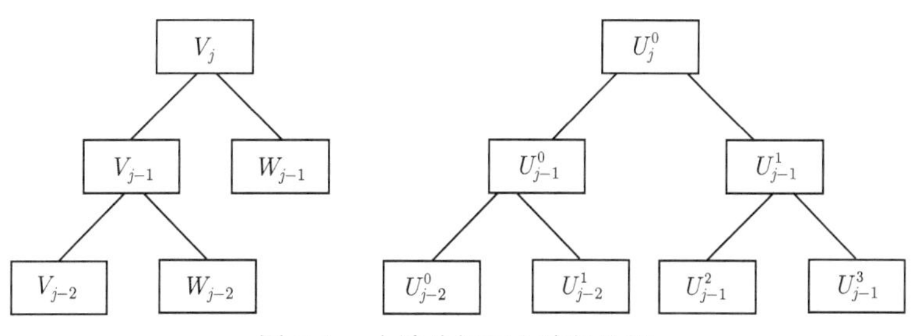

图 7.1 小波分解和小波包分解

7.1　小　波　包

第 5 章建立了多分辨率分析的框架, 该框架将 $L^2(\mathbf{R})$ 空间分解成一些子空间的直和

$$L^2(\mathbf{R}) = V_{j_0} \oplus_{k=j_0}^{\infty} W_k.$$

小波变换每一次分解都是对 V_j 进行, 而不再对 W_j 进行分解. 小波包的基本思想就是同时对 W_k 做分解. 为此, 我们引入下面的记号.

令 $\phi_0(x) = \phi(x)$, $\phi_1(x) = \psi(x)$, 则双尺度和小波关系如下:

$$\phi_0(x) = \sum_{k\in\mathbf{Z}} h_k \phi_0(2x-k),$$

$$\phi_1(x) = \sum_{k\in\mathbf{Z}} g_k \phi_0(2x-k),$$

其中, $g_k = (-1)^k \overline{h_{1-k}}$. 定义

$$\phi_{2l}(x) = \sum_{k\in\mathbf{Z}} h_k \phi_l(2x-k), \quad \phi_{2l+1}(x) = \sum_{k\in\mathbf{Z}} g_k \phi_l(2x-k), \quad l = 1, 2, \cdots. \tag{7.1}$$

定义 7.1　称由 (7.1) 式定义的函数列 $\{\phi_n(x)\}_{n\in\mathbf{Z}}$ 是由正交尺度函数 $\phi(x)$ 确定的正交小波包.

定理 7.1　设非负整数 n 的二进制表示为

$$n = \sum_{j=1}^{\infty} \epsilon_j 2^{j-1},$$

则小波包 $\phi_n(t)$ 的傅里叶变换为

$$\widehat{\phi}_n(\lambda) = \prod_{j=1}^{\infty} P_{\epsilon_j}\left(\frac{\lambda}{2^j}\right) \frac{1}{\sqrt{2\pi}},$$

其中,

$$P_0(\lambda) = \frac{1}{2}\sum_{k\in\mathbf{Z}} h_k \mathrm{e}^{-\mathrm{i}k\lambda}, \quad P_1(\lambda) = \frac{1}{2}\sum_{k\in\mathbf{Z}} g_k \mathrm{e}^{-\mathrm{i}k\lambda}.$$

证明　用归纳法. 当 $n = 0$ 或者 1 时, 由正交小波函数的多分辨率分析的构造方法, 易知上式成立. 假设上式对于 $0 \leqslant n < 2^m$ 都成立, 现设 $2^m \leqslant n < 2^{m+1}$, 则有

$$\epsilon_j = \begin{cases} 1, & j = m+1, \\ 0, & j > m+1. \end{cases}$$

$$n=\sum_{j=1}^{m+1}\epsilon_j 2^{j-1}=\sum_{j=2}^{m+1}\epsilon_j 2^{j-1}+\epsilon_1,$$

于是

$$\frac{n}{2}=\sum_{j=1}^{m}\epsilon_{j+1}2^{j-1}+\frac{\epsilon_1}{2}.$$

记 $n_1=[\frac{n}{2}]$, 由(7.1)式可知

$$\widehat{\phi}_n(\lambda)=P_{\epsilon_1}\left(\frac{\lambda}{2}\right)\widehat{\phi}_{n_1}\left(\frac{\lambda}{2}\right).$$

再由假设知

$$\widehat{\phi}_{n_1}\left(\frac{\lambda}{2}\right)=\prod_{j=1}^{\infty}P_{\epsilon_{j+1}}\left(\frac{\lambda}{2^j}\right)\frac{1}{\sqrt{2\pi}},$$

因而

$$\widehat{\phi}_n(\lambda)=\prod_{j=1}^{\infty}P_{\epsilon_j}\left(\frac{\lambda}{2^j}\right)\frac{1}{\sqrt{2\pi}}.$$

故原命题成立. #

定理 7.2 设 $\{\phi_n(x)\}_{n\in\mathbf{Z}}$ 由正交尺度函数 $\phi(x)$ 确定的正交小波包, 则对任意固定的 $n\in\mathbf{Z}$, $\{\phi_n(x-k)\}_{k\in\mathbf{Z}}$ 是标准正交的.

证明 仍用归纳法证明. 显然定理对于 $n=0,1$ 成立. 假设定理对于 $0\leqslant n<2^m$ 成立, 对于 $2^m\leqslant n<2^{m+1}$. 令 $n_1=\left[\dfrac{n}{2}\right]$, $\epsilon_1=n-2n_1$, 则

$$\begin{aligned}
\langle\phi_n(\bullet-j),\phi_n(\bullet-k)\rangle&=\int_{-\infty}^{\infty}|\widehat{\phi}_n(\lambda)|^2\mathrm{e}^{\mathrm{i}(k-j)\lambda}\mathrm{d}\lambda\\
&=\int_{-\infty}^{\infty}\left|P_{\epsilon_1}\left(\frac{\lambda}{2}\right)\right|^2\left|\widehat{\phi}_{n_1}\left(\frac{\lambda}{2}\right)\right|^2\mathrm{e}^{\mathrm{i}(k-j)\lambda}\mathrm{d}\lambda\\
&=\sum_{l\in\mathbf{Z}}\int_{4\pi l}^{4\pi(l+1)}\left|P_{\epsilon_1}\left(\frac{\lambda}{2}\right)\right|^2\left|\widehat{\phi}_{n_1}\left(\frac{\lambda}{2}\right)\right|^2\mathrm{e}^{\mathrm{i}(k-j)\lambda}\mathrm{d}\lambda\\
&=\int_{0}^{4\pi}\left|P_{\epsilon_1}\left(\frac{\lambda}{2}\right)\right|^2\mathrm{e}^{\mathrm{i}(k-j)\lambda}\sum_{l\in\mathbf{Z}}\left|\widehat{\phi}_{n_1}\left(\frac{\lambda}{2}+2\pi l\right)\right|^2\mathrm{d}\lambda.
\end{aligned}$$

因为

$$\sum_{l\in\mathbf{Z}}\left|\widehat{\phi}_{n_1}\left(\frac{\lambda}{2}+2\pi l\right)\right|^2=\frac{1}{2\pi},$$

$$|P_0(\lambda)|^2+|P_0(\lambda+\pi)|^2=1,$$
$$|P_1(\lambda)|^2+|P_1(\lambda+\pi)|^2=1,$$

从而

$$\begin{aligned}\langle\phi_n(\bullet-j),\phi_n(\bullet-k)\rangle&=\frac{1}{2\pi}\int_0^{4\pi}\left|P_{\epsilon_1}\left(\frac{\lambda}{2}\right)\right|^2\mathrm{e}^{\mathrm{i}(k-j)\lambda}\mathrm{d}\lambda\\&=\frac{1}{2\pi}\int_0^{2\pi}\left(\left|P_{\epsilon_1}\left(\frac{\lambda}{2}\right)\right|^2+\left|P_{\epsilon_1}\left(\frac{\lambda}{2}+\pi\right)\right|^2\right)\mathrm{e}^{\mathrm{i}(k-j)\lambda}\mathrm{d}\lambda\\&=\delta_{j,k}.\end{aligned}$$

原命题得证. #

定理 7.3 假设 $\{\phi_n(x)\}_{n\in\mathbf{Z}}$ 由正交尺度函数 $\phi(x)$ 确定的正交小波包, 则对任意固定的 $n\in\mathbf{Z}$, 函数列 $\{\phi_{2n}(x-k)\}_{k\in\mathbf{Z}}$, $\{\phi_{2n+1}(x-k)\}_{k\in\mathbf{Z}}$ 是正交的.

证明 由 Parseval 恒等式以及小波包函数的性质有

$$\begin{aligned}\langle\phi_{2n}(\bullet-j),\phi_{2n+1}(\bullet-k)\rangle&=\int_{-\infty}^{\infty}|\widehat{\phi}_n(\lambda)|^2P_0\left(\frac{\lambda}{2}\right)P_1\left(\frac{\lambda}{2}\right)\mathrm{e}^{\mathrm{i}(k-j)\lambda}\mathrm{d}\lambda\\&=\sum_{l\in\mathbf{Z}}\int_{4\pi l}^{4\pi(l+1)}P_0\left(\frac{\lambda}{2}\right)P_1\left(\frac{\lambda}{2}\right)\left|\widehat{\phi}_n\left(\frac{\lambda}{2}\right)\right|^2\mathrm{e}^{\mathrm{i}(k-j)\lambda}\mathrm{d}\lambda\\&=\sum_{l\in\mathbf{Z}}\int_0^{4\pi}P_0\left(\frac{\lambda}{2}\right)P_1\left(\frac{\lambda}{2}\right)\left|\widehat{\phi}_n\left(\frac{\lambda}{2}+2\pi l\right)\right|^2\mathrm{e}^{\mathrm{i}(k-j)\lambda}\mathrm{d}\lambda\\&=\frac{1}{2\pi}\int_0^{4\pi}P_0\left(\frac{\lambda}{2}\right)P_1\left(\frac{\lambda}{2}\right)\mathrm{e}^{\mathrm{i}(k-j)\lambda}\mathrm{d}\lambda\\&=\frac{1}{2\pi}\int_0^{2\pi}\left(P_0\left(\frac{\lambda}{2}\right)P_1\left(\frac{\lambda}{2}\right)\right.\\&\qquad\left.+P_0\left(\frac{\lambda}{2}+\pi\right)P_1\left(\frac{\lambda}{2}+\pi\right)\right)\mathrm{e}^{\mathrm{i}(k-j)\lambda}\mathrm{d}\lambda.\end{aligned}$$

注意到

$$P_0\left(\frac{\lambda}{2}\right)P_1\left(\frac{\lambda}{2}\right)+P_0\left(\frac{\lambda}{2}+\pi\right)P_1\left(\frac{\lambda}{2}+\pi\right)=0,$$

因此

$$\langle\phi_{2n}(\bullet-j),\phi_{2n+1}(\bullet-k)\rangle=0.$$ #

7.2 小波包正交分解

定理 7.4 令 $U_j^n = \mathrm{span}\{\phi_n(2^j x - k), k \in \mathbf{Z}\}$, 则对任意的非负整数 n 有

$$U_{j+1}^n = U_j^{2n} \oplus U_j^{2n+1}.$$

证明 很显然 U_j^{2n} 和 U_j^{2n+1} 是 U_{j+1}^n 的子空间, 而且 U_j^{2n} 和 U_j^{2n+1} 是彼此正交的. 因此只要证明, U_{j+1}^n 的基函数可以由 U_j^{2n} 和 U_j^{2n+1} 的基函数线性表示即可.

事实上, 由

$$\sum_{k\in\mathbf{Z}}(h_{l-2k}h_{m-2k} + g_{l-2k}g_{m-2k}) = 2\delta_{l,m}$$

可知

$$\begin{aligned}
&\frac{1}{2}\sum_{k\in\mathbf{Z}}[h_{m-2k}\phi_{2n}(2^j t - k) + g_{m-2k}\phi_{2n+1}(2^j t - k)]\\
&= \frac{1}{2}\sum_{k\in\mathbf{Z}}\sum_{l\in\mathbf{Z}}[h_{m-2k}h_l + g_{m-2k}g_l]\phi_n(2^{j+1}t - 2k - l)\\
&= \frac{1}{2}\sum_{k\in\mathbf{Z}}\sum_{p\in\mathbf{Z}}[h_{m-2k}h_{p-2k} + g_{m-2k}g_{p-2k}]\phi_n(2^{j+1}t - p)\\
&= \frac{1}{2}\sum_{l\in\mathbf{Z}}\left[\sum_{k\in\mathbf{Z}}(h_{m-2k}h_{l-2k} + g_{m-2k}g_{l-2k})\right]\phi_n(2^{j+1}t - l)\\
&= \sum_{l\in\mathbf{Z}}\delta_{l,m}\phi_n(2^{j+1}t - l)\\
&= \phi_n(2^{j+1}t - m).
\end{aligned}$$

亦即 U_{j+1}^n 的基函数可以由 U_j^{2n} 和 U_j^{2n+1} 的基函数线性表示, 故原命题成立. #

类似地, 我们可以很容易得到小波子空间的进一步的正交分解, 如图 7.2 所示. 图 7.3 给出了小波分解和小波包分解的不同.

定理 7.5 对任意的正整数 j 有

$$\begin{cases}
W_j = U_{j-1}^2 \oplus U_{j-1}^3,\\
\cdots\cdots\\
W_j = U_{j-k}^{2^k} \oplus U_{j-k}^{2^k+1} \oplus \cdots \oplus U_{j-k}^{2^{k+1}-1},\\
\cdots\cdots\\
W_j = U_0^{2^j} \oplus U_0^{2^j+1} \oplus \cdots \oplus U_0^{2^{j+1}-1}.
\end{cases} \tag{7.2}$$

进一步, $\{2^{\frac{j-k}{2}}\phi_{2^k+m}(2^{j-k}x-l)\}_{l\in\mathbf{Z}}$ 构成 $U_{j-k}^{2^k+m}$ 的一组标准正交基.

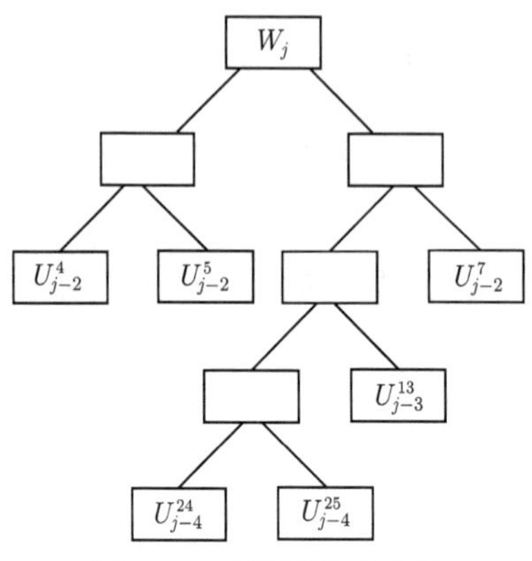

图 7.2　小波函数的分解

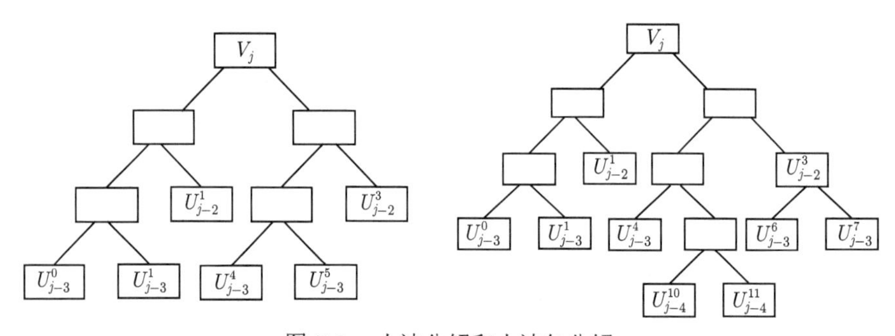

图 7.3　小波分解和小波包分解

定理 7.6　对任意的正整数 j 有

$$\begin{cases} V_j = U_{j-1}^0 \oplus U_{j-1}^1, \\ \cdots\cdots \\ V_j = U_{j-k}^0 \oplus U_{j-k}^1 \oplus \cdots \oplus U_{j-k}^{2^k-1}, \\ \cdots\cdots \\ V_j = U_0^0 \oplus U_0^1 \oplus \cdots \oplus U_0^{2^j-1}. \end{cases} \tag{7.3}$$

进一步, $\{2^{\frac{j-k}{2}}\phi_m(2^{j-k}x-l)\}_{l\in\mathbf{Z}}$ 构成 U_{j-k}^m 的一组标准正交基.

小波包的分解重构算法和基于多分辨率分析的小波的分解和重构算法非常类似. 假设

$$u_{j,k,l}(x) = 2^{\frac{j}{2}}\phi_k(2^jx-l)$$

是空间 U_j^k 的一组标准正交基. 注意到

$$U_{j+1}^n = U_j^{2n} \oplus U_j^{2n+1},$$

则有

$$f_{j+1,n}(x) = f_{j,2n}(x) + f_{j,2n+1}(x).$$

设

$$\begin{aligned}
f_{j+1,n}(x) &= \sum_{l\in\mathbf{Z}} c_{j+1,n,l}u_{j+1,n,l}(x),\\
f_{j,2n}(x) &= \sum_{l\in\mathbf{Z}} c_{j,2n,l}u_{j,2n,l}(x),\\
f_{j,2n+1}(x) &= \sum_{l\in\mathbf{Z}} c_{j,2n+1n,l}u_{j,2n+1,l}(x),
\end{aligned}$$

所谓分解算法就是已知 $c_{j+1,n,l}$, 计算 $c_{j,2n,l}$ 和 $c_{j,2n+1,l}$. 由于

$$\sum_{l\in\mathbf{Z}} c_{j+1,n,l}u_{j+1,n,l}(x) = \sum_{l\in\mathbf{Z}} c_{j,2n,l}u_{j,2n,l}(x) + \sum_{l\in\mathbf{Z}} c_{j,2n+1n,l}u_{j,2n+1,l}(x),$$

并且 $U_j^{2n} \perp U_j^{2n+1}$, 从而

$$c_{j,2n,l} = \sum_{k\in\mathbf{Z}} c_{j+1,n,k}\langle u_{j+1,n,k}(x), u_{j,2n,l}(x)\rangle.$$

由

$$\phi_{2l}(x) = \sum_{k\in\mathbf{Z}} h_k\phi_l(2x-k)$$

可得

$$\begin{aligned}
u_{j,2n,l}(x) &= 2^{\frac{j}{2}}\phi_{2n}(2^jx-l)\\
&= 2^{\frac{j}{2}}\sum_{k\in\mathbf{Z}} h_k\phi_n(2^{j+1}x-2l-k)\\
&= 2^{\frac{j}{2}}\sum_{k\in\mathbf{Z}} h_{k-2l}\phi_n(2^jx-k)\\
&= 2^{-\frac{1}{2}}\sum_{k\in\mathbf{Z}} h_{k-2l}u_{j,2n,k}(x),
\end{aligned}$$

于是

$$c_{j,2n,l} = 2^{-\frac{1}{2}} \sum_{k \in \mathbf{Z}} c_{j+1,n,k} \overline{h_{k-2l}}.$$

同理, 由

$$\phi_{2l+1}(x) = \sum_{k \in \mathbf{Z}} g_k \phi_l(2x-k)$$

可得

$$\begin{aligned} u_{j,2n+1,l}(x) &= 2^{\frac{j}{2}} \psi_{2n+1}(2^j x - l) \\ &= 2^{\frac{j}{2}} \sum_{k \in \mathbf{Z}} g_k \phi_n(2^j x - 2l - k) \\ &= 2^{\frac{j}{2}} \sum_{k \in \mathbf{Z}} g_{k-2l} \phi(2^j x - k) \\ &= 2^{-\frac{1}{2}} \sum_{k \in \mathbf{Z}} g_{k-2l} u_{j,n,k}(x), \end{aligned}$$

于是

$$c_{j,2n+1,l} = 2^{-\frac{1}{2}} \sum_{k \in \mathbf{Z}} c_{j+1,n,k} \overline{g_{k-2l}}.$$

即我们从 $c_{j+1,n,l}$ 计算出了 $c_{j,2n,l}$ 和 $c_{j,2n+1,l}$.

下面考虑重构算法. 所谓重构算法就是已知 $c_{j,2n,l}$ 和 $c_{j,2n+1,l}$, 计算 $c_{j+1,n,l}$. 由

$$\phi_{j-1,l}(t) = 2^{-\frac{1}{2}} \sum_{k \in \mathbf{Z}} h_{k-2l} \phi_{j,k}(t),$$

$$\psi_{j-1,l}(t) = 2^{-\frac{1}{2}} \sum_{k \in \mathbf{Z}} g_{k-2l} \phi_{j,k}(t)$$

及 $f_{j+1,n}(x) = f_{j,2n}(x) + f_{j,2n+1}(x)$, 易得

$$c_{j+1,n,l} = 2^{-\frac{1}{2}} \sum_{k \in \mathbf{Z}} c_{j,2n,k} h_{l-2k} + 2^{-\frac{1}{2}} \sum_{k \in \mathbf{Z}} c_{j,2n+1,k} g_{l-2k}.$$

7.3　最优小波包分解算法

本节给出小波包的分解方法, 并在此基础上给出最优小波包的分解重构算法.

7.3.1 小波库

小波分解事实上就是将 $L^2(\mathbf{R})$ 做直和分解, 从而得到

$$L^2(\mathbf{R}) = \bigoplus_{j\in\mathbf{Z}} W_j,$$

即小波分析的分解方式是每一次都是将尺度空间分解, 保持得到的小波空间不变. 但是, 由 7.2 节结论可知, $L^2(\mathbf{R})$ 存在不同的直和分解方式, 比如, 如果按照定理 7.5 的分解, 我们有

$$L^2(\mathbf{R}) = \bigoplus_{j\in\mathbf{Z}} \bigoplus_{i=0}^{2^k-1} U_{j-k}^{2^k+i}.$$

上式表明, 对于任意的 $f \in L^2(\mathbf{R})$, 存在系数 $c_{i,j,k,l}$, 使得

$$\begin{aligned} f(x) &= \sum_{j\in\mathbf{Z}} \sum_{l\in\mathbf{Z}} \sum_{i=0}^{2^k-1} c_{i,j,k,l} u_{j-k,2^k+i,l}(x) \\ &= \sum_{j\in\mathbf{Z}} \sum_{l\in\mathbf{Z}} \sum_{i=0}^{2^k-1} c_{i,j,k,l} 2^{\frac{j-k}{2}} \phi_{2^k+i}(2^{j-k}x - l). \end{aligned}$$

同样, 对于其他分解, 也可以得到 $L^2(\mathbf{R})$ 的一组标准正交基. 可以将每一个分解对应的基函数称为一个小波包分解, 并将所有的小波包分解构成一个集合, 称为小波包分解仓库. 这就面临一个问题, 对于给定的信号, 如何找到最优的小波包分解方式.

7.3.2 代价函数

为了找到最优分解, 首先需要定义什么是最优. 最优性一般是通过一个代价函数来刻画的. 代价函数是将一个信号在小波包变换中的某个空间的投影的系数作为输入, 返回这个系数对应的代价大小, 即将 l^2 空间的一个序列映射到一个实数. 代价函数可以根据特定的应用来选择, 但是需要满足一些基本条件. 给定两个有限长度的序列 a, b, 假设它们连接在一起的序列为 $[a, b]$, 则代价函数必须满足下面两个性质:

(1) 代价函数 $M(x)$ 对长度有限的向量具有可加性, 即 $M([a,b]) = M(a) + M(b)$;

(2) $M(0) = 0$, 其中 0 是指零向量.

代价函数有多种定义, 这里给出基于信息论中熵的一种代价函数的定义. 首先介绍熵的概念.

给定一个符号集合 $\{a_k\}$, 符号 a_k 生成的概率为 $p_k, 0 \leqslant p_k \leqslant 1$. 那么符号 a_k 的自信息量定义为

$$I(a_k) = -\log p_k,$$

单位为比特 (bit). 自信息的加权平均

$$H(X) = \sum_{k=1}^{K} p_k I(a_k) = -\sum_{k=1}^{K} p_k \log p_k$$

称为系统或者随机变量 X 的熵. 显然熵是一个非负数.

我们知道, 事件发生的概率相差越大, 其不确定性越小; 反之事件发生的概率越平均, 其不确定性越大. 熵的大小反映了一个信号的不确定性, 确定性高的系统的熵会小, 确定性低的系统的熵要大. 比如, 一个系统 X 的符号集合是 $\{a, b, c\}$, 它们生成的概率分别是 $p(a) = 0.98$, $p(b) = 0.01$, $p(c) = 0.01$. 另外一个系统 Y 的符号集合是 $\{d, e, f\}$, 生成的概率分别是 $p(d) = p(e) = p(f) = \frac{1}{3}$. 那么对第一个系统, 产生 a 的可能性最大, 因此这个系统的不确定就小. 而第二个系统产生 d, e, f 的可能性都一样, 从而不确定性要大. 可以算得它们的熵分别为

$$H(X) = -0.98 \log 0.98 - 0.01 \log 0.01 - 0.01 \log 0.01 = 0.0723,$$
$$H(Y) = -\log \frac{1}{3} = 1.0986,$$

可以看出, 熵的大小确实反映了系统的不确定性.

我们还可以从另外一个角度来看熵: 熵反映了信息分布集中或者发散的情况. 比如, 在上面的例子中, a 发生的概率最大, 即第一个系统的信息主要集中在 a 中, 而在第二个系统中, 每一个信息出现的概率相同, 可以说信息比较发散. 分布集中的熵小, 而分布分散的熵大.

参考熵的定义, 对于一个可数序列 $a = \{a_k\}$, 定义其代价函数 M 为

$$M(a) = -\sum_{n} p_n \log p_n, \tag{7.4}$$

其中,

$$p_n = \frac{|a_n|^2}{\sum_k |a_k|^2}. \tag{7.5}$$

在上面的定义中, 如果 $|a_i|$ 的数值相差不大, 则 p_i 的分布均匀, 同理, 如果只有少数的 $|a_i|$ 的数值较大, 则 p_i 的分布会比较集中. 从而类似于熵, $M(a)$ 也会反映

$|a_i|$ 的数值分布情况. 如果只有几个 a_k 较大, 其余都很小, 那么 $M(a)$ 较小; 反之如果多数的 $|a_k|$ 差别不大, 则 $M(a)$ 较大.

但是, 上面定义的代价函数没有可加性. 如果我们将一个序列 $\{a_k\}$ 分成两部分 $\{a_k^1\}$ 和 $\{a_k^2\}$, 可以验证

$$M(a) \neq M(a^1) + M(a^2).$$

为此, 我们需要对上述函数做进一步改进. 事实上, 对于 $\{a_k\}$, 记

$$\lambda(a) = -\sum_k |a_k|^2 \log |a_k|^2. \tag{7.6}$$

则

$$\begin{aligned}
M(a) &= -\sum_n p_n \log p_n = -\sum_n \frac{|a_n|^2}{\sum_k |a_k|^2} \log \frac{|a_n|^2}{\sum_k |a_k|^2} \\
&= -\frac{1}{\sum_k |a_k|^2} \sum_n |a_n|^2 \left(\log |a_n|^2 - \log \left(\sum_k |a_k|^2 \right) \right) \\
&= -\frac{\sum_n |a_n|^2 \log |a_n|^2}{\sum_k |a_k|^2} + \frac{\sum_n |a_n|^2 \log \sum_k |a_k|^2}{\sum_k |a_k|^2} \\
&= \frac{\lambda(a)}{\sum_k |a_k|^2} + \log \left(\sum_k |a_k|^2 \right).
\end{aligned}$$

可以看出, $M(a)$ 和 $\lambda(a)$ 保持正的线性关系, 即它们是同时增加和减少. 由于 $M(a)$ 可以反映 $|a_i|$ 数值大小分布的集中和分散程度, $\lambda(a)$ 也可以反映 $|a_i|$ 的分布的集中和分散程度. 和 $M(a)$ 不同的是, $\lambda(a)$ 具有可加性.

7.3.3 最优小波包基函数的选取

设函数 $0 \neq f(x) \in L^2(\mathbf{R})$, $\{f_n\}$ 为 $L^2(\mathbf{R})$ 的一组标准正交基, 设

$$f(x) = \sum_n a_n f_n(x).$$

设 f 可以分解为彼此正交的两个函数 f^1 和 f^2 之和, 即有

$$f(x) = f^1(x) + f^2(x), \quad \langle f^1, f^2 \rangle = 0.$$

假设 $\{f_n^i\}$ 是 f^i 的标准正交基, a_n^i 是 f^i 展开的系数, $i = 1, 2$. 如果代价函数满足 $\lambda(a) < \lambda(a^1) + \lambda(a^2)$, 则称 $\{f_n\}$ 优于 $\{f_n^1, f_n^2\}$, 否则称后者优于前者.

据此, 我们可以给出最优小波包基函数的选取方法. 记

$$u_{j,k,l}(x) = 2^{\frac{j}{2}}\phi_k(2^j x - l).$$

给定函数 f, 我们的目标是在指定分解层数 J 的条件下, 求出 f 的最优小波包基. 为清晰起见, 我们利用树结构来进行表述, 并称之为分解树. 首先是确定分解层数 J, 这一步和多分辨率分析的方法一样, 一般没有严格的标准. f 变化越平缓, J 可以取得越小, 否则, J 可以取得越大. 当层次 J 确定后, 小波包分解树可以通过下面迭代步骤获得.

(1) 初始化: 求出分解层数 J, 计算 f 在当前层分解的系数

$$f = f_{0,J} \in V_J = U_J^0 = \sum_{l\in\mathbf{Z}} c_{J,0,l} u_{J-1,0,l}(x).$$

(2) 迭代构建小波包树:

(a) 由 $U_J^0 = U_{J-1}^0 \oplus U_{J-1}^1$, 有

$$f_{0,J} = f_{0,J-1} + f_{1,J-1} \doteq \sum_{l\in\mathbf{Z}} c_{J-1,0,l} u_{J-1,0,l}(x) + \sum_{l\in\mathbf{Z}} c_{J-1,1,l} u_{J-1,1,l}(x).$$

如果 $\lambda([c_{J,0,l}]) < \lambda([c_{J-1,0,l}]) + \lambda([c_{J-1,1,l}])$, 那么不需要对 U_J^0 做分解; 否则, 对 U_J^0 分解.

(b) 对空间 U_{J-k}^m, 由于

$$U_{J-k}^m = U_{J-k-1}^{2m} \oplus U_{J-k-1}^{2m+1},$$

从而

$$\begin{aligned}\sum_{l\in\mathbf{Z}} c_{J-k,m,l} u_{J-k,m,l}(x) = &\sum_{l\in\mathbf{Z}} c_{J-k-1,2m,l} u_{J-k-1,2m,l}(x)\\ &+ \sum_{l\in\mathbf{Z}} c_{J-k-1,2m+1,l} u_{J-k-1,2m+1,l}(x).\end{aligned}$$

如果 $\lambda\left([c_{J-k,m,l}]\right) < \lambda\left([c_{J-k-1,2m,l}]\right) + \lambda\left([c_{J-k-1,2m+1,l}]\right)$, 那么不需要对 U_{J-k}^m 做分解; 否则, 对 U_{J-k}^m 分解.

我们看两个具体例子.

例 7.1 我们以图 7.4 为例来说明构建小波包树的算法. 假设某个信号分解的根结点的代价函数的值为 55.96, 我们首先对它做分解, 分解的两个结点对应的信号的代价函数的值分别是 24.51 和 29.32. 由于 $55.96 > 24.51 + 29.32$, 因而需要对根结点分解. 对于第二层的两个结点, 同样计算分解后的代价函数的值, 假设这些值如图 7.4 所示. 根据代价函数是否满足 $\lambda(a) < \lambda(a^1) + \lambda(a^2)$ 决定是否对结点做进一步分解. 最后这个信号的小波包分解树就是图 7.4 中的黑色粗线所示.

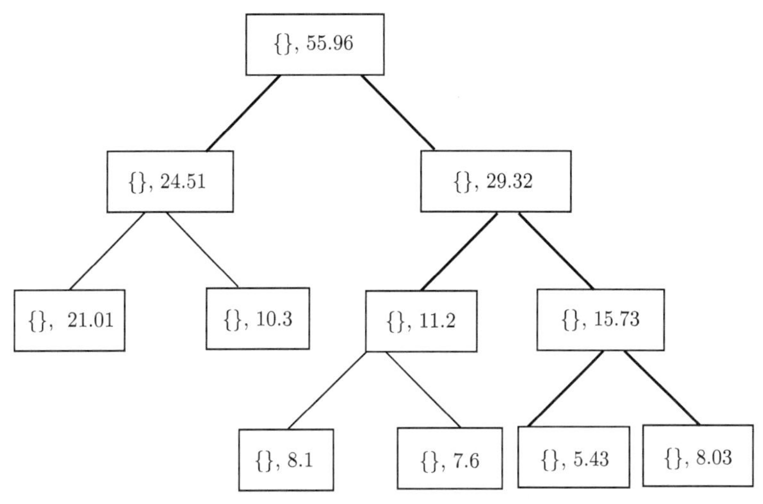

图 7.4 例 7.1 对应的小波包分解树

例 7.2 给定信号

$$a_0^0 = [32, 10, 20, 38, 37, 28, 38, 34, 18, 24, 18, 9, 23, 24, 28, 34].$$

用 Haar 小波对上述信号做小波变换得到变换后的信号为

$$[25.93, 3.68, -4.6, -5.0, -4, -1.75, 3.75, -3.75, 11, -9, 4.5, 2, -3, 4.5, -0.5, -3].$$

Haar 小波分解对应的分解树如图 7.5 所示.

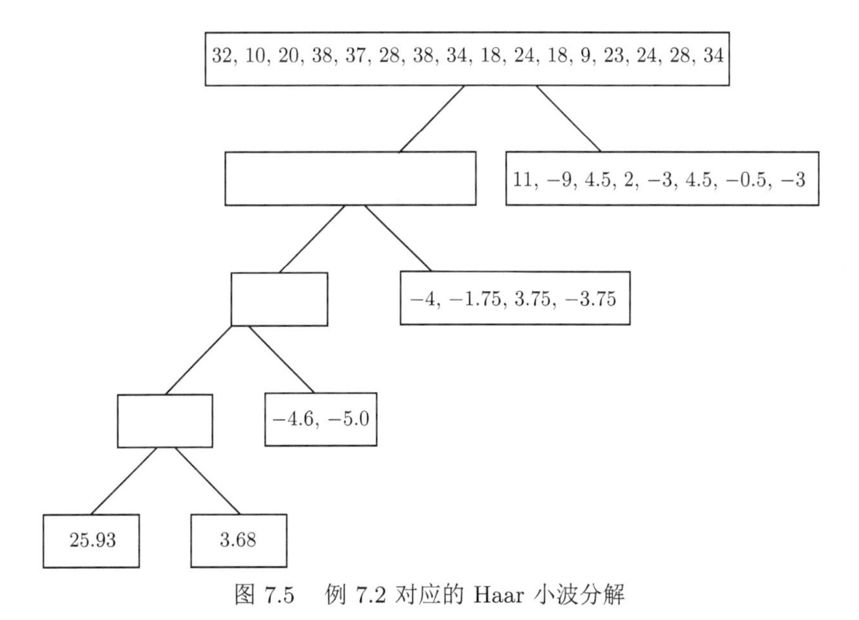

图 7.5 例 7.2 对应的 Haar 小波分解

如果我们采用小波包分解, 则可以进一步改进上述变换结果. 这里我们使用一个简单的代价函数

$$M(a) = \sum_{k\in\mathbf{Z}} (a[k] > \delta)?1:0,$$

即该信号中的元素大于 δ 的个数, 在这个例子中我们令 $\delta = 1$.

首先我们对 a_0^0 应用 Haar 小波分解算法得到该信号的平均部分和细节部分:

$$a_1^0 = [21, 29, 32.5, 36, 21, 13.5, 23.5, 31],$$

$$a_1^1 = [11, -9, 4.5, 2, -3, 4.5, -0.5, -3].$$

注意到 $M(a_0^0) = 16 > M(a_1^0) + M(a_1^1) = 15$, 所以需要对 a_0^0 做分解.

分别对 a_1^0 和 a_1^1 做 Haar 小波分解, 得到

$$a_2^0 = [25, 34.25, 17.25, 27.25], \quad a_2^1 = [-4, -1.75, 3.75, -3.75],$$

$$a_2^2 = [1, 3.25, 0.75, -1.75], \quad a_2^3 = [10, 1.25, -3.75, 1.25].$$

可以验证

$$M(a_1^0) = 8 = M([a_2^0, a_2^1]) = 8,$$

$$M(a_1^1) = 7 > M([a_2^2, a_2^3]) = 6,$$

因而需要同时对 a_1^0 和 a_1^1 做分解.

分别对 $a_2^0, a_2^1, a_2^2, a_2^3$ 做 Haar 小波分解, 得到

$$a_3^0 = [29.6, 22.2], \quad a_3^1 = [-4.6, -5.0], \quad a_3^2 = [-2.8, 0.0], \quad a_3^3 = [-1.12, 3.75],$$

$$a_3^4 = [2.12, -0.5], \quad a_3^5 = [-1.12, 1.2], \quad a_3^6 = [5.6, -1.2], \quad a_3^7 = [4.3, -2.5].$$

可以验证

$$M(a_2^0) = 4 = M([a_3^0, a_3^1]) = 4,$$

$$M(a_2^1) = 4 > M([a_3^2, a_3^3]) = 3,$$

$$M(a_2^2) = 2 < M([a_3^4, a_3^5]) = 3,$$

$$M(a_2^3) = 4 = M([a_3^6, a_3^7]) = 4,$$

所以, 我们需要对 a_2^0, a_2^1 和 a_2^3 做分解, 而不需要对 a_2^2 做进一步的分解.

最终的分解树如图 7.6 所示.

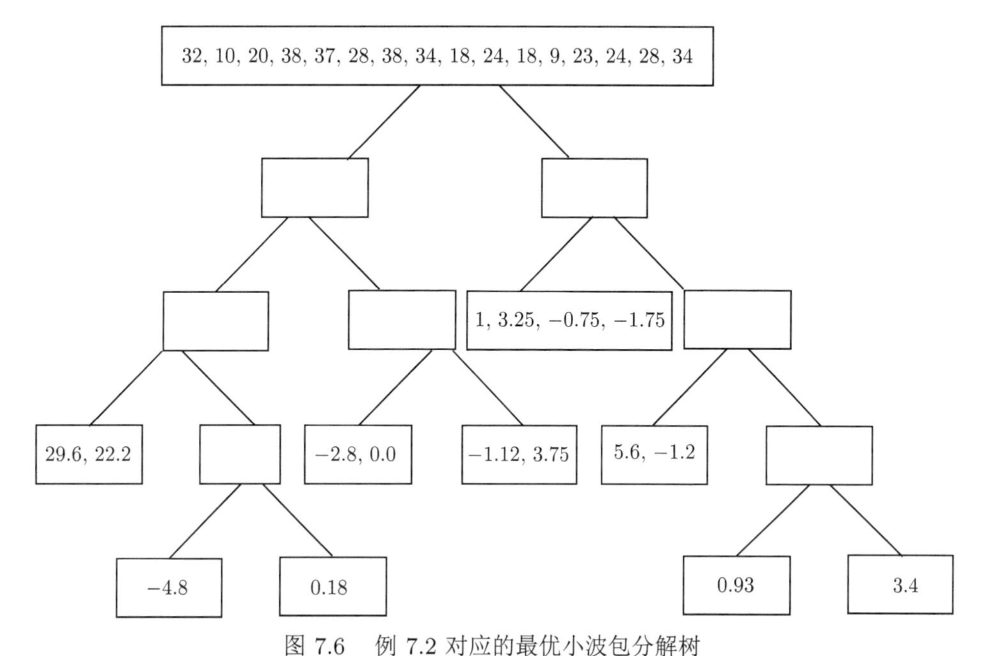

图 7.6 例 7.2 对应的最优小波包分解树

习 题 7

1. 证明 $M(a)$ 不满足可加性.
2. 证明 $\lambda(a)$ 具有可加性.
3. 证明定理 7.5 和定理 7.6.
4. 比较例 7.2 中 Haar 小波和 Haar 小波包的压缩效果.

第 8 章 提升小波

CHAPTER

经典小波分析是在傅里叶分析的基础上发展起来的, 因此它在一定程度上受到傅里叶分析的限制. 小波分析的两个核心概念: 小波变换和多分辨率分析都是建立在小波的二进伸缩平移的基础上的, 我们称之为第一代小波. 1996 年, Sweldens 提出了不依赖傅里叶变换的小波的提升方法[20,21]. 提升小波主要具有下列优势:

(1) 可以用来构造第一代小波. 对于第一代小波, 提升技术可以提高小波的消失矩, 构造具有插值性质的小波等, 同时可以加深对第一代小波的理解.

(2) 能够改进第一代小波的算法性能. 提升小波提供了一种比 Mallat 算法更快的实现方法, 而且完全是原位计算, 并且更加容易推广到边界情况.

(3) 可用于构造第二代小波. 由于提升小波摆脱了傅里叶变换的限制, 同时满足小波变换的优良性质, 该思想可以用来构造复杂区域上的小波变换.

8.1 多分辨率分析

这一节利用 Z 变换重新解读多分辨率分析的分解和重构算法.

定义 8.1 序列 $x=\{\cdots,x_{-1},x_0,x_1,\cdots\}\in l^2$ 的 Z 变换定义为该序列到复函数 $x(z)$ 的映射, 其中 $x:C\to C$,

$$x(z)=\sum_{j\in\mathbf{Z}}x_jz^{-j},$$

其中 $z=\mathrm{e}^{\mathrm{i}\phi}$.

假设 $\{x_i\}$ 对应的 Z 变换是 $x(z)$, 它的偶序列对应的 Z 变换是 $x_e(z)$, 即

$$x_e(z)=\sum_{j\in\mathbf{Z}}x_{2j}z^{-j},$$

则

$$x_e(z^2)=\sum_{j\in\mathbf{Z}}x_{2j}z^{-2j}=\frac{x(z)+x(-z)}{2}.$$

同理, $\{x_i\}$ 的奇序列对应的 Z 变换 $x_o(z)$ 满足

$$x_o(z^2)=\sum_{j\in\mathbf{Z}}x_{2j+1}z^{-2j}=\frac{z(x(z)-x(-z))}{2}.$$

于是

$$\begin{pmatrix} x_e(z^2)\\ x_o(z^2)\end{pmatrix}=\begin{pmatrix}\dfrac{1}{2} & \dfrac{1}{2}\\ \dfrac{z}{2} & -\dfrac{z}{2}\end{pmatrix}\begin{pmatrix} x(z)\\ x(-z)\end{pmatrix}. \tag{8.1}$$

假设一个多分辨率分析的双尺度系数是 h_k, 则分解重构算法如下:

- 分解算法

$$\begin{cases} c_{j-1,l}=2^{-\frac{1}{2}}\sum\limits_{k\in\mathbf{Z}}c_{j,k}\overline{h_{k-2l}},\\ d_{j-1,l}=2^{-\frac{1}{2}}\sum\limits_{k\in\mathbf{Z}}c_{j,k}\overline{g_{k-2l}},\end{cases}$$

- 重构算法

$$c_{j,l}=2^{-\frac{1}{2}}\sum_{k\in\mathbf{Z}}c_{j-1,k}h_{l-2k}+2^{-\frac{1}{2}}\sum_{k\in\mathbf{Z}}d_{j-1,k}g_{l-2k}.$$

下面利用 Z 变换重新理解分解与重构算法. 记 $h(z)$, $g(z)$ 是序列 $\{h_k\}$ 和 $\{g_k\}$ 对应的 Z 变换, 即

$$h(z)=\sum_{k\in\mathbf{Z}}h_kz^{-k},\quad g(z)=\sum_{k\in\mathbf{Z}}g_kz^{-k}.$$

则由双尺度系数和小波系数的性质可知

$$g(z)=z^{-1}\overline{h}(-z^{-1}),\quad \overline{g}(z)=z^{-1}h(-z^{-1}).$$

设 $h_e(z)$, $h_o(z)$, $g_e(z)$, $g_o(z)$ 是序列 $\{h_k\}$ 和 $\{g_k\}$ 的偶数项和奇数项对应的 Z 变换, 即

$$h_e(z)=\sum_{k\in\mathbf{Z}}h_{2k}z^{-k},\quad g_e(z)=\sum_{k\in\mathbf{Z}}g_{2k}z^{-k},$$
$$h_o(z)=\sum_{k\in\mathbf{Z}}h_{2k+1}z^{-k},\quad g_o(z)=\sum_{k\in\mathbf{Z}}g_{2k+1}z^{-k}.$$

则

$$h_e(z^2)=\frac{h(z)+h(-z)}{2},\quad h_o(z^2)=\frac{h(z)-h(-z)}{2z^{-1}},$$

$$g_e(z^2) = \frac{g(z)+g(-z)}{2}, \quad g_o(z^2) = \frac{g(z)-g(-z)}{2z^{-1}}.$$

下面计算分解和重构算法在 Z 变换下的表达形式. 设 $c^j(z)$ 和 $d^j(z)$ 是序列 $\{c_{j,k}\}$ 和 $\{d_{j,k}\}$ 对应的 Z 变换. 对于分解算法,

$$\begin{aligned}
c^{j-1}(z^2) &= \sum_{l\in\mathbf{Z}} c_{j-1,l} z^{-2l} \\
&= 2^{-\frac{1}{2}} \sum_{l\in\mathbf{Z}} \left(\sum_{k\in\mathbf{Z}} c_{j,k} \overline{h_{k-2l}} \right) z^{-2l} \\
&= 2^{-\frac{1}{2}} \sum_{l\in\mathbf{Z}} \sum_{k\in\mathbf{Z}} c_{j,k} z^{-k} \overline{h_{k-2l}} z^{k-2l}.
\end{aligned}$$

另一方面,

$$\begin{aligned}
&\frac{c^j(z)\overline{h}(z^{-1}) + c^j(-z)\overline{h}(-z^{-1})}{2} \\
=& \frac{\sum_{k\in\mathbf{Z}} c_{j,k} z^{-k} \left(\sum_{l\in\mathbf{Z}} \overline{h_{k-l}} z^{k-l} + (-1)^k \sum_{l\in\mathbf{Z}} \overline{h_{k-l}} (-1)^l z^{k-l} \right)}{2} \\
=& \sum_{l\in\mathbf{Z}} \sum_{k\in\mathbf{Z}} c_{j,k} z^{-k} \overline{h_{k-2l}} z^{k-2l}.
\end{aligned}$$

因此

$$c^{j-1}(z^2) = 2^{-\frac{1}{2}} \frac{c^j(z)\overline{h}(z^{-1}) + c^j(-z)\overline{h}(-z^{-1})}{2}.$$

同理

$$d^{j-1}(z^2) = 2^{-\frac{1}{2}} \frac{c^j(z)\bar{g}(z^{-1}) + c^j(-z)\bar{g}(-z^{-1})}{2}.$$

于是

$$\begin{aligned}
&\begin{pmatrix} c^{j-1}(z^2) \\ d^{j-1}(z^2) \end{pmatrix} \\
=& 2^{-\frac{1}{2}} \begin{pmatrix} \dfrac{\bar{h}(z^{-1})}{2} & \dfrac{\bar{h}(-z^{-1})}{2} \\ \dfrac{\bar{g}(z^{-1})}{2} & \dfrac{\bar{g}(-z^{-1})}{2} \end{pmatrix} \begin{pmatrix} c^j(z) \\ c^j(-z) \end{pmatrix} \\
=& 2^{-\frac{1}{2}} \begin{pmatrix} \dfrac{\bar{h}(z^{-1})}{2} & \dfrac{\bar{h}(-z^{-1})}{2} \\ \dfrac{\bar{g}(z^{-1})}{2} & \dfrac{\bar{g}(-z^{-1})}{2} \end{pmatrix} \begin{pmatrix} 1 & z^{-1} \\ 1 & -z^{-1} \end{pmatrix} \begin{pmatrix} \dfrac{1}{2} & \dfrac{1}{2} \\ \dfrac{z}{2} & -\dfrac{z}{2} \end{pmatrix} \begin{pmatrix} c^j(z) \\ c^j(-z) \end{pmatrix}
\end{aligned}$$

$$
\begin{aligned}
&= 2^{-\frac{1}{2}} \begin{pmatrix} \dfrac{\bar{h}(z^{-1})}{2} & \dfrac{\bar{h}(-z^{-1})}{2} \\ \dfrac{\bar{g}(z^{-1})}{2} & \dfrac{\bar{g}(-z^{-1})}{2} \end{pmatrix} \begin{pmatrix} 1 & z^{-1} \\ 1 & -z^{-1} \end{pmatrix} \begin{pmatrix} c_e^j(z^2) \\ c_o^j(z^2) \end{pmatrix} \\
&= 2^{-\frac{1}{2}} \begin{pmatrix} \dfrac{\bar{h}(z^{-1}) + \bar{h}(-z^{-1})}{2} & \dfrac{\bar{h}(z^{-1}) - \bar{h}(-z^{-1})}{2z} \\ \dfrac{\bar{g}(z^{-1}) + \bar{g}(-z^{-1})}{2} & \dfrac{\bar{g}(z^{-1}) - \bar{g}(-z^{-1})}{2z} \end{pmatrix} \begin{pmatrix} c_e^j(z^2) \\ c_o^j(z^2) \end{pmatrix} \\
&= 2^{-\frac{1}{2}} \begin{pmatrix} \bar{h}_e(z^{-2}) & \bar{h}_o(z^{-2}) \\ \bar{g}_e(z^{-2}) & \bar{g}_o(z^{-2}) \end{pmatrix} \begin{pmatrix} c_e^j(z^2) \\ c_o^j(z^2) \end{pmatrix}.
\end{aligned}
$$

如果定义 h 和 g 的多相位矩阵为

$$
\boldsymbol{P}(z) = \begin{pmatrix} h_e(z) & g_e(z) \\ h_o(z) & g_o(z) \end{pmatrix},
$$

则小波的分解算法可以表示为

$$
\begin{pmatrix} c^{j-1}(z^2) \\ d^{j-1}(z^2) \end{pmatrix} = 2^{-\frac{1}{2}} \overline{\boldsymbol{P}}(z^{-2})^{\mathrm{T}} \begin{pmatrix} c_e^j(z^2) \\ c_o^j(z^2) \end{pmatrix}.
$$

接下来我们看一下重构算法. 易算得

$$
\begin{aligned}
c^j(z) &= \sum_{l\in\mathbf{Z}} c_{j,l} z^{-l} = 2^{-\frac{1}{2}} \sum_{l\in\mathbf{Z}} \left(\sum_{k\in\mathbf{Z}} c_{j-1,k} h_{l-2k} + d_{j-1,k} g_{l-2k} \right) z^{-l} \\
&= 2^{-\frac{1}{2}} \sum_{l\in\mathbf{Z}} \left(\sum_{k\in\mathbf{Z}} c_{j-1,k} z^{-2k} h_{l-2k} z^{-(l-2k)} + d_{j-1,k} z^{-2k} g_{l-2k} z^{-(l-2k)} \right) \\
&= 2^{-\frac{1}{2}} \left(c^{j-1}(z^2) h(z) + d^{j-1}(z^2) g(z) \right).
\end{aligned}
$$

在上式中, 用 $-z$ 取代 z, 可得

$$
c^j(-z) = 2^{-\frac{1}{2}} \left(c^{j-1}(z^2) h(-z) + d^{j-1}(z^2) g(-z) \right).
$$

从而

$$
\begin{pmatrix} c_e^j(z^2) \\ c_o^j(z^2) \end{pmatrix} = \begin{pmatrix} \dfrac{1}{2} & \dfrac{1}{2} \\ \dfrac{z}{2} & -\dfrac{z}{2} \end{pmatrix} \begin{pmatrix} c^j(z) \\ c^j(-z) \end{pmatrix}
$$

$$= 2^{-\frac{1}{2}} \begin{pmatrix} \frac{1}{2} & \frac{1}{2} \\ \frac{z}{2} & -\frac{z}{2} \end{pmatrix} \begin{pmatrix} h(z) & g(z) \\ h(-z) & g(-z) \end{pmatrix} \begin{pmatrix} c^{j-1}(z^2) \\ d^{j-1}(z^2) \end{pmatrix}$$

$$= 2^{-\frac{1}{2}} \begin{pmatrix} h_e(z^2) & g_e(z^2) \\ h_o(z^2) & g_o(z^2) \end{pmatrix} \begin{pmatrix} c^{j-1}(z^2) \\ d^{j-1}(z^2) \end{pmatrix}$$

$$= 2^{-\frac{1}{2}} \boldsymbol{P}(z^2) \begin{pmatrix} c^{j-1}(z^2) \\ d^{j-1}(z^2) \end{pmatrix}.$$

所以, 在 Z 变换下, 分解重构算法可以写成下面的形式:

$$\begin{pmatrix} c^{j-1}(z) \\ d^{j-1}(z) \end{pmatrix} = 2^{-\frac{1}{2}} \overline{\boldsymbol{P}}(z^{-1})^{\mathrm{T}} \begin{pmatrix} c_e^j(z) \\ c_o^j(z) \end{pmatrix}, \tag{8.2}$$

$$\begin{pmatrix} c_e^j(z) \\ c_o^j(z) \end{pmatrix} = 2^{-\frac{1}{2}} \boldsymbol{P}(z) \begin{pmatrix} c^{j-1}(z) \\ d^{j-1}(z) \end{pmatrix}. \tag{8.3}$$

小波完全重构的条件可以写成

$$\boldsymbol{P}(z)\overline{\boldsymbol{P}}(z^{-1})^{\mathrm{T}} = 2I.$$

可以证明, 如果多相位矩阵是来自于多分辨分析, 则 $\boldsymbol{P}(z)$ 的行列式等于 -2 (见习题).

8.2　提升小波的构造

从 8.1 节的分析可以看出, 多分辨率分析的分解重构算法可以直接通过多相位矩阵 $\boldsymbol{P}(z)$ 确定. 因此为了简化分析重构算法, 一个自然的想法是将多相位矩阵 $\boldsymbol{P}(z)$ 分解成一系列简单矩阵的乘积, 使得每一个简单矩阵具有明确的分解与重构意义. Daubechies 和 Sweldens 研究了多相位矩阵因子分解, 给出了小波变换提升的理论基础.

定理 8.1　如果 $\boldsymbol{P}(z)$ 的行列式等于 -2, 则总存在 Laurent 多项式 $u_i(z)$, $p_i(z)$, $1 \leqslant i \leqslant m$ 和非零的常数 K, 使得

$$\boldsymbol{P}(z) = \prod_{i=1}^{m} \begin{pmatrix} 1 & u_i(z) \\ 0 & 1 \end{pmatrix} \begin{pmatrix} 1 & 0 \\ p_i(z) & 1 \end{pmatrix} \begin{pmatrix} K & 0 \\ 0 & -\frac{2}{K} \end{pmatrix}, \tag{8.4}$$

其中 $p_m(z) = 0$.

我们略去这个定理的证明, 证明可以参考 [19], 这里只给出 $u_i(z)$ 和 $p_i(z)$ 的计算方法.

8.2.1 多相位矩阵的因子分解

首先我们给出 Laurent 多项式的欧几里得算法. 给定 $\{h_k, k \in \mathbf{Z}\}$, 其中在 $k_a \leqslant k \leqslant k_b$ 之外的 k 都有 $h_k = 0$, 那么 $\{h_k\}$ 对应的 Z 变换就是一个 Laurent 多项式 $h(z)$:

$$h(z) = \sum_{k=k_a}^{k_b} h_k z^{-k},$$

其中 $h(z)$ 的次数是

$$|h(z)| = k_b - k_a.$$

两个 Laurent 多项式的带余除法可以表述为: 给定两个 Laurent 多项式 $a(z)$ 和 $b(z)$, 其中 $b(z) \neq 0$, $|a(z)| \geqslant |b(z)|$, 则一定存在 Laurent 多项式 $q(z)$ 和 $r(z)$, 使得 $a(z) = b(z)q(z) + r(z)$, 其中 $|q(z)| = |a(z)| - |b(z)|$, $|r(z)| < |b(z)|$ 或者 $r(z) = 0$.

和多项式的带余除法不同, Laurent 多项式的带余除法的商和余数不是唯一的. 例如, 对于 $a(z) = z^{-1} + 4 + z$, $b(z) = 1 + z$, 则 $q(z) = z^{-1} + 1$, $r(z) = 3$ 和 $q(z) = 3z^{-1} + 1$, $r(z) = -2z^{-1}$ 是两组商与余式.

算法 8.1 给出了 Laurent 多项式带余除法的欧几里得算法.

算法 8.1 Laurent 多项式带余除法的欧几里得算法

输入 两个 Laurent 多项式 $a(z)$, $b(z)$.

输出 $q_i(z)$, $r(z)$, 使得

$$\begin{pmatrix} a(z) \\ b(z) \end{pmatrix} = \prod_{i=1}^{n} \begin{pmatrix} q_i(z) & 1 \\ 1 & 0 \end{pmatrix} \begin{pmatrix} r(z) \\ 0 \end{pmatrix}. \tag{8.5}$$

1. 设 $a_0(z) = a(z)$, $b_0(z) = b(z)$.
2. **for** i **do**

$$a_{i+1}(z) = b_i(z), b_{i+1}(z) = a_i(z)\%b_i(z),$$

$$q_{i+1}(z) = \frac{a_i(z) - b_{i+1}(z)}{b_i(z)},$$

其中 % 表示余式运算.

3. **if** $b_{i+1}(z) = 0$ 且 $i + 1$ 是偶数 **then**
4. $r(z) = b_i(z)$
5. **return** $q_i(z)$, $r(z)$

在上述的算法中, 假设算法结束时 $i+1=n$, 则由算法的计算过程可得

$$\begin{pmatrix} a_{i+1}(z) \\ b_{i+1}(z) \end{pmatrix} = \begin{pmatrix} 0 & 1 \\ 1 & -q_{i+1}(z) \end{pmatrix} \begin{pmatrix} a_i(z) \\ b_i(z) \end{pmatrix}.$$

从而,

$$\begin{pmatrix} a_n(z) \\ 0 \end{pmatrix} = \prod_{i=n}^{1} \begin{pmatrix} 0 & 1 \\ 1 & -q_i(z) \end{pmatrix} \begin{pmatrix} a(z) \\ b(z) \end{pmatrix},$$

这等价于

$$\begin{aligned} \begin{pmatrix} a(z) \\ b(z) \end{pmatrix} &= \prod_{i=1}^{n} \begin{pmatrix} q_i(z) & 1 \\ 1 & 0 \end{pmatrix} \begin{pmatrix} a_n(z) \\ 0 \end{pmatrix} \\ &= \begin{pmatrix} q_1(z) & 0 \\ 1 & 0 \end{pmatrix} \begin{pmatrix} q_2(z) & 1 \\ 1 & 0 \end{pmatrix} \prod_{i=3}^{n} \begin{pmatrix} q_i(z) & 1 \\ 1 & 0 \end{pmatrix} \begin{pmatrix} a_n(z) \\ 0 \end{pmatrix}. \end{aligned}$$

又因为

$$\begin{pmatrix} q_i(z) & 1 \\ 1 & 0 \end{pmatrix} = \begin{pmatrix} 1 & q_i(z) \\ 0 & 1 \end{pmatrix} \begin{pmatrix} 0 & 1 \\ 1 & 0 \end{pmatrix} = \begin{pmatrix} 0 & 1 \\ 1 & 0 \end{pmatrix} \begin{pmatrix} 1 & 0 \\ q_i(z) & 1 \end{pmatrix}.$$

从而,

$$\begin{aligned} \begin{pmatrix} q_1(z) & 1 \\ 1 & 0 \end{pmatrix} \begin{pmatrix} q_2(z) & 1 \\ 1 & 0 \end{pmatrix} &= \begin{pmatrix} 1 & q_i(z) \\ 0 & 1 \end{pmatrix} \begin{pmatrix} 0 & 1 \\ 1 & 0 \end{pmatrix} \begin{pmatrix} 0 & 1 \\ 1 & 0 \end{pmatrix} \begin{pmatrix} 1 & 0 \\ q_i(z) & 1 \end{pmatrix} \\ &= \begin{pmatrix} 1 & q_1(z) \\ 0 & 1 \end{pmatrix} \begin{pmatrix} 1 & 0 \\ q_2(z) & 1 \end{pmatrix}, \end{aligned}$$

所以

$$\begin{pmatrix} a(z) \\ b(z) \end{pmatrix} = \prod_{i=1}^{n/2} \begin{pmatrix} 1 & q_{2i-1}(z) \\ 0 & 1 \end{pmatrix} \begin{pmatrix} 1 & 0 \\ q_{2i}(z) & 1 \end{pmatrix} \begin{pmatrix} a_n(z) \\ 0 \end{pmatrix}. \tag{8.6}$$

下面介绍定理 8.1 给出的矩阵分解中 u_i 和 p_i 的计算方法.

首先对 $h_e(z)$ 和 $h_o(z)$ 应用欧几里得算法, 可得到式 (8.6),

$$\begin{pmatrix} h_e(z) \\ h_o(z) \end{pmatrix} = \prod_{i=1}^{m-1} \begin{pmatrix} 1 & u_i(z) \\ 0 & 1 \end{pmatrix} \begin{pmatrix} 1 & 0 \\ p_i(z) & 1 \end{pmatrix} \begin{pmatrix} K \\ 0 \end{pmatrix}.$$

设 $p_e(z), p_o(z)$ 满足下式:

$$\begin{pmatrix} h_e(z) & p_e(z) \\ h_o(z) & p_o(z) \end{pmatrix} = \prod_{i=1}^{m-1} \begin{pmatrix} 1 & u_i(z) \\ 0 & 1 \end{pmatrix} \begin{pmatrix} 1 & 0 \\ p_i(z) & 1 \end{pmatrix} \begin{pmatrix} K & 0 \\ 0 & -\dfrac{2}{K} \end{pmatrix}.$$

下面我们计算 $u_m(z)$, 使得式(8.4)成立.

由

$$\boldsymbol{P}(z) = \prod_{i=1}^{m-1} \begin{pmatrix} 1 & u_i(z) \\ 0 & 1 \end{pmatrix} \begin{pmatrix} 1 & 0 \\ p_i(z) & 1 \end{pmatrix} \begin{pmatrix} 1 & u_m \\ 0 & 1 \end{pmatrix} \begin{pmatrix} K & 0 \\ 0 & -\dfrac{2}{K} \end{pmatrix}$$

以及

$$\begin{aligned} \begin{pmatrix} 1 & u_m \\ 0 & 1 \end{pmatrix} \begin{pmatrix} K & 0 \\ 0 & -\dfrac{2}{K} \end{pmatrix} &= \begin{pmatrix} K & -\dfrac{2u_m(z)}{K} \\ 0 & -\dfrac{2}{K} \end{pmatrix} \\ &= \begin{pmatrix} K & 0 \\ 0 & -\dfrac{2}{K} \end{pmatrix} \begin{pmatrix} 1 & -\dfrac{2u_m(z)}{K^2} \\ 0 & 1 \end{pmatrix}, \end{aligned}$$

可得

$$\boldsymbol{P}(z) = \prod_{i=1}^{m-1} \begin{pmatrix} 1 & u_i(z) \\ 0 & 1 \end{pmatrix} \begin{pmatrix} 1 & 0 \\ p_i(z) & 0 \end{pmatrix} \begin{pmatrix} K & 0 \\ 0 & -\dfrac{2}{K} \end{pmatrix} \begin{pmatrix} 1 & -\dfrac{2u_m(z)}{K^2} \\ 0 & 1 \end{pmatrix}.$$

从而

$$\begin{pmatrix} 1 & -\dfrac{2u_m(z)}{K^2} \\ 0 & 1 \end{pmatrix} = \begin{pmatrix} h_e(z) & p_e(z) \\ h_o(z) & p_o(z) \end{pmatrix}^{-1} \boldsymbol{P}(z).$$

由此解得

$$u_m(z) = \frac{K^2}{4} \left(p_o(z) g_e(z) - p_e(z) g_o(z) \right). \tag{8.7}$$

完整的多相位矩阵分解算法如下.

- 对 $h_e(z)$ 和 $h_o(z)$ 应用欧几里得算法算得 $u_i(z), p_i(z), i=1,\cdots,m-1$ 和 K, 则

$$\begin{pmatrix} h_e(z) \\ h_o(z) \end{pmatrix} = \prod_{i=1}^{m-1} \begin{pmatrix} 1 & u_i(z) \\ 0 & 1 \end{pmatrix} \begin{pmatrix} 1 & 0 \\ p_i(z) & 1 \end{pmatrix} \begin{pmatrix} K \\ 0 \end{pmatrix}.$$

- 计算 $p_e(z)$ 和 $p_o(z)$, 使得

$$\begin{pmatrix} h_e(z) & p_e(z) \\ h_o(z) & p_o(z) \end{pmatrix} = \prod_{i=1}^{m-1} \begin{pmatrix} 1 & u_i(z) \\ 0 & 1 \end{pmatrix} \begin{pmatrix} 1 & 0 \\ p_i(z) & 1 \end{pmatrix} \begin{pmatrix} K & 0 \\ 0 & -\dfrac{2}{K} \end{pmatrix}.$$

- 计算 $u_m(z)$:

$$u_m(z) = \frac{K^2}{4}(p_o(z)g_e(z) - p_e(z)g_o(z)).$$

- 最终得到 $\boldsymbol{P}(z)$ 的分解

$$\boldsymbol{P}(z) = \prod_{i=1}^{m} \begin{pmatrix} 1 & u_i(z) \\ 0 & 1 \end{pmatrix} \begin{pmatrix} 1 & 0 \\ p_i(z) & 1 \end{pmatrix} \begin{pmatrix} K & 0 \\ 0 & -\dfrac{2}{K} \end{pmatrix},$$

其中 $p_m(z) = 0$.

例 8.1 我们先看一下 Haar 小波的多相位矩阵的分解.

在 Haar 小波多相位矩阵的分解中, $h_0 = h_1 = 1$, 从而

$$\boldsymbol{P}(z) = \begin{pmatrix} 1 & 1 \\ 1 & -1 \end{pmatrix}.$$

按照算法流程, 记 $a_0(z) = h_e(z) = 1, b_0(z) = h_o(z) = 1$, 利用欧几里得算法, 先令 $a_1(z) = b_0(z) = 1$, 那么由

$$a_0(z) = -1 \times b_0(z) + 2, \quad b_1(z) = a_0(z)\%b_0(z) = 2,$$

得 $q_1(z) = -1, a_2(z) = b_1(z) = 2$.

再由

$$a_1(z) = \frac{1}{2} \times b_1(z) + 0, \quad b_2(z) = a_1(z)\%b_1(z) = 0,$$

得 $q_2(z) = \dfrac{1}{2}, K = a_2(z) = 2$.

因此

$$\begin{pmatrix} h_e(z) \\ h_o(z) \end{pmatrix} = \begin{pmatrix} q_1(z) & 1 \\ 1 & 0 \end{pmatrix} \begin{pmatrix} q_2(z) & 1 \\ 1 & 0 \end{pmatrix} \begin{pmatrix} K \\ 0 \end{pmatrix}$$
$$= \begin{pmatrix} 1 & -1 \\ 0 & 1 \end{pmatrix} \begin{pmatrix} 1 & 0 \\ \frac{1}{2} & 1 \end{pmatrix} \begin{pmatrix} 2 \\ 0 \end{pmatrix}.$$

另一方面

$$\begin{pmatrix} p_e(z) \\ p_o(z) \end{pmatrix} = \begin{pmatrix} 1 & -1 \\ 0 & 1 \end{pmatrix} \begin{pmatrix} 1 & 0 \\ \frac{1}{2} & 1 \end{pmatrix} \begin{pmatrix} 0 \\ -1 \end{pmatrix} = \begin{pmatrix} 1 \\ -1 \end{pmatrix},$$

所以

$$u_2(z) = p_o(z)g_e(z) - p_e(z)g_o(z) = 0.$$

从而得到 Haar 小波多相位矩阵的分解

$$\boldsymbol{P}(z) = \begin{pmatrix} 1 & -1 \\ 0 & 1 \end{pmatrix} \begin{pmatrix} 1 & 0 \\ \frac{1}{2} & 1 \end{pmatrix} \begin{pmatrix} 2 & 0 \\ 0 & -1 \end{pmatrix}.$$

例 8.2 我们再看一下 D4 小波的多相位矩阵的分解.

在 D4 小波的多相位矩阵中, $h_0 = \dfrac{1+\sqrt{3}}{4}$, $h_1 = \dfrac{3+\sqrt{3}}{4}$, $h_2 = \dfrac{3-\sqrt{3}}{4}$, $h_3 = \dfrac{1-\sqrt{3}}{4}$, 从而

$$\boldsymbol{P}(z) = \begin{pmatrix} h_0 + h_2 z^{-1} & h_3 z + h_1 \\ h_1 + h_3 z^{-1} & -h_2 z - h_0 \end{pmatrix}.$$

记 $a_0(z) = h_e(z) = \dfrac{1+\sqrt{3}}{4} + \dfrac{3-\sqrt{3}}{4}z^{-1}$, $b_0(z) = h_o(z) = \dfrac{3+\sqrt{3}}{4} + \dfrac{1-\sqrt{3}}{4}z^{-1}$, 利用欧几里得算法, 先令 $a_1(z) = b_0(z) = \dfrac{3+\sqrt{3}}{4} + \dfrac{1-\sqrt{3}}{4}z^{-1}$, 由

$$a_0(z) = \frac{3-\sqrt{3}}{1-\sqrt{3}} \times b_0(z) + 1 + \sqrt{3}, \quad b_1(z) = a_0(z) \% b_0(z) = 1 + \sqrt{3},$$

得 $q_1(z) = \dfrac{3-\sqrt{3}}{1-\sqrt{3}} = -\sqrt{3}$, $a_2(z) = b_1(z) = 1+\sqrt{3}$.

再由

$$a_1(z) = \left(-\frac{2-\sqrt{3}}{4}z^{-1} + \frac{\sqrt{3}}{4}\right) \times b_1(z) + 0, \quad b_2(z) = a_1(z)\%b_1(z) = 0,$$

得 $q_2(z) = -\dfrac{2-\sqrt{3}}{4}z^{-1} + \dfrac{\sqrt{3}}{4}$, $K = a_2(z) = 1+\sqrt{3}$.

于是 D4 小波的多相位矩阵的分解为

$$\begin{aligned}\begin{pmatrix} h_e(z) \\ h_o(z) \end{pmatrix} &= \begin{pmatrix} q_1(z) & 1 \\ 1 & 0 \end{pmatrix}\begin{pmatrix} q_2(z) & 1 \\ 1 & 0 \end{pmatrix}\begin{pmatrix} K \\ 0 \end{pmatrix} \\ &= \begin{pmatrix} 1 & -\sqrt{3} \\ 0 & 1 \end{pmatrix}\begin{pmatrix} 1 & 0 \\ -\dfrac{2-\sqrt{3}}{4}z^{-1} + \dfrac{\sqrt{3}}{4} & 1 \end{pmatrix}\begin{pmatrix} 1+\sqrt{3} \\ 0 \end{pmatrix},\end{aligned}$$

进而

$$\begin{aligned}\begin{pmatrix} p_e(z) \\ p_o(z) \end{pmatrix} &= \begin{pmatrix} 1 & -\sqrt{3} \\ 0 & 1 \end{pmatrix}\begin{pmatrix} 1 & 0 \\ -\dfrac{2-\sqrt{3}}{4}z^{-1} + \dfrac{\sqrt{3}}{4} & 1 \end{pmatrix}\begin{pmatrix} 0 \\ 1-\sqrt{3} \end{pmatrix} \\ &= \begin{pmatrix} 3-\sqrt{3} \\ 1-\sqrt{3} \end{pmatrix},\end{aligned}$$

以及

$$u_2(z) = \frac{K^2}{4}(p_o(z)g_e(z) - p_e(z)g_o(z)) = z.$$

最终得到 D4 小波多相位矩阵的分解

$$\boldsymbol{P}(z) = \begin{pmatrix} 1 & -\sqrt{3} \\ 0 & 1 \end{pmatrix}\begin{pmatrix} 1 & 0 \\ -\dfrac{2-\sqrt{3}}{4}z^{-1} + \dfrac{\sqrt{3}}{4} & 1 \end{pmatrix}\begin{pmatrix} 1 & z \\ 0 & 1 \end{pmatrix}\begin{pmatrix} 1+\sqrt{3} & 0 \\ 0 & 1-\sqrt{3} \end{pmatrix}.$$

8.2.2 提升算法

基于多相位矩阵的分解, 我们可以方便地给出提升算法. 由于

$$\boldsymbol{P}(z) = \prod_{i=1}^{m}\begin{pmatrix} 1 & u_i(z) \\ 0 & 1 \end{pmatrix}\begin{pmatrix} 1 & 0 \\ p_i(z) & 1 \end{pmatrix}\begin{pmatrix} K & 0 \\ 0 & -\dfrac{2}{K} \end{pmatrix},$$

所以

$$
\boldsymbol{P}^{-1}(z)=\begin{pmatrix}\dfrac{1}{K} & 0\\ 0 & -\dfrac{K}{2}\end{pmatrix}\prod_{i=m}^{1}\begin{pmatrix}1 & 0\\ -p_i(z) & 1\end{pmatrix}\begin{pmatrix}1 & -u_i(z)\\ 0 & 1\end{pmatrix}.
$$

因此

$$
\begin{aligned}
\begin{pmatrix}c^{j-1}(z)\\ d^{j-1}(z)\end{pmatrix}&=2\frac{1}{\sqrt{2}}\boldsymbol{P}^{-1}(z)\begin{pmatrix}c_e^j(z)\\ c_o^j(z)\end{pmatrix}\\
&=\begin{pmatrix}\dfrac{\sqrt{2}}{K} & 0\\ 0 & -\dfrac{K}{\sqrt{2}}\end{pmatrix}\prod_{i=m}^{1}\begin{pmatrix}1 & 0\\ -p_i(z) & 1\end{pmatrix}\begin{pmatrix}1 & -u_i(z)\\ 0 & 1\end{pmatrix}\begin{pmatrix}c_e^j(z)\\ c_o^j(z)\end{pmatrix}.
\end{aligned}
$$

基于上式可以得到小波分解算法如下.

- 计算函数 $c_e^j(z)$ 和 $c_o^j(z)$. 这相当于对 $c^j(z)$ 做一次懒小波变换, 即提取偶序列和奇序列.
- 对每一个 $i=1$ 到 $i=m$, 重复下述操作:
  - 利用 $u_i(z)$ 由奇序列 $c_o^j(z)$ 预测偶序列 $c_e^j(z)$. 由矩阵乘法

    $$
    \begin{pmatrix}1 & -u_i(z)\\ 0 & 1\end{pmatrix}\begin{pmatrix}c_e^j(z)\\ c_o^j(z)\end{pmatrix}=\begin{pmatrix}c_e^j(z)-u_i(z)c_o^j(z)\\ c_o^j(z)\end{pmatrix}
    $$

    知, 奇序列 $c_o^j(z)$ 保持不变, 偶序列 $c_e^j(z)$ 更新为 $c_e^j(z)-u_i(z)c_o^j(z)$.
  - 再通过 $p_i(z)$ 由偶序列 $c_o^j(z)$ 更新奇序列. 由矩阵乘法

    $$
    \begin{pmatrix}1 & 0\\ -p_i(z) & 1\end{pmatrix}\begin{pmatrix}c_e^j(z)\\ c_o^j(z)\end{pmatrix}=\begin{pmatrix}c_e^j(z)\\ c_o^j(z)-p_i(z)c_e^j(z)\end{pmatrix}
    $$

    知, 偶序列 $c_e^j(z)$ 保持不变, 奇序列 $c_o^j(z)$ 更新为 $c_o^j(z)-p_i(z)c_e^j(z)$.
- 最后对处理好的序列做一个放缩操作.

上述算法表明, 小波变换可以通过由懒小波变换后经过若干次的预测和更新操作得到.

对于重构算法, 神奇的是重构算法就是将前面的分解算法反过来操作即可. 事实上, 由

$$
\begin{pmatrix}c_e^j(z)\\ c_o^j(z)\end{pmatrix}=\prod_{i=1}^{m}\begin{pmatrix}1 & u_i(z)\\ 0 & 1\end{pmatrix}\begin{pmatrix}1 & 0\\ p_i(z) & 1\end{pmatrix}\begin{pmatrix}\dfrac{K}{\sqrt{2}} & 0\\ 0 & -\dfrac{\sqrt{2}}{K}\end{pmatrix}\begin{pmatrix}c^{j-1}(z)\\ d^{j-1}(z)\end{pmatrix}
$$

知, 重构算法可以如下表述.

- 对序列做一个放缩操作.
- 对每一个 $i=m$ 到 $i=1$, 重复如下操作:
  - 通过 $p_i(z)$ 由偶序列 $c_o^j(z)$ 更新奇序列. 由矩阵乘法

$$\begin{pmatrix} 1 & 0 \\ p_i(z) & 1 \end{pmatrix}\begin{pmatrix} c_e^{j-1}(z) \\ c_o^{j-1}(z) \end{pmatrix}=\begin{pmatrix} c_e^{j-1}(z) \\ c_o^{j-1}(z)+p_i(z)c_e^{j-1}(z) \end{pmatrix}$$

知, 偶序列 $c_e^{j-1}(z)$ 保持不变, 奇序列 $c_o^{j-1}(z)$ 更新为 $c_o^{j-1}(z)+p_i(z)c_e^{j-1}(z)$.

  - 利用 $u_i(z)$ 由奇序列 $c_o^{j-1}(z)$ 计算偶序列 $c_e^{j-1}(z)$. 由矩阵乘法

$$\begin{pmatrix} 1 & u_i(z) \\ 0 & 1 \end{pmatrix}\begin{pmatrix} c_e^{j-1}(z) \\ c_o^{j-1}(z) \end{pmatrix}=\begin{pmatrix} c_e^{j-1}(z)+u_i(z)c_o^{j-1}(z) \\ c_o^{j-1}(z) \end{pmatrix}$$

知, 奇序列 $c_o^{j-1}(z)$ 保持不变, 偶序列 $c_e^{j-1}(z)$ 更新为 $c_e^{j-1}(z)+u_i(z)c_o^{j-1}(z)$.

- 将得到的偶序列和奇序列合成整个序列.

注意到, 小波提升过程是对任意两个相邻的层次进行的 (第 j 层和第 $j-1$ 层), 而提升的过程和 j 无关, 因此为了简化记号, 下面用 $e_0(z)$ 和 $o_0(z)$ 代替 $c_e^j(z)$ 和 $c_o^j(z)$, 并记每一步新生成的序列分别是 $e_i(z)$ 和 $o_i(z)$, $i=1,\cdots,m$. 设

$$u_i(z)=\sum_k u_k^i z^{-k},$$

$$p_i(z)=\sum_k p_k^i z^{-k},$$

$e_i(z)$ 和 $o_i(z)$ 表示序列 $\{e_k^i\}$ 和 $\{e_k^i\}$, $i=1,\cdots,m$ 的 Z 变换, 它们满足递推关系

$$\begin{pmatrix} e_i(z) \\ o_i(z) \end{pmatrix}=\begin{pmatrix} 1 & 0 \\ -p_i(z) & 1 \end{pmatrix}\begin{pmatrix} 1 & -u_i(z) \\ 0 & 1 \end{pmatrix}\begin{pmatrix} e_{i-1}(z) \\ o_{i-1}(z) \end{pmatrix},$$

则

$$e_i(z)=e_{i-1}(z)-u_i(z)o_{i-1}(z),$$

$$o_i(z)=o_{i-1}(z)-p_i(z)e_i(z).$$

用序列表示就是

$$e_k^i=e_k^{i-1}-\sum_{l\in\mathbf{Z}} u_l^i o_{k-l}^{i-1},$$

$$o_k^i = o_k^{i-1} - \sum_{l \in \mathbf{Z}} p_l^i e_{k-l}^i.$$

下面给出提升算法的具体步骤, 按照 $u_1(z)$ 是否为零分两种情况处理. 先考虑 $u_1(z) \neq 0$ 的情形.

- 步骤 1 做懒小波变换

$$e_k^0 = x_{2k},$$

$$o_k^0 = x_{2k+1}.$$

- 步骤 2 提升和对偶提升, 对 $i = 1, \cdots, m$, 令

$$e_k^i = e_k^{i-1} - \sum_{l \in \mathbf{Z}} u_l^i o_{k-l}^{i-1},$$

$$o_k^i = o_k^{i-1} - \sum_{l \in \mathbf{Z}} p_l^i e_{k-l}^i.$$

- 步骤 3 做比例变换

$$e_k^m = e_k^m \frac{\sqrt{2}}{K},$$

$$o_k^m = -o_k^m \frac{K}{\sqrt{2}}.$$

重构算法和分解算法非常类似, 就是将上述步骤反而为之.

- 步骤 1 比例变换

$$e_k^m = e_k^m \frac{K}{\sqrt{2}},$$

$$o_k^m = -o_k^m \frac{\sqrt{2}}{K}.$$

- 步骤 2 提升和对偶提升, 对 $i = m, \cdots, 1$, 令

$$o_k^{i-1} = o_k^i + \sum_{l \in \mathbf{Z}} p_l^i e_{k-l}^i,$$

$$e_k^{i-1} = e_k^i + \sum_{l \in \mathbf{Z}} u_l^i o_{k-l}^{i-1}.$$

- 步骤 3 懒小波提取

$$x_{2k} = e_k^0,$$

$$x_{2k+1} = o_k^0.$$

对于 $u_1(z)=0$ 的情形, 注意到

$$\boldsymbol{P}(z)=\begin{pmatrix}1&0\\p_1(z)&1\end{pmatrix}\prod_{i=2}^{m}\begin{pmatrix}1&u_i(z)\\0&1\end{pmatrix}\begin{pmatrix}1&0\\p_i(z)&1\end{pmatrix}\begin{pmatrix}K&0\\0&-\frac{2}{K}\end{pmatrix}.$$

令 $v_i(z)=u_{i+1}(z)$, 则

$$\boldsymbol{P}(z)=\prod_{i=1}^{m-1}\begin{pmatrix}1&0\\p_i(z)&1\end{pmatrix}\begin{pmatrix}1&v_i(z)\\0&1\end{pmatrix}\begin{pmatrix}K&0\\0&-\frac{2}{K}\end{pmatrix}.$$

所以当 $u_1(z)=0$ 时, 在懒小波变换后, 首先通过 $p_1(z)$ 用偶序列预测奇序列, 然后通过 $u_2(z)$ 用奇序列来更新偶序列, 反复利用这个过程得到小波变换.

8.3　提升小波的例子

基于 8.2 节给出的分解重构算法, 我们来看一下两个常见小波的提升算法实现过程.

例 8.3　我们先看一下 Haar 小波的提升实现过程. 由

$$\boldsymbol{P}(z)=\begin{pmatrix}1&-1\\0&1\end{pmatrix}\begin{pmatrix}1&0\\\frac{1}{2}&1\end{pmatrix}\begin{pmatrix}2&0\\0&-1\end{pmatrix}$$

可知, 提升实现如下:

$$\begin{aligned}&e_k^0=x_{2k},\quad o_k^0=x_{2k+1},\\&e_k^1=e_k^0+o_k^0,\\&o_k^1=o_k^0-\frac{1}{2}e_k^1,\\&e_k^1=\frac{e_k^1}{\sqrt{2}},\quad o_k^1=-\sqrt{2}o_k^1.\end{aligned}$$

例 8.4　我们再看一下 D4 小波的提升实现过程. 由于

$$\boldsymbol{P}(z)=\begin{pmatrix}1&-\sqrt{3}\\0&1\end{pmatrix}\begin{pmatrix}1&0\\-\frac{2-\sqrt{3}}{4}z^{-1}+\frac{\sqrt{3}}{4}&1\end{pmatrix}\begin{pmatrix}1&z\\0&1\end{pmatrix}\begin{pmatrix}1+\sqrt{3}&0\\0&1-\sqrt{3}\end{pmatrix},$$

因此, 小波提升过程如下:

$$e_k^0=x_{2k},\quad o_k^0=x_{2k+1},$$

$$e_k^1 = e_k^0 + \sqrt{3}o_k^0,$$

$$o_k^1 = o_k^0 - \frac{\sqrt{3}}{4}e_k^1 + \frac{2-\sqrt{3}}{4}e_{k-1}^1,$$

$$e_k^2 = e_k^1 - o_{k+1}^1.$$

$$o_k^2 = o_k^1.$$

$$e_k^2 = \frac{\sqrt{2}e_k^2}{\sqrt{3}+1}, \quad o_k^2 = \frac{\sqrt{3}-1}{\sqrt{2}}o_k^2.$$

8.4 提升小波与信号处理

由 8.3 节的描述可知, 一个提升算法由三个步骤组成: 分裂、预测与更新. 假设 $x[n]$ 是原始信号, n 为偶数. 信号的提升小波分解过程如图 8.1 所示, 其中 $s[n]$ 为 $x[n]$ 的低频分量, $d[n]$ 为 $x[n]$ 的高频分量.

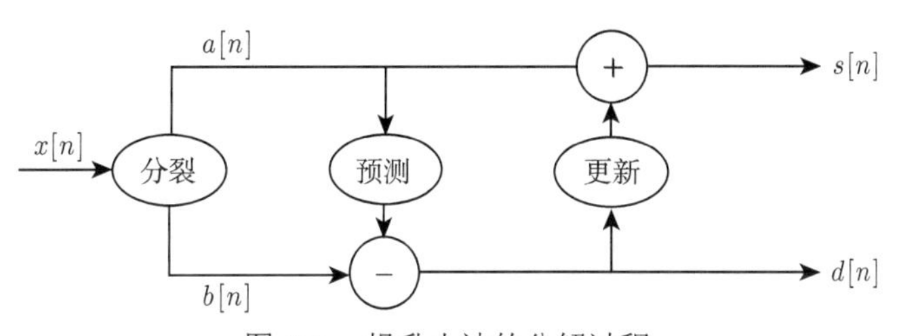

图 8.1 提升小波的分解过程

(1) **分裂** 小波变换的基本思想是挖掘信号的相关性, 用更紧凑的形式来逼近原始信号. 将信号 $x[n]$ 分割成相互关联的两个部分: $a[n]$ 和 $b[n]$, 且 $a[n]$ 和 $b[n]$ 的相关性越大, 分割效果越好. 按照数据的奇偶序号对信号进行间隔采样, 即

$$a[i] = x[2i], \quad b[i] = x[2i+1], \quad i = 0, 1, \cdots, \frac{n}{2} - 1,$$

这一步通常被称为懒小波变换.

(2) **预测** 由于数据之间存在相关性, 可以用 $a[n]$ 来预测 $b[n]$, 采用一个与数据结构无关、由小波决定的预测算子 $P(\cdot)$, 令 $d[n] = b[n] - P(a[n])$.

(3) **更新** 经过上述两步已经在空域上将相邻信号数据分开, 为了挖掘频域的相关性, 同时维持某些全局特性 (例如均值、消失矩不变), 采用算子 $U(\cdot)$, 利用已经计算出来的 $d[n]$ 来修正 $x[n]$, 使得新的 $x[n]$(记为) 只包含信号 $x[n]$ 的低频部分, 即 $s[n] = a[n] + U(d[n])$.

上述 3 个步骤完成了一次对偶提升, $s[n]$ 可以作为下一次提升的输入, 以获得不同阶的提升格式. 虽然这里用了不同的符号来区别分裂和输出的结果, 实际上提升算法可以进行原位计算, 即该算法不需要除了上一级提升步骤的输出之外的数据和存储空间, 这样在每个点都可以用新的数据流替换旧的数据流. 这也是该算法可以固化为硬件上的滤波器的原因之一.

下面我们给出提升小波在信号重构与去噪中的应用.

例 8.5　用提升小波对信号进行分解与重构. 用 Daubechies2 小波的提升格式对信号分解 2 层, 再用提升小波重构信号, 结果与原始信号的误差为 4.6×10^{-15}, 结果如图 8.2 所示.

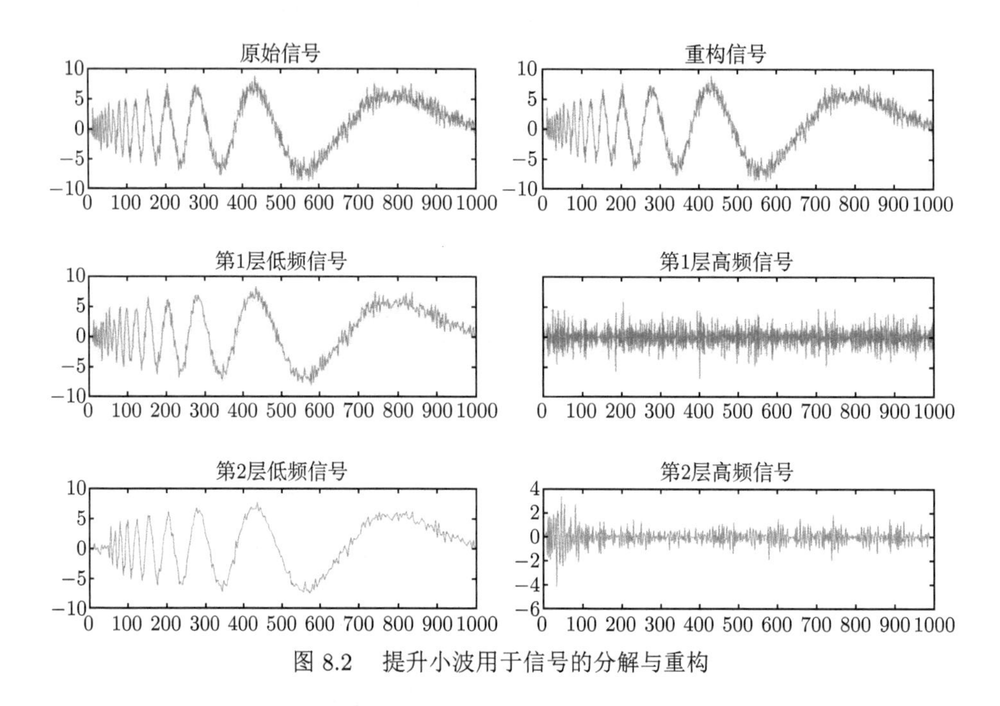

图 8.2　提升小波用于信号的分解与重构

例 8.6　用提升小波对信号降噪, 其基本原理与小波变换相同. 首先用 Haar 小波的提升格式对信号分解 2 层; 降噪时使用 Daubechies6 小波, 结果如图 8.3 所示.

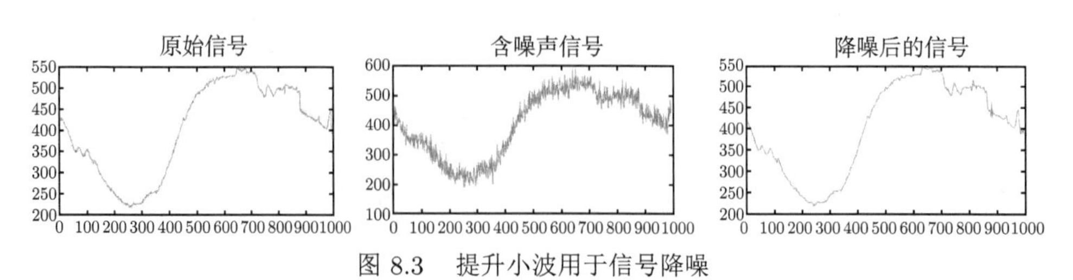

图 8.3　提升小波用于信号降噪

8.5 细分曲面的提升小波构造

本节介绍细分曲面的多分辨分析的基本理论, 并建立它对应的提升实现. 细分曲面表示形式来自于计算机图形学领域. 在曲面造型中, 常见的参数曲面 (如样条曲面) 只能表示拓扑上同剖于一个平面的曲面 (亏格为 0), 难以表示复杂拓扑的自由曲面. 一个自然的思路就是利用多片参数曲面拼接的方法来构造复杂拓扑的曲面, 然而边界上的光滑拼接是一个非常困难的问题. 细分表示形式就是在这样的背景下产生的. 它是计算机辅助设计领域中继样条参数曲面表示方法后发展起来的一种新的曲面造型技术, 为解决任意拓扑自由曲面表示问题提供了一种有效的解决方案.

8.5.1 非结构网格上的信息表示

本书前面所讲的所有小波变换的内容都是针对一维信号. 这些结果可以平行推广到高维的张量积信号. 一个典型的结果就是二维图像. 对一张像素为 $m \times n$ 的图像, 其每个像素点 (x, y) 都有一个颜色值 $f(x, y), x = 0, 1, \cdots, m$; $y = 0, 1, \cdots, n$. 因此一张像素为 $m \times n$ 的图像可以视为一个 $m \times n$ 矩阵. 对图像的小波分解一般使用张量积小波, 这可以看作是一维小波分别对图像的行和列进行分解, 如图 8.4 所示. 首先将原图像的每一行分解为低频部分 L 和高频部分 H, 再对 L 和 H 的每一列进行分解, 这样得到的 1 层分解将图像分成 4 个部分: LL_1 是平滑逼近, LH_1 是垂直分量, HL_1 是水平分量, HH_1 是对角分量; 2 层分解是作用在 LL_1 上, 又得到 4 个分量; 多层分解以此类推. 图 8.5 给出了 Lena 图像的多层分解.

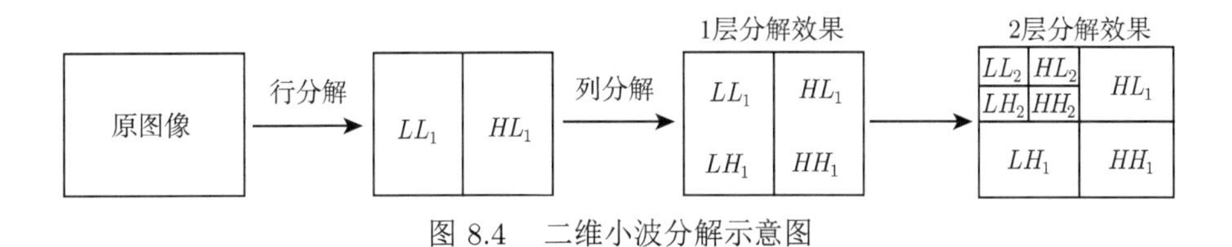

图 8.4 二维小波分解示意图

然而, 用张量积形式表示高维信号时面临拓扑上的限制, 无法表示复杂定义区域上的信号. 因此, 研究人员希望可以给出复杂区域上的信号表达以及处理工具. 图 8.6 给出了一个非结构网格上的图像表达的例子. 由于非结构网格不存在拓扑上的限制, 所以它可以表达任意复杂区域上的信号. 但是原始的一维小波变换的结果不能直接用于非结构网格上, 所以一个关键的问题是如何建立非结构网格上的多分辨率分析方法. 一个基本的想法是首先对信号所在的定义区域进行一个多边形分割, 然后在每一个顶点定义一个定义在该区域上的基函数, 而该区域上的信号就可以表示成这些基函数的线性组合, 其中组合系数和顶点一一对应. 一个最常见的也是最有效的基函数的定义方法就是细分方法.

图 8.5 Lena 图像的多层分解

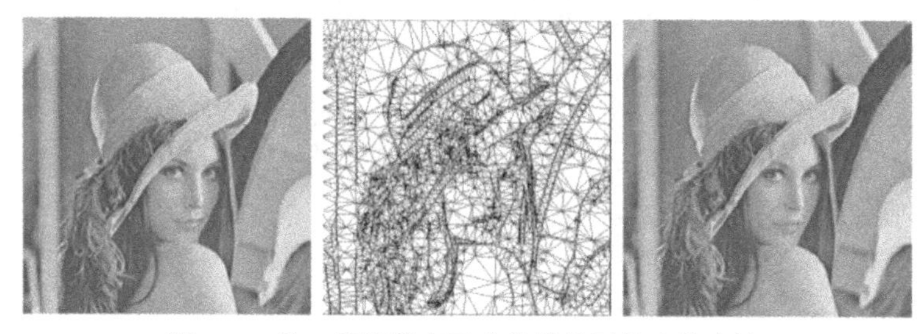

图 8.6 将二维图像表示成非结构网格上的表达

注 左图是原始图片, 中间是非结构网格形成的定义域, 右图是基于中间的非结构网格上建立的 Loop 细分图像表达.

8.5.2 Loop 细分格式

细分就是将一定的拓扑规则和几何规则作用到一个给定的初始网格上产生新网格的过程, 重复这个过程得到的极限曲面就称为细分曲面. 对于一些特定的规则, 生成的极限曲面是一个光滑的曲面, 图 8.7 给出了一个简单实例.

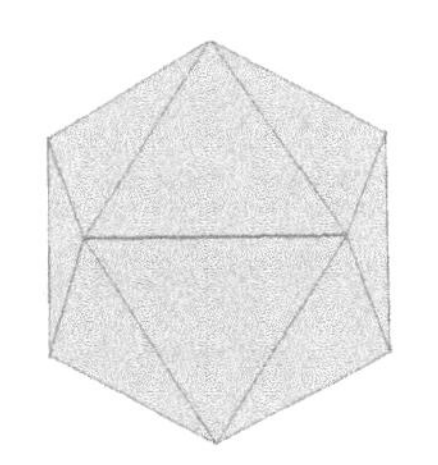

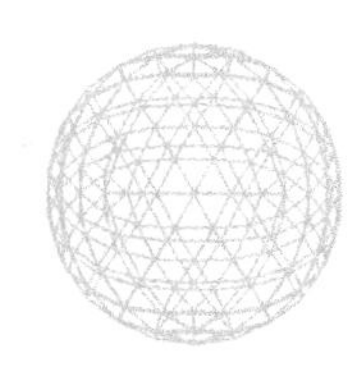

图 8.7 细分曲面的生成

Loop 细分的基网格为三角网格, 其拓扑规则如图 8.8 所示. 每次细分, 将上一层网格的每一个三角形分成四个新的三角形. 在这个过程中, 上一层的每一条边会产生一个新的顶点, 称为边点. 然后连接每一个三角形的三个边点, 把一个三角形一分为四.

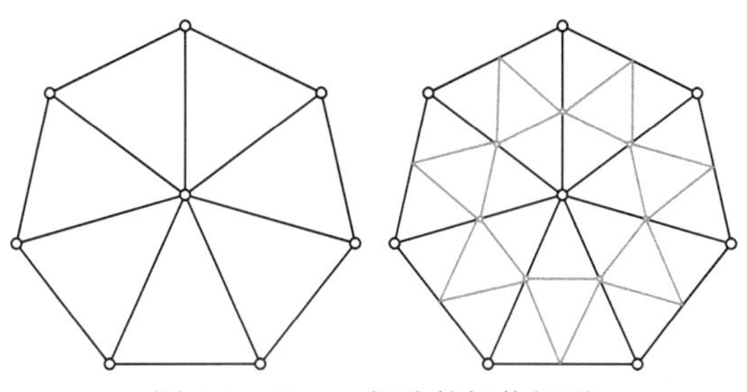

图 8.8 Loop 细分的拓扑规则

Loop 细分的几何规则如图 8.9 所示. 假设一条边的两个端点是 V_0 和 V_1. 这条边如果不是边界边, 则它一定属于某两个三角形的公共边, 设这两个三角形的三个顶点中除了 V_0, V_1, 另外两个点是 V_2 和 V_3, 则新的边点 e 就是这四个点的仿射组合

$$e = \frac{3}{8}(V_0 + V_1) + \frac{1}{8}(V_2 + V_3).$$

对于原来的顶点 V, 假设它的 1-邻域的顶点是 V_i, $i = 1, 2, \cdots, n$, 则更新它的位置为

$$v = \alpha_n V + \sum_{i=1}^{n} \beta_n V_i,$$

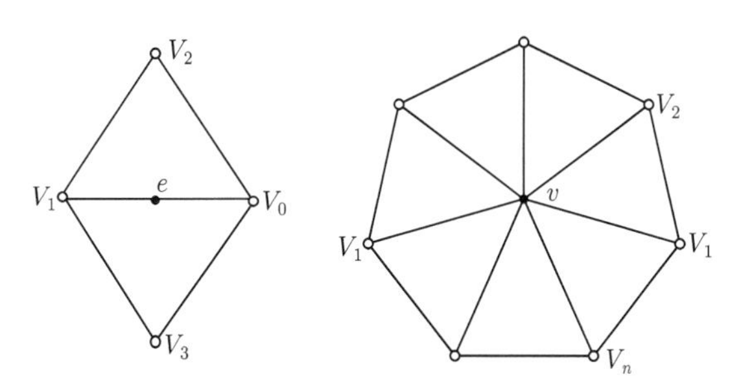

图 8.9 Loop 细分的几何规则

其中 $\alpha_n = \frac{3}{8} + \left(\frac{3}{8} + \frac{1}{4}\cos\frac{2\pi}{n}\right)^2$, $\beta_n = \frac{1-\alpha_n}{n}$.

8.5.3 Loop 细分的基函数

对每一层的网格 M^k, Loop 细分规则可以定义该网格上的基函数 $\phi_i^k(x)$, 其中, $\phi_i^k(x)$ 就是在 M^k 中的第 i 个顶点赋值 1, 而对其他的点赋值 0, 按照细分规则, 在 k 趋向无穷的极限定义为 $\phi_i^k(x)$. 最终的极限曲面 $S(x)$ 也可以看成定义在网格 M^k 上的参数曲面, 即

$$S(x) = \sum \phi_i^k(x) V_i^k,$$

这里 V_i^k 是 M^k 的顶点.

基函数 $\phi_i^k(x)$ 的支集可以由如下方式确定. 对于一个 n 度的顶点, 在当前层只有该顶点的值非零, 其他顶点的值为零. 细分一次后, 非零的顶点 (空心圆点) 如图 8.10 中的中间图形所示, 细分两次后的非零点如图 8.10 中的右边图形的空心圆点. 可以证明基函数 $\phi_i^k(x)$ 的非零区域就是在 M^k 中对应顶点 V_i^k 的 2-邻域所确定的区域.

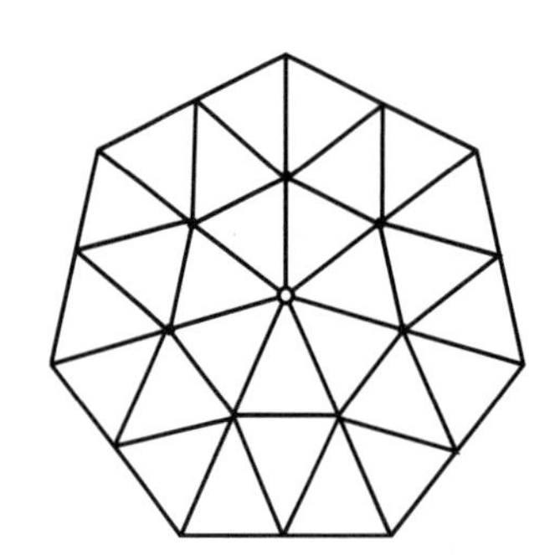
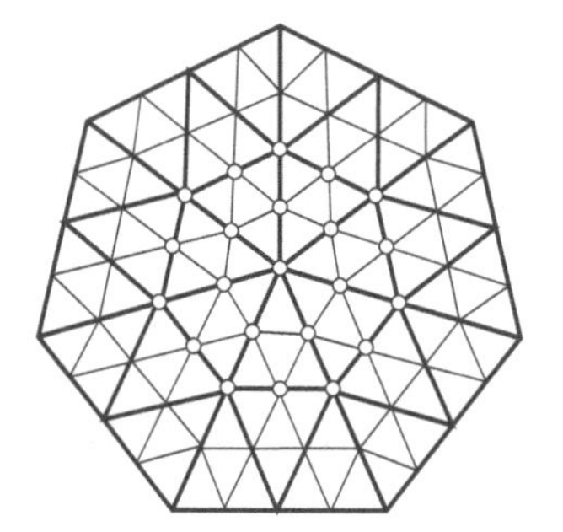
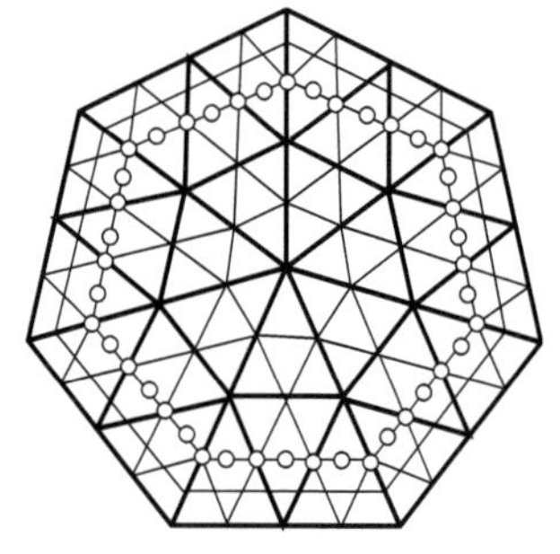

图 8.10 Loop 细分基函数的支集

一般情况下, 细分基函数在奇异点附近是没有显式表达的, 但是基函数在每一个点的值可以通过细分矩阵计算得到. 这里我们不需要知道基函数的严格表达, 只需要知道相邻的两层基函数之间的关系. 比如假设一个顶点 V 的度为 n, 它的 1-邻域点 V_i 的度是 $m_i, i = 1, 2, \cdots, n$, 该点在当前层中的基函数可以写成细分一次后的基函数的线性组合, 其中系数非零的基函数对应的顶点如图 8.11 所示, 给定的点对应的空心圆点, 组合系数也显示在这个图中.

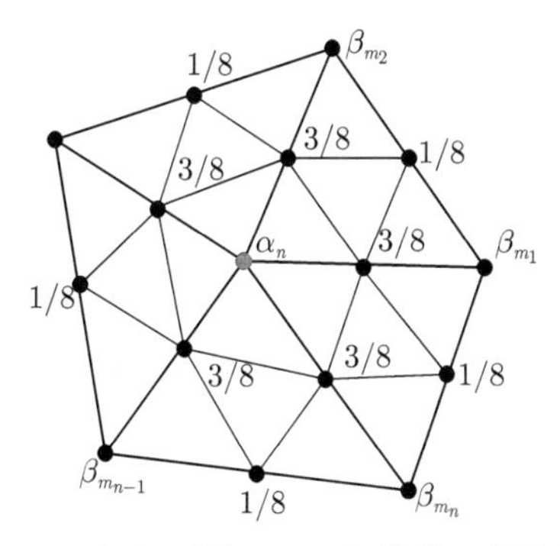

图 8.11 相邻两层 Loop 细分基函数的关系

8.5.4 细分曲面的多分辨分析

细分表示形式提供了一个自然的多分辨分析框架. 给定一个初始网格 M^0, 利用细分规则细分 M^0 得到新的网格 $M^1, M^2, M^3, \cdots$, 最终得到一个极限曲面. 每一个细分后的网格 M^{j+1} 的每一个顶点都可以写成 M^j 的顶点的线性组合, 即存在矩阵 P^j, 使得 $V^{j+1} = P^j V^j$, 其中 V^j 是网格 M^j 的顶点的集合. 如果我们选择初始的网格作为定义域, 那么极限曲面可以看成定义在初始网上的函数. 那么如何建立这个函数的多分辨表示呢?

对于网格 M^0, 假设它的顶点是 V_i^0, 则极限曲面 $S(x)$ 可以看成定义在 M^0 上的方程, 从而存在定义在 M^0 上的函数 $\phi_i^0(x)$, 使得

$$S(x) = \sum \phi_i^0(x) V_i^0,$$

其中, $\phi_i^0(x)$ 在 M^0 的顶点 V_i^0 的值 1, 而对其顶点的值 0. 对任意的 k, 利用 $\phi_i^0(x)$ 在 M^0 的顶点的值以及细分规则, 就可以得到 $\phi_i^0(x)$ 在网格 M^k 的每一个顶点上的值. 当 k 趋向无穷时即可以得到函数 $\phi_i^0(x)$.

对任意的 j, 类似地我们可以定义网格 M^j 的每一个顶点所对应的函数 $\phi_i^j(x)$, 而极限曲面 $S(x)$ 也可以看成定义在网格 M^j 上的参数曲面, 即

$$S(x) = \sum \phi_i^j(x) V_i^j,$$

这里 $\{V_i^j\}$ 是 M^j 的顶点. 图 8.12 显示了在不同网格上的基函数.

基函数 $\phi_i^j(x)$ 具有一些良好的性质. 比如, 如果细分规则中, 每一个网格 M^k 中的顶点都是 M^{k-1} 中顶点的仿射组合, 则基函数满足单位剖分性质, 即

$$\sum_i \phi_i^0(x) = 1.$$

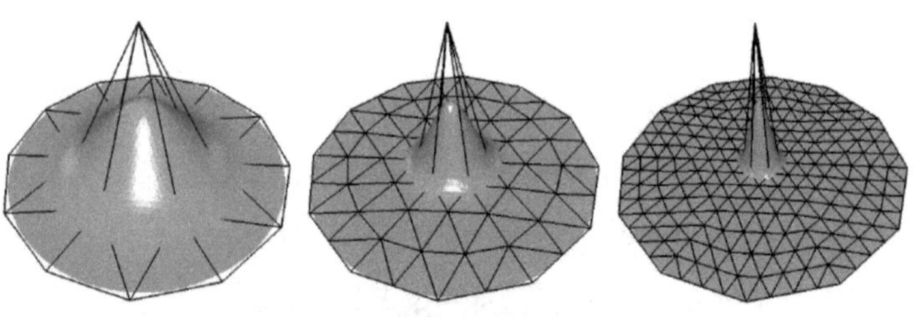

图 8.12　不同层次网格上的基函数

再如, 如果每一个 M^k 中的顶点的仿射组合系数都非负, 则对任意的 i,

$$\phi_i^0(x) \geqslant 0.$$

但是 $\{\phi_i^0(x)\}$ 不一定线性无关, 因此一般我们也称之为混合函数. 不过对于常见的细分格式, $\{\phi_i^0(x)\}$ 在几乎所有的网格上都是线性无关的, 因此, 我们也称它们为基函数.

$\{\phi_i^0(x)\}$ 还具有一个非常重要的性质, 即可加细性. 如果记

$$\Phi^j(x) = (\phi_0^j(x), \phi_1^j(x), \cdots),$$

$$V^j = (V_0^j, V_1^j, \cdots),$$

$$T^j(M^0) = \operatorname{span}\{\phi_0^j(x), \phi_1^j(x), \cdots\},$$

则细分规则定义了一个嵌套空间序列:

$$T^0(M^0) \subseteq T^1(M^0) \subseteq T^2(M^0) \subseteq \cdots.$$

另外, 根据细分规则有

$$\Phi^j(x) = \Phi^{j+1}(x) P^j.$$

另记

$$S^j(x) = \sum_k \phi_k^j(x) V_k^j = \Phi^j(x) V^j.$$

为了建立多尺度分析, 我们需要在 M^0 上的函数空间引入内积. 对任意的 f, $g \in T^j(M^0)$, 定义内积为

$$\langle f, g \rangle = \sum_{\tau \in F(M^0)} \frac{1}{\operatorname{area}(\tau)} \int_{x \in \tau} f(x) g(x) \mathrm{d}x,$$

其中 $F(M^0)$ 是 M^0 中所有面的集合. 设

$$f(x)=\sum_k \phi_k^j(x) f_k^j,$$

$$g(x)=\sum_k \phi_k^j(x) g_k^j,$$

则

$$\langle f(x), g(x)\rangle = g^{\mathrm{T}} I^j f,$$

其中 $g=(\cdots,g_k^j,\cdots)$, $f=(\cdots,f_k^j,\cdots)$, $I^j=(\langle\phi_i^j(x),\phi_k^j(x)\rangle)$. 矩阵 I^j 可以通过数值积分来计算, 也可以严格计算, 如图 8.13 所示, 具体可以参考文献 [20,21].

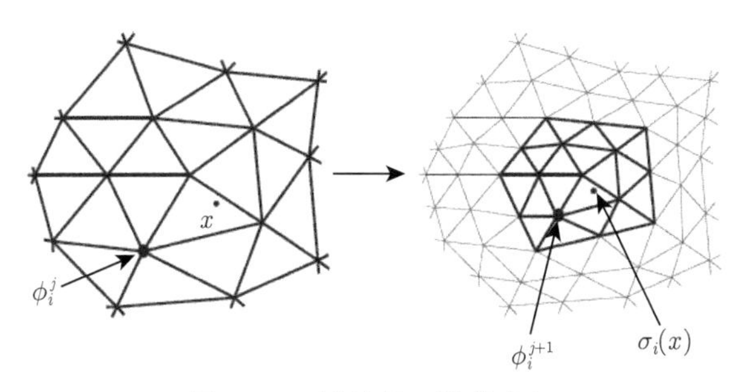

图 8.13 计算基函数的内积

定义 $W^j(M^0)$ 是 $V^j(M^0)$ 在 $V^{j+1}(M^0)$ 中的补空间 (不一定是正交补空间), 称之为小波空间. 记小波空间的基函数为

$$\Psi^j(x)=\{\psi_0^j(x),\psi_1^j(x),\psi_2^j(x),\cdots\},$$

则存在矩阵 Q^j 使得

$$\Psi^j(x)=\Phi^{j+1}(x)Q^j,$$

这就是小波方程. Q^j 可以通过下面的方式计算. 对任意的 $\phi_i^1\in T^1(M^0)\backslash T^0(M^0)$, 可以定义

$$\psi_i^0=\phi_i^1-\widehat{\phi}_i^1,$$

其中 $\widehat{\phi}_i^1$ 是 ϕ_i^1 在空间 $T^0(M^0)$ 上的正交投影. 由于 $V^{j+1}(M^0)=V^j(M^0)+W^j(M^0)$, 所以对任意的 $S^{j+1}(x)\in T^{j+1}(M^0)$, 有

$$S^{j+1}(x) = \sum_k \phi_k^{j+1}(x) V_k^{j+1} = \sum_k \phi_k^j(x) V_k^j + \sum_k \psi_k^j(x) W_k^j.$$

因此

$$\Phi^{j+1}(x) V^{j+1} = [\Phi^j(x), \Psi^j(x)] \begin{pmatrix} V^j \\ W^j \end{pmatrix} = \Phi^{j+1}(x)[P^j, Q^j] \begin{pmatrix} V^j \\ W^j \end{pmatrix}.$$

这样我们得到了细分小波的重构公式

$$V^{j+1} = [P^j, Q^j] \begin{pmatrix} V^j \\ W^j \end{pmatrix}.$$

定义

$$\begin{pmatrix} A^j \\ B^j \end{pmatrix} = [P^j, Q^j]^{-1},$$

则细分小波的分解公式为

$$V^j = A^j V^{j+1},$$

$$W^j = B^j V^{j+1}.$$

由 Loop 细分规则可知, M^{j-1} 的顶点一定对应 M^j 中的某些顶点, 另外 M^{j-1} 中每一条边对应 M^j 的其他顶点. 所以网格 M^j 中的顶点可以分成两类: 与 M^{j-1} 顶点对应的顶点和 M^{j-1} 中每一条边所对应的顶点. 相应地, $\Phi^j(x)$ 也可以分成两个部分, 对应 M^{j-1} 中顶点的基函数序列 $\Phi_v^j(x) = \{\phi_{v,k}^j(x)\}$ 和对应 M^{j-1} 中边的基函数序列 $\Phi_m^j(x) = \{\phi_{m,k}^j(x)\}$, 即

$$\Phi^j(x) = [\Phi_v^j(x), \Phi_m^j(x)].$$

于是

$$[\Phi^{j-1}(x), \Psi^{j-1}(x)] \doteq [\Phi_v^j(x), \Phi_m^j(x)] \begin{pmatrix} P_v^{j-1} & 0 \\ P_m^{j-1} & I \end{pmatrix},$$

其中 P_v^{j-1} 和 P_m^{j-1} 可以由细分规则确定.

图 8.14 给出了一个基于细分曲面的多尺度分析应用的例子. 其中每行的第一个图形是原始模型, 另外三个图形则是对模型进行多尺度分解后, 对鼻子部分进行旋转、放缩和平移编辑后的结果.

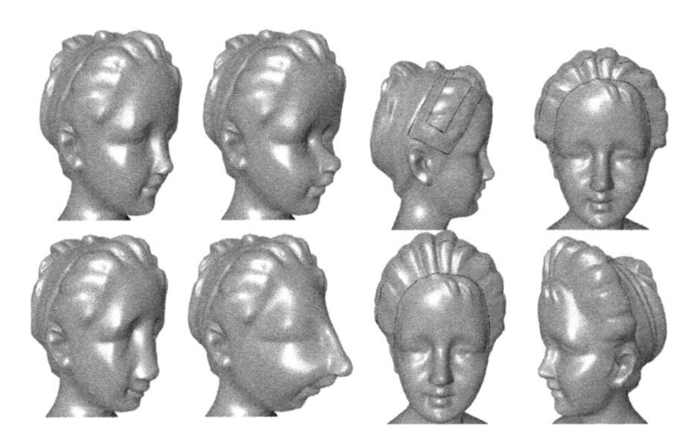

图 8.14 基于细分的多尺度分析: 多尺度编辑和局部编辑

可以看出, 为了使用上述网格的多分辨率分析方法, 只有满足细分连通性的高精度网格才能构造小波进行小波分解和重构, 实现多分辨率建模. 也就是说它要求这个高精度网格是从一个基础网格 M^0 经过多次细分得到. 然而在实际的应用中, 一般得到的高精度网格 (比如通过三维扫描) 都不满足细分连通性, 甚至是连基础网格都是未知的. 在这种情况下, 如何获得多分辨率几何表示呢? 针对这个问题, 人们研究并提出了细分重采样算法, 基本思想是从给定的原始高精度网格出发, 寻找上量面片组成的可以表示原始模型的基础网格, 然后对基础网格进行细分重网格化, 得到与原始模型非常接近的具有细分连通性的网格. 这里最具有代表性的方法是 MAPS[22] 和 Shrink Wrapping[23] 方法. 因此, 在实际的应用中, 网格的小波分析流程如下:

(1) 从给定的高精度网格中获得基础网格;

(2) 从给定的高精度网格和基础网格中建立细分重采样网格, 得到一系列具有细分连通性的网格;

(3) 对这些重采样网格进行小波变换.

可以看出上述计算都是全局运算, 不能保证算法的复杂度, 因而在大规模网格上的应用受限. 为此, 人们进一步将提升格式应用到细分小波的构造中, 提出细分小波变换的快速算法, 使得细分小波可以应用到大规模的网格数据中. 因此, 一个想法就是利用提升思想来构造 Loop 细分格式对应的提升小波. 由于提升小波的计算可以在原位计算中实现, 因而在效率上可以大幅度提升.

8.6 基于 Loop 细分的提升小波构造

为了进一步提高细分小波变换的效率, 使细分小波可以应用到大规模网格的多分辨分析, Martin Bertram[24] 提出了基于 Catmull-Clark 细分曲面格式的提升小波变换. Sweldens[20,21] 给出了基于 Loop 细分曲面格式的提升小波变换. 这一节, 我们以 Loop 细分格式为例, 介绍基于细分格式构造提升小波的方法.

前文所讨论的细分小波的构造方法都是基于细分基函数以及它们生成的线性空间建立的. 但是注意到在小波的多分辨率分析中, 我们处理的是双尺度系数. 因此, Loop 细分的提升小波的分解和重构算法也是针对每一个顶点赋予的属性, 比如顶点的位置、法向、纹理、温度或者其他需要处理的信号在细分基函数下的表示.

在小波的计算中, 最重要的就是分解和重构算法. 如图 8.15 所示, 在 Loop 细分的提升小波构造中, 所谓分解算法是指假如给定左图的信号, 即每一个顶点赋予的信息 f_i, 我们需要将这些信息分成两个部分. 在这里, 一个部分对应右图的 c_i, 表示信息的平均, 另外一个对应右图的 d_i, 表示信息的细节. 由于 d_i 对应到细分算法中新增加的边点, 所以后续也会称之为边点. 重构算法则是反而为之, 即给定 c_i, d_i, 计算新的 f_i. 在下面构造的算法中, 我们还希望如果 $d_i = 0$, 则 f_i 就是对 c_i 进行 Loop 细分一次后的结果, 如果 f_i 是每个信号进行一次 Loop 细分后的结果, 则分解算法得到的细节 $d_i = 0$.

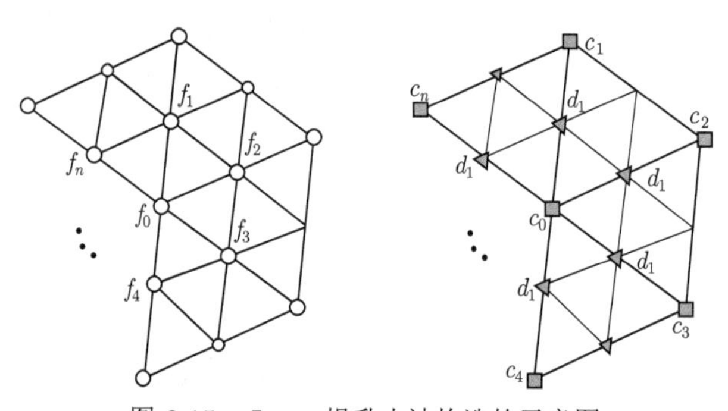

图 8.15　Loop 提升小波构造的示意图

下面针对重构算法来设计相应的提升算法. 对于重构算法, 它包括分裂、预测和更新三个步骤. 在分裂过程中, 原来的顶点保留 (只是改变了几何位置), 即分裂操作对应的奇序列就是顶点对应的序列, 偶序列就是新增加的边点对应的序列. 在预测中, 我们需要利用奇序列来预测偶序列, 即利用顶点来计算边点. 对于 Loop 细分, 边点的规则就是直接利用顶点来定义的. 从而预测就可以直接根据边点的规则得到. 对于更新, 我们需要利用新的边点来更新顶点. 然而, 在细分格式中, 新的顶点的计算方法由它的直接相连顶点确定. 因此, 我们需要修改格式, 将它写成边点的组合.

假设一个顶点 V 的 1-邻域顶点为 V_i, $i = 0, \cdots, n-1$, 对应的 n 条边的新边点是 e_i, 对应到 V 的新的顶点是 v. 由边点的细分格式有

$$e_i = \frac{3}{8}(V + V_i) + \frac{1}{8}(V_{i-1} + V_{i+1}).$$

对上述所有的 n 个边点求和得

$$\sum_i e_i = \frac{3n}{8}V + \frac{5}{8}\sum_i V_i.$$

另一方面, 由顶点的细分格式有

$$v = \alpha_n V + \beta_n \sum_i V_i,$$

其中,

$$\alpha_n = \frac{3}{8} + \left(\frac{3}{8} + \frac{1}{4}\cos\frac{2\pi}{n}\right)^2, \quad \beta_n = \frac{1-\alpha_n}{n}.$$

由上式可以得到

$$\sum_i V_i = \frac{8}{5}\sum_i e_i - \frac{3n}{5}V.$$

于是

$$v = \gamma_n V + \delta_n \sum_i e_i,$$

这里

$$\gamma_n = \frac{8}{5}\alpha_n - \frac{3}{5}, \quad \delta_n = \frac{8}{5}\beta_n.$$

利用关系式即可得到 Loop 细分的提升实现.

Loop 细分的提升小波的重构算法如下:

$$\begin{cases} e \leftarrow e + \dfrac{3}{8}(v_0 + v_1) + \dfrac{1}{8}(v_2 + v_3), & \forall e, \\ v \leftarrow \gamma_n v, & \forall v, \\ v_i \leftarrow v_i + \delta_n e, & \forall e, i = 0, 1. \end{cases} \tag{8.8}$$

在上面的算法中, 第二步中的 n 是顶点 v 的度数, 而在第三步中 n 是顶点 v_i 的度数. 其中, 第一步是对所有的边点循环, 利用已有的顶点信息改变边点的信息, 然后是对每一个顶点循环, 将它对应的信息进行一个放缩, 最后再次对每一个边点循环, 改变和这个边点直接相连的两个顶点的信息.

将重构算法逆序就可以得到 Loop 细分的提升小波的分解算法

$$\begin{cases} v_i \leftarrow v_i - \delta_n e, & \forall e, i = 0, 1, \\ v \leftarrow \dfrac{1}{\gamma_n} v, & \forall v, \\ e \leftarrow e - \dfrac{3}{8}(v_0 + v_1) - \dfrac{1}{8}(v_2 + v_3), & \forall e. \end{cases} \tag{8.9}$$

同样, 在第一步中的 n 是顶点 v_i 的度数, 而第二步中的 n 是顶点 v 的度数. 其中, 第一步是对所有的边点循环, 利用已有的边点信息更新和它相连的两个顶点的信息, 然后是对每一个顶点循环, 将它对应的信息进行一个放缩, 最后再次对每一个边点循环, 利用包含这条边的两个面中的四个顶点的信息来更新这个边点的信息.

虽然上面的构造方法简单高效, 但是这样得到的小波尺度函数缺乏正交性, 从而导致得到的多分辨率逼近效果不佳. 为此, 我们给出如何根据细分规则得到双正交的细分小波的提升构造方法. 其基本想法如下: 对于定义在边点上的新等小波基函数 $\psi(x)$, 将它更新为它本身和周围顶点的基函数的线性组合使得它和尺度函数正交. 为了简单起见, 我们这里更新方式为, 所对应的基函数 $\psi_k(x)$ 和周围四个点对应的基函数的线性组合, 即

$$\psi(x) = \psi_k(x) + \sum_{i=0}^{3} \omega_i \phi_i(x),$$

其中 ω_i 是待定系数. 具体参见图 8.16.

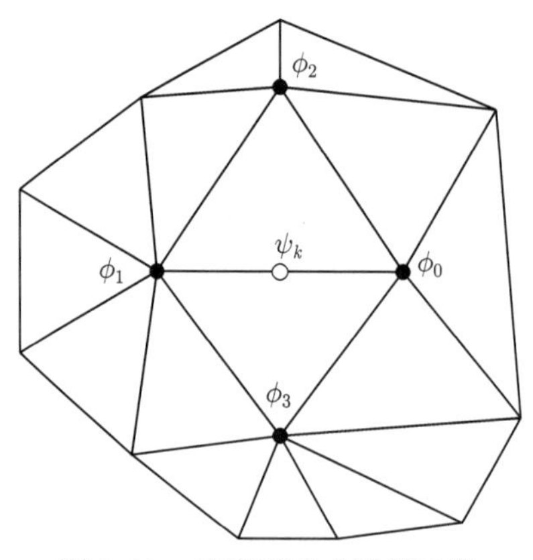

图 8.16 定义新的小波基函数

根据正交性条件, 有

$$\langle \psi(x), \phi_i(x) \rangle = 0, \quad i = 0, 1, 2, 3.$$

上述条件可以转化成一个关于 ω_i, $i=0,\cdots,3$ 的 4×4 的线性方程组 $A\omega=b$, 其中 $A=(a_{i,j})$, $a_{i,j}=\langle\phi_i(x),\phi_j(x)\rangle$, $b_i=-\langle\psi(x),\phi_i\rangle$. 求解该方程组即得 ω_i, $i=0,\cdots,3$.

一般来说, 连续函数的内积计算不是很方便. 因此在实际应用中, 内积的计算是基于离散内积的, 详细计算公式如下所示. 首先将 ϕ_i 和 ψ_k 表示成下一层基函数的线性组合, 并假设下一层基函数两两之间的内积一样. 从而连续内积就是下一层基函数对应系数的乘积之和. 例如, 对于图 8.16 中的网格, 设 ϕ_i 对应的顶点的度数是 n_i, 则它们对应的函数 ϕ_i 和 ψ_k 的系数如图 8.17 和图 8.18 所示.

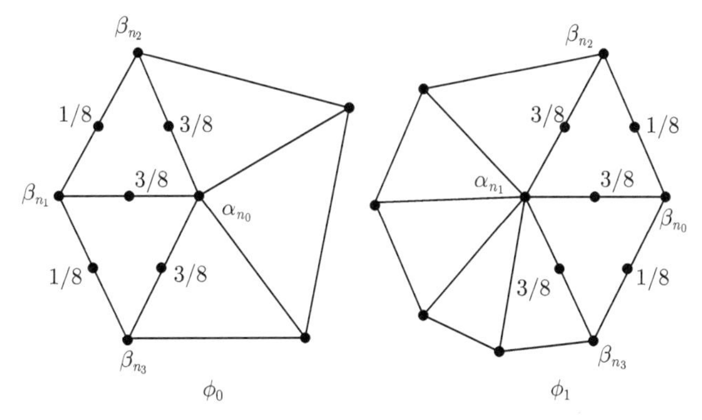

图 8.17 图 8.16 中 ϕ_0 和 ϕ_1 的系数

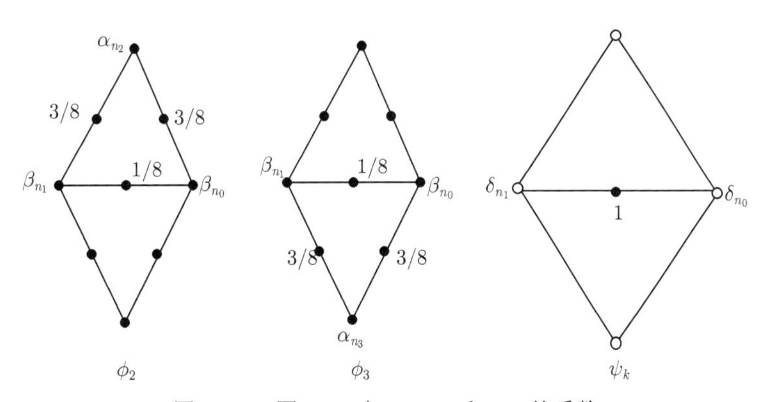

图 8.18 图 8.16 中 ϕ_2, ϕ_3 和 ψ_k 的系数

这样矩阵 A 的系数 a_{ij} 可以通过下面的公式计算:

$$b_0=\alpha_{n_0}\delta_{n_0}+\beta_{n_1}\delta_{n_1}+\frac{3}{8},$$

$$b_1=\alpha_{n_1}\delta_{n_1}+\beta_{n_0}\delta_{n_0}+\frac{3}{8},$$

$$b_2 = \beta_{n_0}\delta_{n_0} + \beta_{n_1}\delta_{n_1} + \frac{3}{8},$$

$$b_3 = \beta_{n_0}\delta_{n_0} + \beta_{n_1}\delta_{n_1} + \frac{3}{8},$$

这里, $\delta_n = \frac{8}{5}\beta_n$.

$$a_{0,1} = a_{1,0} = \alpha_{n_0}\beta_{n_0} + \alpha_{n_1}\beta_{n_1} + \beta_{n_2}^2 + \beta_{n_3}^2 + \frac{3}{16} + \frac{9}{64},$$

$$a_{0,2} = a_{2,0} = \alpha_{n_0}\beta_{n_0} + \alpha_{n_2}\beta_{n_2} + \beta_{n_1}^2 + \frac{3}{32} + \frac{9}{64},$$

$$a_{0,3} = a_{3,0} = \alpha_{n_0}\beta_{n_0} + \alpha_{n_3}\beta_{n_3} + \beta_{n_1}^2 + \frac{3}{32} + \frac{9}{64},$$

$$a_{1,2} = a_{2,1} = \alpha_{n_1}\beta_{n_1} + \alpha_{n_2}\beta_{n_2} + \beta_{n_0}^2 + \frac{3}{32} + \frac{9}{64},$$

$$a_{1,3} = a_{3,1} = \alpha_{n_1}\beta_{n_1} + \alpha_{n_3}\beta_{n_3} + \beta_{n_0}^2 + \frac{3}{32} + \frac{9}{64},$$

$$a_{2,3} = a_{3,2} = \beta_{n_0}^2 + \beta_{n_1}^2 + \frac{1}{64},$$

$$a_{0,0} = \alpha_{n_0}^2 + \beta_{n_1}^2 + \beta_{n_2}^2 + \beta_{n_3}^2 + \frac{27}{64} + \frac{1}{32},$$

$$a_{1,1} = \beta_{n_0}^2 + \alpha_{n_1}^2 + \beta_{n_2}^2 + \beta_{n_3}^2 + \frac{27}{64} + \frac{1}{32},$$

$$a_{2,2} = \alpha_{n_2}^2 + \beta_{n_1}^2 + \beta_{n_0}^2 + \frac{9}{32} + \frac{1}{64},$$

$$a_{3,3} = \alpha_{n_3}^2 + \beta_{n_1}^2 + \beta_{n_0}^2 + \frac{9}{32} + \frac{1}{64}.$$

注意到, 在上述的计算中, 系数 a_{ij} 只和顶点的度数有关. 上述系数可以分成两类: 一类情形是, 顶点 v_0 是奇异点 (即 $n_0 \neq 6$), 其他顶点的度数都是 6; 另外一类情形是, 顶点 v_2 是奇异点 (即 $n_2 \neq 6$), 其他顶点的度数都是 6, 而 v_1 或者 v_3 是奇异点的情况是对称的. 对于不同的度数, ω_i 的值可以预先计算出来. 表 8.1 给出了不同的度数对应的 ω_i 的值.

求出 ω_i 后, 新的 Loop 细分提升小波的重构算法可表述为

$$\begin{cases} v_i \leftarrow v_i + \omega_i e, & \forall e, i = 0, 1, 2, 3, \\ e \leftarrow e + \frac{3}{8}(v_0 + v_1) + + \frac{1}{8}(v_2 + v_3), & \forall e, \\ v \leftarrow \gamma_n v, & \forall v, \\ v_i \leftarrow v_i + \delta_n e, & \forall e, i = 0, 1. \end{cases} \tag{8.10}$$

同样在这个算法中, 第三步中的 n 是顶点 v 的度数而第四步中的 n 是顶点 v_i 的度数.

表 8.1 Loop 细分提升小波的矩阵系数

n_0	w_0	w_1	$w_2=w_3$	n_2	$w_0=w_1$	w_2	w_3
3	−0.943533	−0.192905	0.229306	3	−0.320177	0.227782	0.090494
4	−0.540222	−0.248487	0.134022	4	−0.300018	0.135809	0.079737
5	−0.371945	−0.272331	0.093146	5	−0.290306	0.093943	0.074512
6	−0.284905	−0.284905	0.071591	6	−0.284905	0.071591	0.071591
7	−0.232761	−0.292500	0.058571	7	−0.281566	0.058082	0.069779
8	−0.198097	−0.297558	0.049901	8	−0.279321	0.049109	0.068559
9	−0.173274	−0.301174	0.043701	9	−0.277711	0.042714	0.067683
10	−0.154510	−0.303900	0.039029	10	−0.276497	0.037910	0.067023
20	−0.077147	−0.314981	0.020032	20	−0.271609	0.018528	0.064364
100	−0.016045	−0.323481	0.005461	100	−0.267949	0.003793	0.062377

将重构算法逆序就可以得到 Loop 细分提升小波的分解算法

$$
\begin{cases}
v_i \leftarrow v_i - \delta_i e, & \forall e, i=0,1, \\
v \leftarrow \dfrac{1}{\gamma_n} v, & \forall v, \\
e \leftarrow e - \dfrac{3}{8}(v_0+v_1) - \dfrac{1}{8}(v_2+v_3), & \forall e, \\
v_i \leftarrow v_i - \omega_i e, & \forall e, i=0,1,2,3.
\end{cases}
\tag{8.11}
$$

上述算法的描述和前面完全类似, 这里就不再赘述.

利用 Loop 细分提升小波可以给出一个几何模型的不同尺度的信息, 图 8.19 给出了马的模型由粗到细的不同尺度下的表示. 和前面类似, 输入一个高精度网格, 首先得到一个基础网格, 然后对这个基础网格细分五次得到一个具有细分连通性的网格, 然后改变这个网格顶点的位置可以很好逼近给定的高精度网格, 就是最后一个马的模型, 称之为第五层模型. 由于第五层模型具有细分连通性, 所以利用 Loop 细分的提升分解算法, 可以得到它的平均和细节信息, 然后将所有的细节信息置为零, 并利用已有的平均信息和重构算法可以得到一个新的马的模型, 这个就是倒数第二个模型. 这个过程可以重复五次, 分别得到不同层次的马的模型, 如图 8.19 所示.

Loop 细分提升小波可以用来做几何模型的去噪. 图 8.20 给出了一个具体例子. 给定一个几何模型, 通过五层的 Loop 细分得到一个网格模型, 然后在该网格模型的顶点上加入白噪声, 即图 8.20 中的第一个模型. 然后, 利用 Loop 提升小波对该模型做小波分解, 并将模较小的顶点的值置为零后, 利用小波重构算法得到去噪后的模型. 图 8.20 中分别是去掉不同层的小的小波系数后去噪的模型.

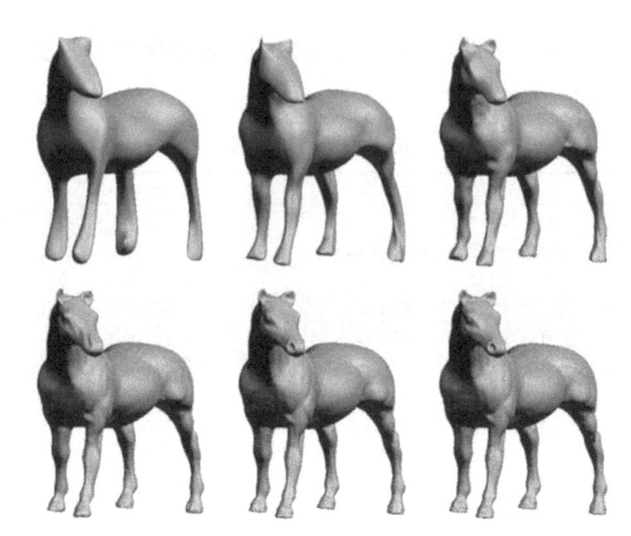

图 8.19　利用 Loop 提升小波给出不同尺度的几何模型

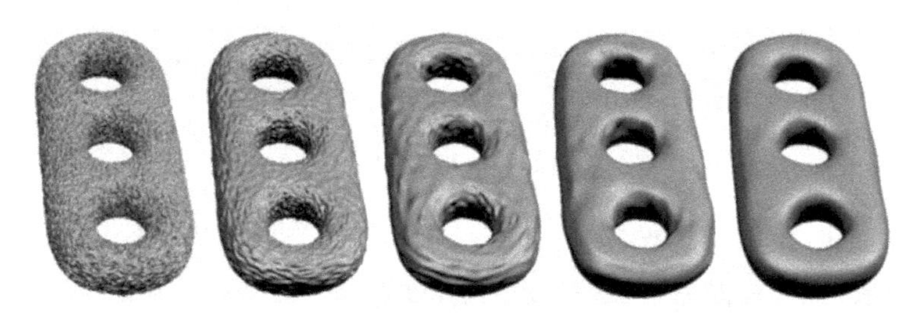

图 8.20　Loop 基于 Loop 提升小波的去噪

习　题　8

1. 如果多相位矩阵是来自于多分辨分析, 则 $P(z)$ 的行列式等于 -2.
2. 以 Haar 小波为例, 给出 Haar 小波的提升实现.
3. 实现 Loop 细分提升算法.
4. 实现 Catmull-Clark 细分提升算法.

第 9 章　傅里叶和小波变换的应用*

CHAPTER

小波分析最早在信号处理领域得到应用并日臻成熟. 随后, 它在图像处理、几何处理、偏微分方程求解等领域也得到越来越多的应用[25-32]. 本章将介绍小波分析在这些领域的应用.

9.1　信号处理

信号降噪是小波变换的一个重要的应用. 对信号降噪实质上是抑制信号中的无用部分, 增强信号中有用部分的过程. 因此降噪通常也和压缩联系在一起, 以获得比较好的压缩效果. 一般地, 一维信号降噪的过程可以分为三个步骤.

步骤 1　分解

选择一个小波并确定分解的层次, 然后对信号进行小波分解, 分解后的信号定义在尺度空间上的低频系数和各层小波空间上的高频系数.

步骤 2　阈值量化

对各个分解尺度下的高频系数选择一个阈值 ϵ 进行阈值处理. 阈值的选择和阈值的处理见后文.

步骤 3　重构

根据小波分解的最底层低频系数和各层高频系数进行一维小波重构, 即通过低频系数和各层经过第二步处理后的小波系数利用小波重构算法得到去噪后的信号.

降噪的核心步骤在于阈值的选择, 它直接影响降噪的质量, 所以人们提出了各种理论和经验性模型. 但是没有一种模型是通用的, 它们都有各自的适用范围. 在此介绍几种常见的阈值选择方法.

(1) 默认阈值　$\epsilon = \sigma\sqrt{2\log(n)}$, n 为信号长度, σ 为噪声强度. 在最简单的情况下可以假设噪声为高斯白噪声, 取 $\sigma = 1$.

(2) 极大极小阈值

$$\epsilon = \begin{cases} 0.3936 + 0.1829\left(\dfrac{\ln(n)}{\ln(2)}\right), & n > 32, \\ 0, & n \leqslant 32. \end{cases}$$

(3) 方差阈值 $\epsilon = \text{median}_{1\leqslant i\leqslant n}(|x(i)|)/0.6745$, 即信号 x 绝对值的中值除以 0.6745. 这种方法非常适合均值为零的高斯白噪声降噪的信号模型.

(4) Stein 无偏风险估计阈值:

(a) 将每个小波系数平方后, 从小到大排列为 $P = [p_1, p_2, \cdots, p_n]$;

(b) 计算风险向量 $R = [r_1, r_2, \cdots, r_n]$, $r_k = \dfrac{n - 2k + \sum_{i=1}^{k} p_i + (n-i)p_{n-i}}{n}$, $1 \leqslant k \leqslant n$;

(c) 设 R 中最小值对应序号为 $\hat{k}$, 则阈值 $\epsilon = \sqrt{p_{\hat{k}}}$.

(5) Birge-Massart 策略:

(a) 给定分解层数 j, 对 $j+1$ 以及更高层, 所有系数保留;

(b) 对第 i 层 $(1 \leqslant i \leqslant j)$, 保留绝对值最大的 n_i 个系数, 其中 $n_i = M(j+2-i)^{\alpha}$, M 和 α 为经验系数. 在压缩情况下可以取 $\alpha = 1.5$, 降噪情况下取 $\alpha = 3$.

选择阈值之后, 通常有两种阈值处理的方式, 其中 x 为输入, s 为输出.

- 硬阈值:

$$s = \begin{cases} x, & |x| > \epsilon, \\ 0, & |x| \leqslant \epsilon. \end{cases}$$

- 软阈值:

$$s = \begin{cases} \text{sign}(x)(|x| - \epsilon), & |x| > \epsilon, \\ 0, & |x| \leqslant \epsilon. \end{cases}$$

这两种阈值处理各有优劣, 硬阈值在均方误差意义上更优, 但信号会产生附加振荡, 产生跳跃点, 损失原信号的光滑性; 软阈值得到的小波系数连续性较好, 但会产生偏差, 直接影响到重构信号与真实信号的逼近程度.

例 9.1 (小波变换与信号去噪)　对某地的用电情况进行考察, 对其电网电压值进行监测. 在采样过程中, 监测设备出现故障, 致使采集到的信号受到噪声的污染. 利用 Daubechies2 小波进行 3 次分解, 对污染信号降噪, 效果如图 9.1 所示. 算法的 Matlab 源码如下所示.

```
1  clc;clear;close all;
2  load leleccum;
3  wave='db2';
4  s=leleccum(1:3920);
5  subplot(3,2,1);
6  plot(s);title("原始信号",'FontSize',20);
7  [c,l]=wavedec(s,3,wave);
8  a3=appcoef(c,l,wave,3);d3=detcoef(c,l,3);
9  d2=detcoef(c,l,2);d1=detcoef(c,l,1);
10 dd3=zeros(1,length(d3));dd2=zeros(1,length(d2));
```

```
11 dd1=zeros(1,length(d1));c1=[a3 dd3 dd2 dd1];
12 s1=waverec(c1,l,wave);
13 subplot(323); plot(s1);
14 title("Denoise by setting zeros",'FontSize',20);
15 [thr,sorh,keepapp]=ddencmp('den','wv',s);
16 s2=wdencmp('gbl',s,wave,3,thr ,sorh ,keepapp);
17 subplot(324)
18 plot(s2); title("固定阈值降噪后的信号",'FontSize',20)
19 cd1hard=wthresh(d1,'s',1.465);
20 cd2hard=wthresh(d2,'s',1.823);
21 cd3hard=wthresh(d3,'s',2.768);
22 c2=[a3 cd1hard cd2hard cd3hard];
23 s3=waverec(c2,l,wave);
24 subplot(325);
25 plot(s3); title('软阈值降噪后的信号','FontSize',20)
26 cd1hard=wthresh(d1,'h',1.465);
27 cd2hard=wthresh(d2,'h',1.823);
28 cd3hard=wthresh(d3,'h',2.768);
29 c3=[a3 cd1hard cd2hard cd3hard];
30 s4=waverec(c3,l,wave);
31 subplot(326);
32 plot(s4);title('硬阈值降噪后的信号','FontSize',20)
```

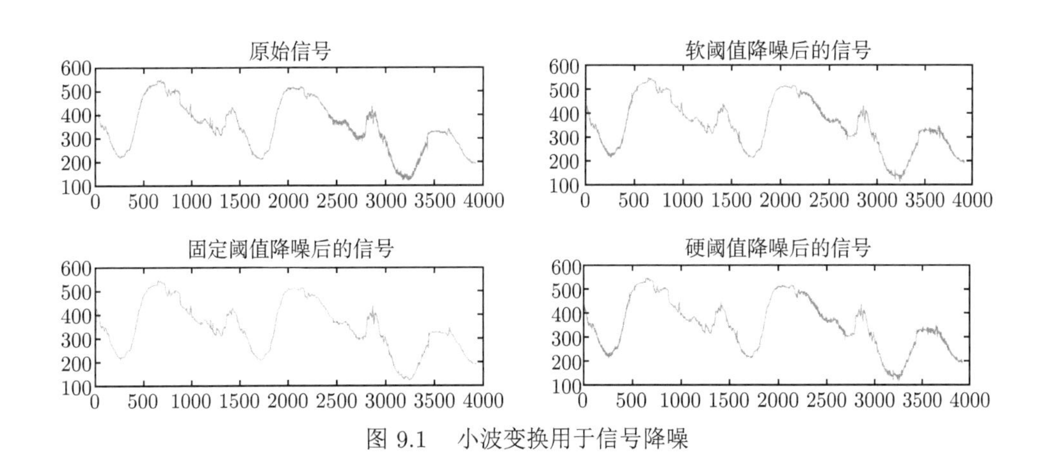

图 9.1 小波变换用于信号降噪

例 9.2 (小波包用于信号去噪) 相比于小波分解, 小波包可以将高低频部分同时进行分解, 这意味着小波包可以给出更高的时频分辨率, 尤其是在低频段的分辨率. 图 9.2(a) 显示了一个被噪声污染的多普勒效应信号, 我们使用 Harr 小波包进行 3 层分解, 生成的 Haar 小波包分解树如右图所示. 在第 3 层分解中共有 8 个结点, 图 9.3 显示了这些结点对应的 8 组信号. 可以看到 (3,0) 对应的信号是原始信号的一个光滑逼近. 如果将第 3 层除了最左边两个结点以外的 6 个结点对应的高频系数分 3 次置为 0, 三次降噪结果如图 9.4 所示. 下面提供了算法实现的 Matlab 源码.

```
clc;clear;close all;
load noisdopp;x=noisdopp; wpt2=wpdec(x,3,'haar');
plot(wpt2); wpviewcf(wpt2,1);
cfs7=wpcoef(wpt2,7);cfs8=wpcoef(wpt2,8);
cfs9=wpcoef(wpt2,9);cfs10=wpcoef(wpt2,10);
cfs11=wpcoef(wpt2,11);cfs12=wpcoef(wpt2,12);
cfs13=wpcoef(wpt2,13);cfs14=wpcoef(wpt2,14);
figure;
subplot(4,2,1);plot(cfs7);title('结点(3,0)','FontSize',20)
subplot(4,2,2);plot(cfs8);title('结点(3,1)','FontSize',20)
subplot(4,2,3);plot(cfs9);title('结点(3,2)','FontSize',20)
subplot(4,2,4);plot(cfs10);title('结点(3,3)','FontSize',20)
subplot(4,2,5);plot(cfs11);title('结点(3,4)','FontSize',20)
subplot(4,2,6);plot(cfs12);title('结点(3,5)','FontSize',20)
subplot(4,2,7);plot(cfs13);title('结点(3,6)','FontSize',20)
subplot(4,2,8);plot(cfs14);title('结点(3,7)','FontSize',20)
size2=read(wpt2,'sizes',7:14);
cfs_z7=zeros(size2(1,:));cfs_z8=zeros(size2(2,:));
cfs_z9=zeros(size2(3,:));cfs_z10=zeros(size2(4,:));
cfs_z11=zeros(size2(5,:));cfs_z12=zeros(size2(6,:));
cfs_z13=zeros(size2(7,:));cfs_z14=zeros(size2(8,:));
tre2_1=write(wpt2,'cfs',11,cfs_z11,'cfs',12,cfs_z12);
tre2_2=write(wpt2,'cfs',11,cfs_z11,...
    'cfs',12,cfs_z12,'cfs',13,cfs_z13,'cfs',14,cfs_z14);
tre2_3=write(wpt2,'cfs',9,cfs_z9,'cfs',10,cfs_z10,'cfs',11,cfs_z11,...
    'cfs',12,cfs_z12,'cfs',13,cfs_z13,'cfs',14,cfs_z14);
y1=wprec(tre2_1);y2=wprec(tre2_2);y3=wprec(tre2_3);
figure;subplot(4,1,1);plot(x);
title('原始信号','FontSize',20);
subplot(4,1,2);plot(y1);
title('第一次降噪','FontSize',20);
subplot(4,1,3);plot(y2);
title('第二次降噪','FontSize',20);
subplot(4,1,4);plot(y3);
title('第三次降噪','FontSize',20);
```

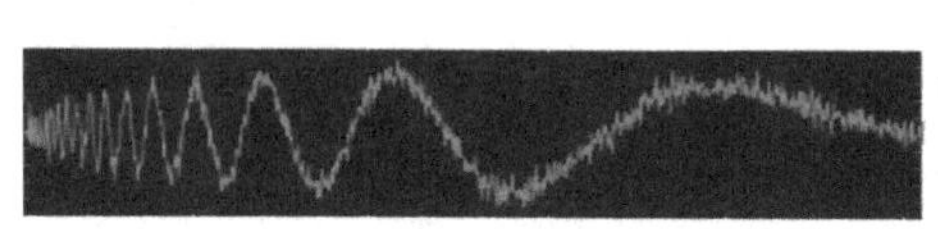

(a) 原始信号

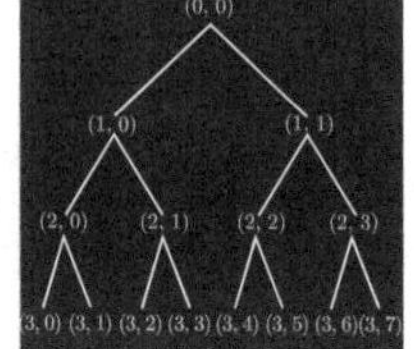

(b) 小波包分解树

图 9.2 原信号和 Haar 小波包分解树

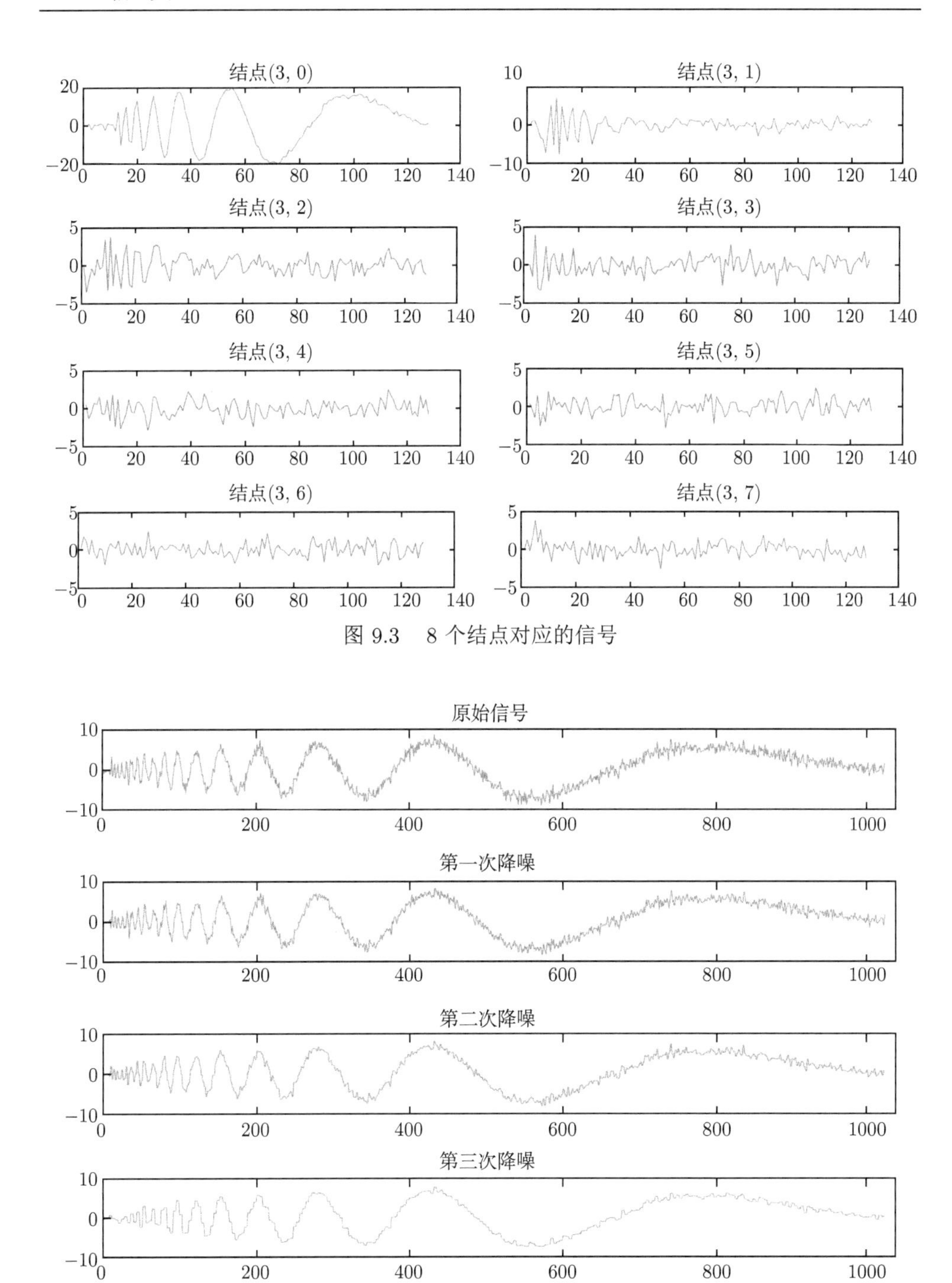

图 9.3　8 个结点对应的信号

图 9.4　小波包树和信号降噪

9.2　图 像 处 理

图像处理是小波分析应用最广泛和最成熟的领域之一. 实践证明小波分析是图像处理的有力工具. 小波分析在图像分析、降噪、压缩、融合、增强以及边缘检测等方面都有广泛的应用.

例 9.3 (小波变换用于边缘检测)　第一个例子是小波在图像的边缘检测中的应用. 使用 Coiflets 小波对图像进行 1 层分解, 可以注意到小波分解的结果很好地展现了图 9.5 的边缘结构, 因此小波分解的各个分量可以作为边缘检测的参考. 相应的 Matlab 源码如下所示. 这里, Coiflets 小波是 Daubechies 将她设计的 Daubechies 正交小波的部分系数做了进一步的优化, 使得它的尺度函数和小波函数能同时拥有高阶消失矩并且接近对称.

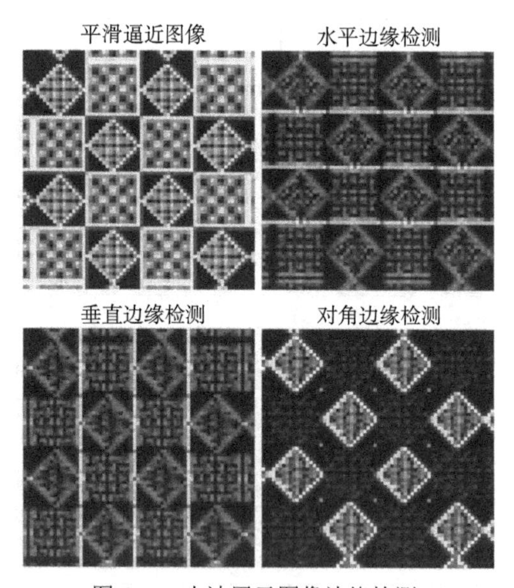

图 9.5　小波用于图像边缘检测

```
1  clc;clear;close all;
2  load tartan;level = 1;[c,s] = wavedec2(X,level,'coif2');
3  [chd1,cvd1,cdd1] = detcoef2('all',c,s,level);a=appcoef2(c,s,'coif2',level);
4  figure('Color','white'), image(wcodemat(X,64)), colormap(map),axis square,axis
       off
5  figure('Color','white'), image(wcodemat(a,64)), colormap(map),axis square,axis
       off
6  title('平滑逼近图像','FontSize',20)
7  figure('Color','white'),image(wcodemat(chd1,64)),colormap(map),axis square,axis
       off
```

```
title('水平边缘检测','FontSize',20)
figure('Color','white'), image(wcodemat(cvd1,64)), colormap(map),axis square,axis off
title('垂直边缘检测','FontSize',20)
figure('Color','white'), image(wcodemat(cdd1,64)),colormap(map),axis square,axis off
title('对角边缘检测','FontSize',20)
```

9.2.1 图像降噪

图像的降噪过程与一维信号的降噪过程相同, 区别在于阈值的选择上有所区别. 在图像降噪中阈值可以选择统一的全局阈值, 也可以分别选择垂直方向、水平方向、对角方向的阈值, 这样做的好处是可以把所有方向的噪声都降低.

例 9.4 (小波变换用于图像去噪) 图 9.6 展示了使用 Daubechies8 小波对图像进行 2 层分解, 然后进行硬阈值降噪的结果. 左下图为使用默认阈值进行全局降噪的结果, 右下图为在垂直、水平、对角方向取阈值 5, 5, 20, 20, 40, 40 进行降噪的结果. 可以明显地看到, 选择适合的方向阈值对降噪结果有决定性的影响. 对应的 Matlab 源码如下所示.

图 9.6 小波用于图像降噪

```
clc;clear;close all;
load belmont2;
init = 2055615866;
rng('default');
x = X + 18*randn(size(X));figure
subplot(221),image(X),colormap(map)
```

```
7  axis off;
8  title('原始图像','FontSize',20);
9  subplot(222),image(x),colormap(map),
10 axis off;
11 title('降噪图像','FontSize',20);
12 w='db8';[c,l]=wavedec2(x,2,w);
13 [thr,sorh,keepapp] = ddencmp('den','wv',x);
14 xd=wdencmp('gbl',c,l,w,2,thr,'h',1);
15 subplot(223),image(xd),colormap(map),
16 axis off;
17 title('全局阈值降噪','FontSize',20);
18 thr=[5 5;20 20;40 40];
19 xdd=wdencmp('lvd',x,w,2,thr,'h');
20 subplot(224),image(xdd),colormap(map),
21 axis off;
22 title('全局阈值降噪','FontSize',20);
```

9.2.2 图像压缩

文字、图形、视频都可以存储为图像信息, 但计算机处理这些多媒体信息需要大量的存储空间. 在网络多媒体技术的应用中, 为了兼顾图像质量和处理速度, 高保真、大压缩比的图像压缩技术是必要的. 目前, 基于小波变换的图像压缩方法已经逐步取代基于离散余弦变换 (DCT) 或者其他子带编码技术, 成为新的图像压缩国际标准的首选方法, 这得益于小波变换出色的时频局部化特性. 同降噪方法类似, 图像的压缩也可以理解为对三组细节系数的阈值处理. 一般来讲, 为了提高压缩性能, 需要在三个方向做阈值处理. 这种思想类似于将图像的多余细节视为噪声, 因此其本质与图像降噪相同. 对一张原始图像 X, 假设其压缩图像为 $\tilde{X}$, 通常可以用分解系数中被置为 0 的系数百分比来模拟压缩比, 用保留能量百分比 (即 $\|X\|_{L_2}/\|\tilde{X}\|_{L_2}$) 来模拟保真性能.

例 9.5 (小波变换用于图像压缩)　图 9.7 给出了利用 Haar 小波对图像压缩的例子, 其 Matlab 源码如下所示.

```
1  load wbarb;whos;
2  [C S] = wavedec2(X,2,'db1');
3  [thr,sorh,keepapp] = ddencmp('cmp','wv',X);
4  [Xcomp, CXC, LXC,PERF0,PERFL2] = wdencmp('gbl',C,S,'db1',2,thr,sorh,keepapp);
5  colormap(map);
6  subplot(121);image(X);title('原始图像','FontSize',20);
7  axis square
8  axis off
9  subplot(122);image(Xcomp);
10 title('压缩图像','FontSize',20)
11 axis square
12 axis off
```

图 9.7 小波应用于图像压缩

在大多数的图像处理中, 全局阈值处理是一个通常的选择, 但这种方式不够精细. 对单一图像, 分层、分方向阈值处理更能体现图像固有的时频局部特性, 但需要对图像先进行分析以获得足够的关联信息. 即便如此, 小波分解仍然不够灵活, 分解出来的小波树只有一种模式, 不能完全地体现时频局部化信息. 因此在实际应用中压缩算法多采用小波包, 美国联邦调查局的指纹识别就是采用基于小波包的压缩算法 WSQ. 实际应用中, 为了提高机器实现效率, 一般采用特定的双正交小波, 利用其滤波器分布规则的特点, 用移位操作实现滤波操作.

例 9.6 (小波包用于图像压缩) 图 9.8 给出使用 Daubechies4 小波做 2 层分解, 并用全局默认硬阈值处理图像压缩的问题. 右图为压缩过程中使用的最优小波树, 其零系数百分比最高. 其 Matlab 源码如下所示.

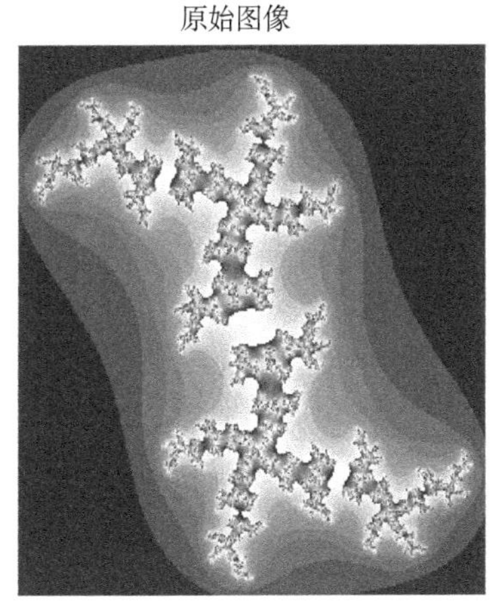

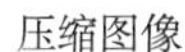

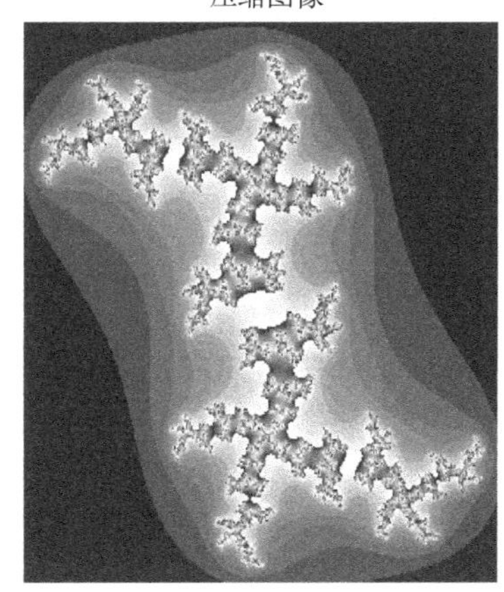

图 9.8 小波包用于图像压缩

```
clc;clear;close all;
load julia;whos;
[thr,sorh,keepapp,crit] = ddencmp('cmp','wp',X);
[Xcomp, treed,PERF0,PERFL2] = wpdencmp(X,sorh,2,'db4',crit,thr*2,keepapp);
n=size(map,1);
colormap(pink(n));
subplot(121);image(wcodemat(X,n));title('原始图像','FontSize',20);
axis off
subplot(122);
image(wcodemat(Xcomp,n));title('压缩图像','FontSize',20)
axis off
plot(treed)
```

上述仅考虑图像本身像素点之间的相关性的算法称为第一代图像数据压缩算法. 在多媒体应用领域, 人眼作为图像信息的接收端, 其视觉对于边缘急剧变化不敏感 (视觉掩盖效应), 但对图像的亮度信息敏感, 并对颜色分辨弱. 这些因素使得即使在高压缩比的情况下, 解压后的图像依然有着良好的视觉效果. 由 Kunt 等人提出的第二代图像数据压缩算法, 就充分考虑了人类视觉生理心理特征, 在将原始图像在频域内做多层分解后, 再对这些信息灵活地、有选择地编码, 进而得到较高的压缩比和较少的失真度. 基于图像渐进式编码 (嵌入式零树小波编法 EZW、多级树集合分裂算法 SPIHT、集合分裂嵌入块编码器 SPECK 等)、基于行的熵编码、嵌入式块最优截断编码 (EBCOT) 是目前国际上最为流行的三种基于小波变换的图像编码方法. 小波函数的消失矩和信号压缩有着密切关系. 一方面, 一个小波的消失矩阶数越高, 压缩性能越好; 另一方面, 消失矩阶数的增长会导致滤波器系数的个数成倍增加, 从而影响压缩图像的能量集中性. 大量的图像压缩试验证实, Cohen 与 Daubechies 等人于 1992 年提出的消失矩为 4 的双正交 9-7 小波 (又称 CDF 9-7 小波) 具有最好的信息压缩性质, 并在 JPEG2000 国际静态图像压缩标准中被推荐使用.

例 9.7 (第二代小波变换用于图像压缩) 图 9.9 展示了在同样压缩 12 次的情况下, 采用不同编码方式和小波变换得到的图像压缩效果, 其 Matlab 源码如下所示.

```
clc;clear;close all;load porche
colormap(pink(255))
subplot(2,2,1); image(X);
axis square,axis off;title('原始图像','FontSize',20)
[CR,BPP] = wcompress('c',X,'mask.wtc','ezw','maxloop',12,'wname','haar');
Xc = wcompress('u','mask.wtc');
subplot(2,2,2);image(Xc);axis square,axis off;
title({['EZW - haar小波'],['压缩比: ' num2str(CR,'%1.2f %%'),',比特/像素比率: '
    num2str(BPP,'%3.2f')]},'FontSize',20)

```

```
10 [CR,BPP] = wcompress('c',X,'mask.wtc','ezw','maxloop',12,'wname','bior4.4');
11 Xc = wcompress('u','mask.wtc');
12 colormap(pink(255))
13 subplot(223); image(Xc);axis square,axis off;
14 title({['EZW - 双正交4.4小波'],['压缩比: ' num2str(CR,'%1.2f %%'),',比特/像素比率
      : ' num2str(BPP,'%3.2f')]},'FontSize',20)
15
16 [CR,BPP] = wcompress('c',X,'mask.wtc','spiht','maxloop',12,'wname','bior4.4');
17 Xc = wcompress('u','mask.wtc');
18 colormap(pink(255))
19 subplot(224); image(Xc);axis square,axis off;
20 title({['SPINT - 双正交4.4小波'],['压缩比: ' num2str(CR,'%1.2f %%'),',比特/像素比
      率: ' num2str(BPP,'%3.2f')]},'FontSize',20)
```

图 9.9 第二代图像压缩算法效果

9.2.3 图像增强

前面介绍了基于阈值化的图像处理技术, 下面介绍一种基于抑制系数的处理技术——图像增强. 图像增强主要通过时域和频域两种方式进行, 时域方法直接在像素点上做算子运算, 方便快捷, 但会丢失很多相关点之间信息; 频域方法通过修改傅里叶变换的系数, 可以详细地分离出点之间的相关性, 但计算量大得多. 本节讨论两种主要的图像增强问题——钝化和锐化. 钝化的目的是增强图像的低频成分, 抑制尖锐的突变效果; 锐化与之相反, 着重于提取尖锐部分, 用于检测和识别等领域. 我们首先介绍一种基于傅里叶变换的频域处理方法. 低通滤波器对高频系数进行抑制来达到处理目的, 但在频率截断处会因为粗暴的处理而出现类似于信号处理中 Gibbs 振荡的振铃效应, 所以一般情况下可以采用下列公式来得到一个更平滑的低通滤波器, 也被称为 Butterworth 低通滤波器,

$$H(u,v)=\frac{1}{1+[d(u,v)/d_0]^{2n}},$$

式中 d_0 为选定的滤波器带宽, $d(u,v)$ 为点 (u,v) 到原点的距离, n 为滤波器阶数.

与之相应的 Butterworth 高通滤波器为

$$H(u,v) = \frac{1}{1+[d_0/d(u,v)]^{2n}}.$$

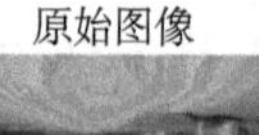

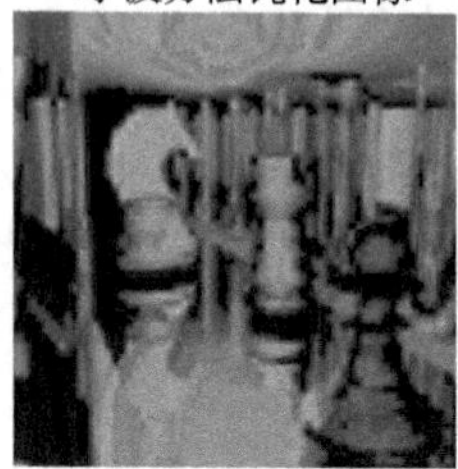

图 9.10　傅里叶分析与小波分析用于图像钝化

例 9.8 (小波变换用于图像钝化)　图 9.10 显示了一个国际象棋图像信号在两种钝化方法下的效果. 中间图为对原始图像做二维离散余弦变换, 再对变换结果做 Butterworth 低通滤波后重构的结果; 右图为使用 Daubechies3 小波 2 层分解后, 加倍低频系数、减半高频系数后重构的结果. 从结果可以看到, 离散余弦变换得到的钝化图像更为平滑, 这是因为离散余弦变换的分辨率最高. 小波方法的结果有很多不连续的地方, 这是因为处理系数时使用了分段线性操作. 读者可以尝试在小波系数的处理中加入位置信息, 或者增加分解层数以获得更有趣的结果. 相应的 Matlab 源码如下所示.

```
clc;clear;close all;
load chess;

blur1=X;blur2=X;

ff1=dct2(X);
for i=1:256
    for j=1:256
        ff1(i,j)=ff1(i,j)/(1+((i*i+j*j)/8192)^2);
    end
end
blur1=idct2(ff1);
[c l] = wavedec2(X,2,'db3');
csize=size(c);
for i=1:csize(2);
    if(c(i)>300)
        c(i)=c(i)*2;
    else;
        c(i)=c(i)/2;
    end
end
blur2=waverec2(c,l,'db3');
```

```
23
24 subplot(131);
25 image(wcodemat(X,192));colormap(gray(256));
26 title('原始图像','FontSize',20);
27 axis square
28 axis off
29 subplot(132);
30 image(wcodemat(blur1,192));colormap(gray(256));
31 title('DCT 方法钝化图像','FontSize',20);
32 axis square
33 axis off
34 subplot(133);
35 image(wcodemat(blur2,192));colormap(gray(256));
36 title('小波方法钝化图像','FontSize',20);
37 axis square
38 axis off
```

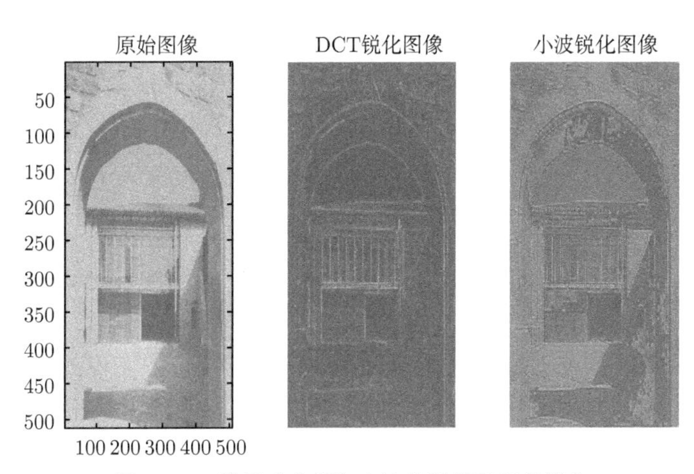

图 9.11 傅里叶分析与小波分析用于图像锐化

例 9.9 (小波变换用于图像锐化) 图 9.11 显示了一个国际象棋图像信号在两种锐化方法下的效果. 左图为对原始图像做二维离散余弦变换 (DCT), 再对变换结果做 Butterworth 高通滤波后重构的结果; 右图为使用 Daubechies3 小波 2 层分解后, 减半低频系数、加倍高频系数后重构的结果. 从结果来看, DCT 的结果更加纯粹, 完全是原图像的边缘信息; 而小波方法的结果中包含变化缓慢的低频成分, 对局部细节表现得更好. 对应的 Matlab 源码如下所示.

```
1 clc;clear;close all;
2 load chess;
3 blur1=X;blur2=X;
4 ff1=dct2(X);
5 for i=1:256
6     for j=1:256
```

```
7          ff1(i,j)=ff1(i,j)/(1+(32768/(i*i+j*j))^2);
8       end
9   end
10  blur1=idct2(ff1);
11
12  [c l] = wavedec2(X,2,'db3');
13  csize=size(c);
14  for i=1:csize(2);
15      if(abs(c(i))<300)
16          c(i)=c(i)*2;
17      else;
18          c(i)=c(i)/2;
19      end
20  end
21  blur2=waverec2(c,l,'db3');
22  subplot(131); image(x); title('原始图像', 'FontSize',20);
23  subplot(132);
24  image(wcodemat(blur1,192));colormap(gray(256));
25  title('DCT 锐化图像','FontSize',20);
26  axis off
27  subplot(133);
28  image(wcodemat(blur2,192));colormap(gray(256));
29  title('小波锐化图像','FontSize',20);
30  axis off
```

9.2.4 图像融合

图像融合是将同一对象的两个或更多图像合成为一幅图像的技术, 通常这些图像是采用不同的成像机理得到的. 图像融合被广泛应用于多频谱图像理解和医学图像处理等领域. 基于小波分析的图像融合分为以下四个步骤.

(1) 预处理: 将需要被处理的图像重采样以保证采用后的图像拥有相同的尺寸, 有时还需要将图像进行配准以保证不同图像之间的特征点的位置尽量接近.

(2) 小波多层分解: 对待处理的图像进行相同层次的小波分解.

(3) 系数融合: 对低、高频系数选择合适的方式分别进行融合. 假设将图像 $\{X_i\}_{i=1}^m$ 融合为 Y, C_X 表示图像 X 的低或高频系数分量, 常用的融合方法有以下两种.

(a) 线性融合: $C_Y=\sum_{i=1}^m \omega_i C_{X_i}$, 其中加权系数 $\omega_i\geqslant 0, \sum_{i=1}^m \omega_i=1$, 比较特别的均值融合取相等的加权系数.

(b) 最大融合: $C_Y(a,b)=\max\{C_{X_i}\}$, 类似地有最小融合.

(4) 重构: 利用融合后的小波系数重构出最终图像.

例 9.10 (小波变换用于图像融合)　图 9.12 显示了融合 Bust 和 Mask 两幅图像的结果. 第一列为原始图像, 左下图为在低高频都采用均值融合的结果, 右下图为低频系数采用最大值融合、高频系数采用最小值融合的结果. 对应的 Matlab

源码如下所示.

```
load mask; X1 = X;
load bust; X2 = X;
XFUSmean = wfusimg(X1,X2,'db2',1,'mean','mean');
XFUSmaxmin = wfusimg(X1,X2,'db2',1,'max','min');
colormap(map);
subplot(221), image(X1), axis square, title('Mask')
subplot(222), image(X2), axis square, title('Bust')
subplot(223), image(XFUSmean), axis square,
title('融合图像, 均值-均值')
subplot(224), image(XFUSmaxmin), axis square,
title('融合图像, 最大-最小')
```

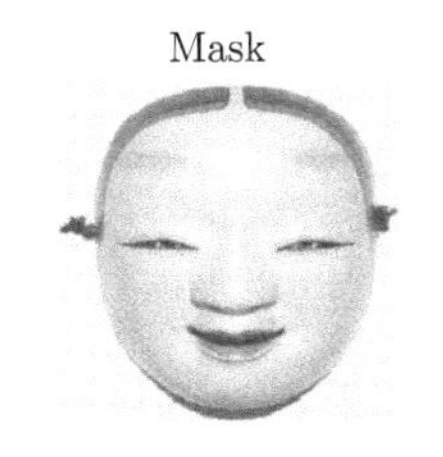

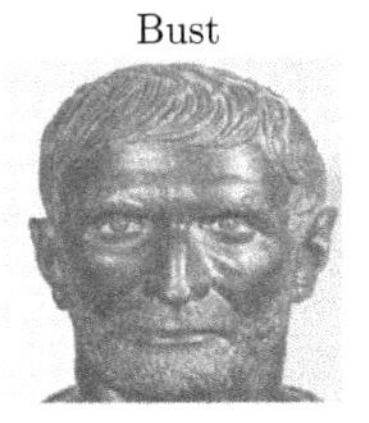

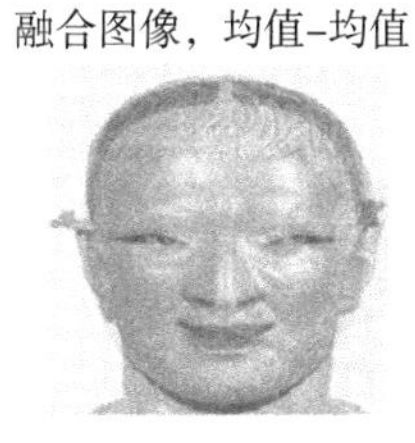

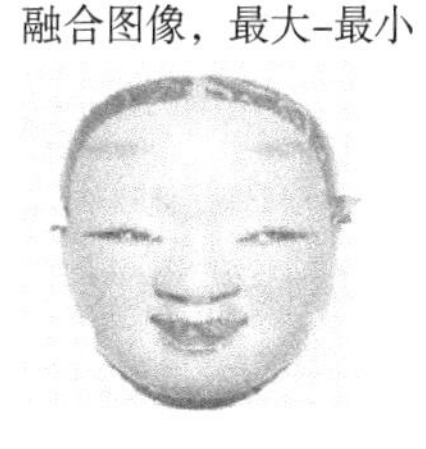

图 9.12 小波分析用于图像融合

9.3 小波在指纹识别中的应用

目前的人体特征中, 指纹以其唯一、稳定、易采集等特性而成为世界上使用最早、范围最广的生物鉴别技术. 完整的自动指纹识别涉及传感器技术、数据库、数字图像处理、模式识别等多个领域, 下面我们着重介绍小波对指纹图像的处理过程.

图 9.13 为自动指纹识别的原理框图, 主要过程为指纹图像采集, 对图像进行

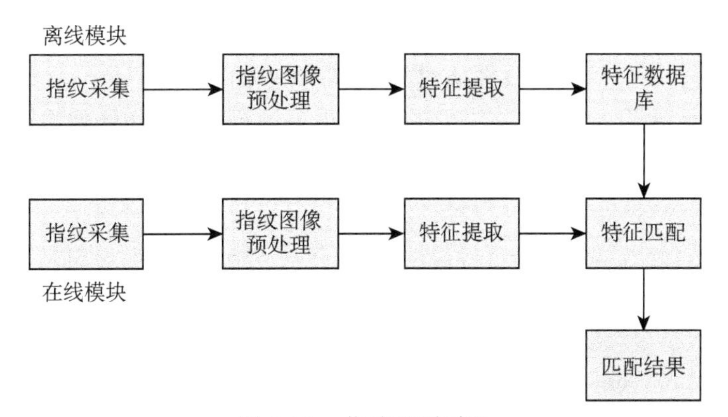

图 9.13 指纹识别原理

预处理, 图像增强并提取有效特征, 最终以大量特征建立指纹数据库并用于实际的特征匹配. 小波技术在预处理和图像特征提取过程均有重要应用.

9.3.1 指纹图像预处理

指纹图像在采集的时候通常会伴随不同的噪声, 除了采集传感器的固有噪声, 指纹过干、过湿、污渍等随机噪声也会造成低质量的指纹图像, 因此需要对其进行预处理以放大纹理结构, 突出并保留指纹特征.

指纹图像预处理主要包括规格化、均衡化、图像增强、二值化、细化等过程, 具体如下.

(1) **规格化** 规格化的目的是将图像的对比度和灰度值校准到一个适宜的级别. 常见的规格化处理是先计算整个图像的均值和方差, 再依据期望的水平, 压缩超过均值的点的灰度, 放大低于均值的点的灰度.

(2) **均衡化** 均衡化的目的是使图像的灰度均匀分布, 因为指纹识别依靠的是指纹的结构特征, 我们希望变换图像中灰度密集的程度来增强指纹纹理. 最常用的均衡化方法是直方图均衡化.

(3) **图像增强** 指纹图像增强包括基于小波的图像去噪、基于小波的图像增强、自适应的空洞与毛刺处理等多个方面. 指纹去噪使用的小波分解层数为 $3 \sim 4$ 层, 在避免图像失真的同时能保留约 96% 的能量. 前面介绍的图像去噪方法中提到的多种阈值选择策略都可以应用于实际的指纹图像去噪中, 而阈值处理通常选择软阈值, 以减少间断处的附加振荡. 同时通过图像锐化来突出指纹的细节, 通常可以对指纹图像进行分割以获得更局部的特征信息. 有些指纹识别算法还会在图像增强之前进行小波压缩, 利用小波包的分解细节信息特性可以良好地压缩效果.

(4) **二值化** 二值化的目的是将灰度图的指纹图像变为只有黑白两种颜色的图像, 二值化过程通常与图像增强交替反复调用, 其结果直接影响指纹识别的后续工作.

(5) **细化** 细化的目的是将二值图像中粗细不均匀的纹线转为单像素线宽的条纹中心点线. 细化后的指纹图像纹线连续, 骨架简明突出.

图 9.14 显示了一个完整的指纹图像预处理流程. 小波在图像增强中扮演了举

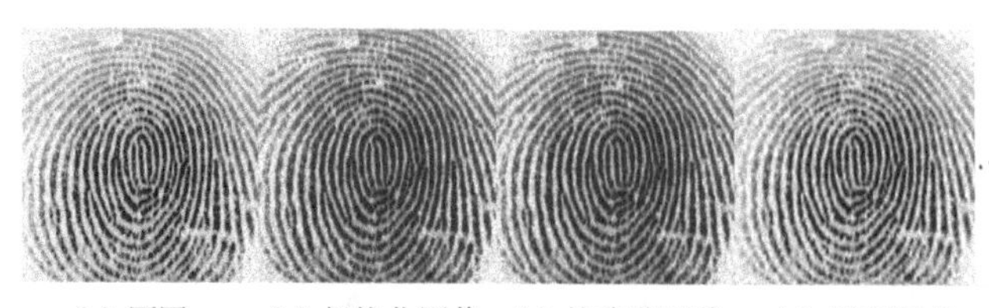

(a) 原图 (b) 规格化图像 (c) 均衡化图像 (d) 增强图像 (e) 二值化图像 (f) 细化图像

图 9.14 指纹图像的预处理

足轻重的角色, 使得纹线中不必要的信息被大大删减.

图 9.15 显示了对过湿、过干的低质量图像, 使用不同小波增强中心区域的效果.

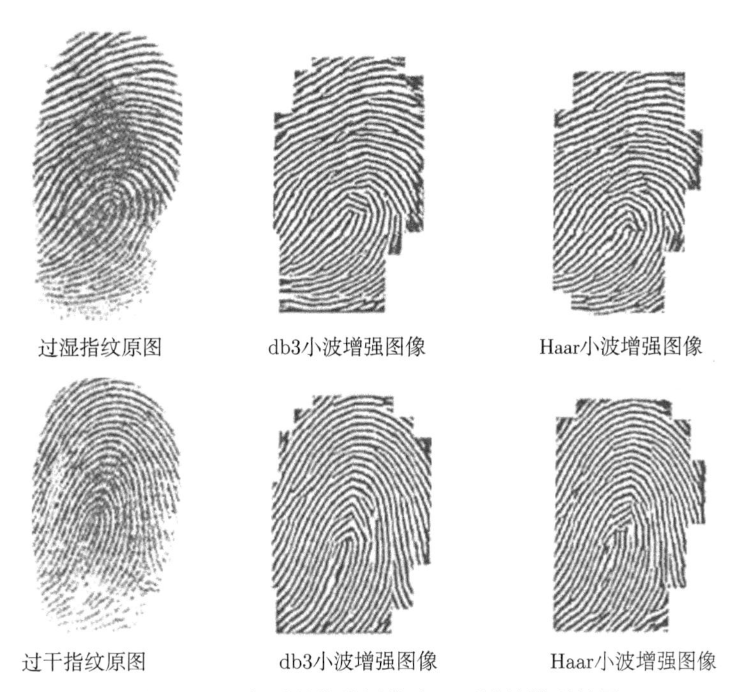

图 9.15 低质量指纹图像中心区域的增强效果

9.3.2 指纹图像的特征提取

指纹的特征是区别不同人指纹相似度的关键. 一张指纹图像同时拥有总体特征和局部特征. 能够使用肉眼直接观察到的特征称为总体特征, 例如纹型、核心点、三角点、纹数. 图像上结点的特征被称为局部特征, 又被称为特征点, 主要是纹线方向、曲率剧烈变化的位置, 包括脊端点、分叉点、分歧点、孤立点、环点、短纹等. 使用小波进行特征提取需要先对指纹进行分割, 因为指纹的中心区域比边缘的质量要好得多. 确定了中心的正方形区域后, 就可以提取指纹的特征码. 我们知道对图像进行二维的小波分解会得到低频与高频分离的子图像, 高频子图就蕴含了指纹的细节信息. 对一张指纹图像进行二维小波分解后, 将任一张高频子图的标准差视为这张子图的特征值, 再把所有子图的特征值依序组成一个向量, 称为该指纹的特征向量, 也叫特征码. 有些应用中还会处理低频子图的信息来加快识别效率. 图 9.16 显示了对指纹图像进行 4 层小波变换得到的 12 个高频子图组成的特征向量. 这种做法的好处是结果对指纹图像很敏感, 即便是同类指纹图像也有很高的辨识度, 不同类指纹间的差异巨大, 适合精细的指纹识别. 经过特征提取后的指纹图像, 将其特征录入数据库, 或是进行实际的特征匹配.

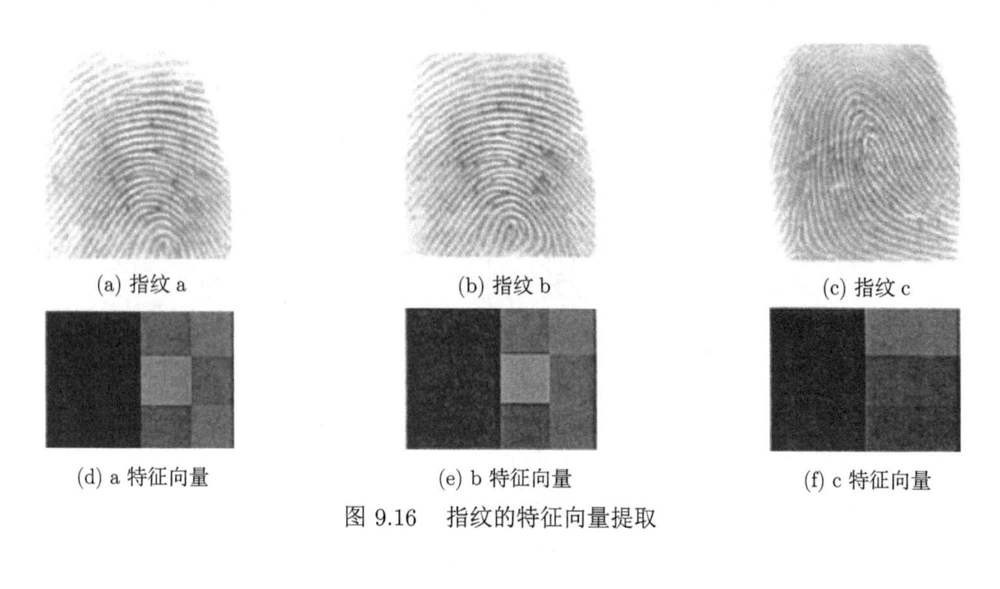

(a) 指纹 a　(b) 指纹 b　(c) 指纹 c

(d) a 特征向量　(e) b 特征向量　(f) c 特征向量

图 9.16 指纹的特征向量提取

9.4 基于小波的偏微分方程数值方法

偏微分方程数值解是计算数学最活跃的研究分支之一, 有限差分与有限元方法是求解偏微分方程最经典、最有效的数值方法. 并已广泛应用于科学与工程计算各个领域. 有限元方法在处理椭圆型和抛物型非奇异偏微分方程上, 可以说是至臻完美的. 但是对于奇异性偏微分方程, 有限元方法却有一些不尽如人意之处. 过去三十年来, 小波逼近作为一种求解偏微分方程的潜在的高效数值计算技术, 引起了人们的广泛关注. 由于小波同时在时域和频域具有局部化特征, 所以当求解在时域具有剧烈变化甚至奇异的问题时, 小波方法就是一个理想的选择. 偏微分方程求解的小波方法主要有两类, 一类不具有自适应性质, 称为单层小波, 另一类就是自适应小波.

用小波方法求解偏微分方程的数值解最直接的方法是, 将小波函数或尺度函数作为试验函数, 应用于传统的有限元方法中[33]. 由于小波函数具有紧支撑性, 所以得到的有限元刚度矩阵是带状矩阵. 如果采用的小波是正交小波, 则刚度矩阵是稀疏矩阵, 从而使计算速度大大提高. 一般来说, 小波在数值求解有局部急剧变化解的非线性偏微分方程问题时有巨大潜力. 自适应小波方法能充分发挥小波变换对信号突变识别的特征, 可大大缩减有限元方法得到的刚度矩阵的规模, 从而提高计算效率[34].

小波分析与有限元方法相结合, 产生了小波有限元, 它作为一种偏微分方程的潜在高效求解方法被提出, 能将数值解依次放入一个逐级扩大、互相嵌套的函数空间序列 $\cdots, V_{-1}, V_0, V_1, \cdots$ 中进行分析, 而且小波有限元能根据实际需要任意改变分析尺度, 在不改变网格剖分的前提下提高分辨率. 当解的梯度比较大时, 采用小的分析尺度、高阶单元以提高分析精度; 而当解的梯度比较小时, 则采用大的分析尺度、较低阶单元以提高计算效率. 在众多的小波当中, Daubechies 小波因为具有紧支撑性、正交性等诸多优点, 在偏微分方程的数值求解中得到广泛应用. 比如, [35,36] 采用小波 Galerkin 法结合 Dirichlet 边界条件求解一维 Helmholtz 方程及二维 Green 方程, 指出了小波嵌套空间能在不同尺度下求解的优势.

偏微分方程边值问题数值逼近的 Galerkin 方法是一种变分型方法. 它首先利用变分原理将问题转化为线性变分问题, 通常具有下面的形式: 求解 $u \in H$, 使得

$$A(u,v) = F(v), \quad \forall v \in H, \tag{9.1}$$

其中 H 是一个 Hilbert 空间, $A: H \times H \to \mathbf{R}$ 是一个双线性算子, F 是 H 上的线性泛函. 在一定的条件下, 上述系统存在唯一解.

现在我们考虑 H 的一系列有限维线性子空间序列 $\{H_n\}$, 那么我们可以在 H_n 中逼近上述系统的解, 即求解 $u_n \in H_n$, 使得

$$A(u_n, v_n) = F(v_n), \quad \forall v_n \in H_n. \tag{9.2}$$

Galerkin 方法就是将上述解表示成

$$u_n = \phi_0 + \sum_{i=1}^{n} c_i \phi_i,$$

其中 ϕ_i 是 H_n 的一组基函数, ϕ_0 满足本质边界条件. 将 $v_j = \phi_j$ 代入方程(9.2)得到关于 $\{c_i\}$ 的线性方程组

$$A\left(\sum_{j=1}^{n} c_j, c_k\right) = F(\phi_k) - A(\phi_0, \phi_k), \quad k = 1, \cdots, n.$$

求解上述线性方程组即可得到偏微分方程的近似解 u_n.

下面以一个一维的偏微分方程为例, 介绍小波 Galerkin 有限元的基本方法. 我们需要求解下面的方程

$$-(\alpha(x)u'(x))' + \beta(x)u = f(x), \quad a < x < b,$$

$$u(a) = c, \quad u(b) = d.$$

上述方程具有下面的变分形式:

$$A(w,v)=F(v),\quad \forall v\in H=H_0^1[a,b]=H^1[a,b]\cap\{f|f(a)=f(b)=0\},$$

其中

$$A(u,v)=\int_a^b(\alpha u'v'+\beta uv)\mathrm{d}x,$$

$$F(v)=\int_a^b fv\mathrm{d}x-A(u_0,v),$$

方程的解 u 可以写成

$$u=u_0+w=\frac{bc-ad}{b-a}+\frac{d-c}{b-a}x+w.$$

给定 N, 假设 ϕ 是 Daubechies 小波尺度函数, 对于给定的层次 p, 我们知道 $\{\phi_{p,k}\}_{k\in\mathbf{Z}}$ 构成了空间 V^j 的一组标准正交基. 我们将 $\{\phi_{p,k}\}$ 作为一组形状函数来求解这个偏微分方程. 设

$$u_p=u_0+\sum_{i=1}^n c_{p,i}\phi_{p,i},$$

其中 $n=2^p(2N-1)+2N-3$, $c_{p,i}$ 满足线性方程

$$Ac=F,$$

这里 $A_{j,k}=A(\phi_{p,j},\phi_{p,k})$, $F_j=F(\phi_{p,j})$. 求解上述线性方程组即可求得 u 的近似解.

例 9.11 求解下列方程的近似解:

$$-u''-u=\left(\frac{\pi^2}{9}-4\right)\sin\frac{\pi}{6}x+\left(\frac{\pi^2}{4}-1\right)\sin\frac{\pi}{2}x,\quad 1<x<2,$$

$$u(1)=3,\quad u(2)=2\sqrt{3}.$$

解 这个方程具有精确解 $u(x)=4\sin\frac{\pi}{6}x+\sin\frac{\pi}{2}x$. 下面用小波有限元方法求其数值解. 对于 D3, D4, D5 小波分别在层次 $p=0,1,2,3,4$ 求其数值解. 图 9.17 给出了它们的误差图像. 可以看出 Daubechies 小波在求解偏微分方程时, 在 H^1 范数意义下具有 $N-1$ 阶收敛率, 在 L^2 范数意义下具有 N 阶收敛率.

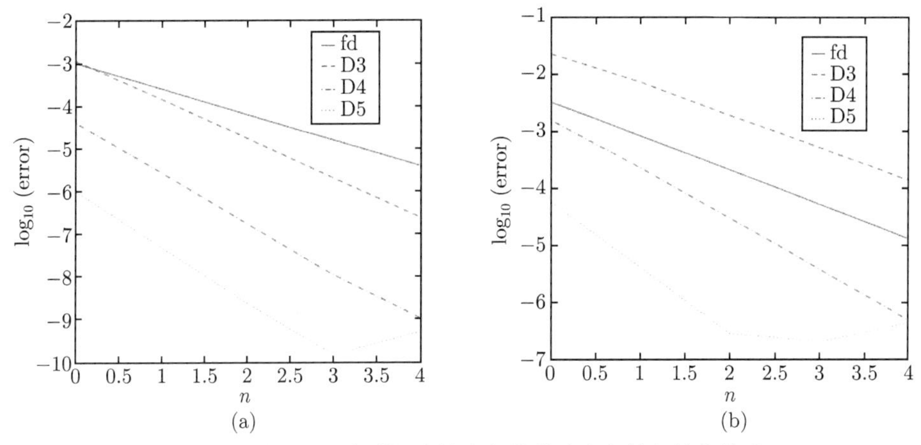

图 9.17 例 9.11 中利用小波求解常微分方程的误差收敛阶

利用小波的张量积可以求解矩形区域上的二维偏微分方程. 给定 $N \geqslant 2$, 假设 $\phi_1(x)$ 和 $\phi_2(y)$ 是 DN 小波的尺度函数, 它们分别生成一个多分辨分析 $\{V_j^1\}$ 和 $\{V_j^2\}$, $\{V_j^1\}$ 和 $\{V_j^2\}$ 的基分别是 $\phi_{j,k}^1(x) = 2^{j/2}\phi_1(2^jx-k)$ 和 $\phi_{j,k}^2(x) = 2^{j/2}\phi_2(2^jx-k)$, 则空间 $V_j := V_j^1 \otimes V_j^2$ 的基函数为

$$\phi_{j,k,l}(x,y) = 2^j\phi_1(2^jx-k)\phi_2(2^jy-l),$$

其中 $(x,y) \in [0,L]\times[0,M]$, $-(2^jL+2N-1) \leqslant k \leqslant 0$, $-(2^jM+2N-1) \leqslant k \leqslant 0$, $\{V_j\}$ 形成 $L^2(\mathbf{R}^2)$ 中的一个多分辨分析, 而 $\phi_{j,k,l}(x,y)$ 是相应的尺度函数. 图 9.18 是二维张量积小波 D6 的尺度函数的图像.

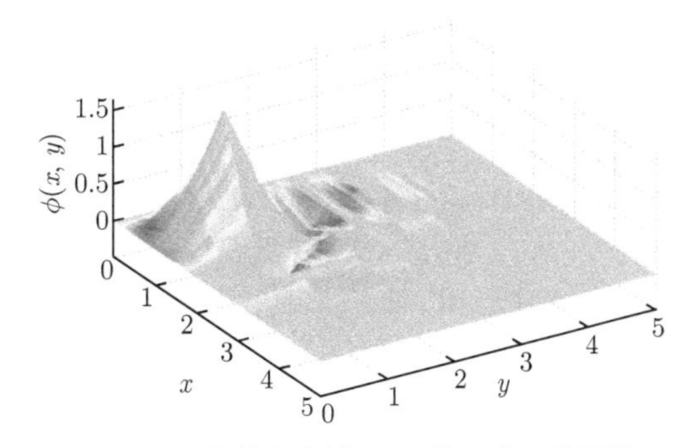

图 9.18 张量积小波 DN 的尺度函数图像

参考文献
REFERENCES

[1] 吴军. 数学之美. 北京: 人民邮电出版社, 2012.

[2] 潘文杰. 傅里叶分析及其应用. 北京: 北京大学出版社, 2002.

[3] Mallat S. 信号处理的小波导引. 北京: 机械工业出版社, 2002.

[4] Strang G. Wavelet transforms versus Fourier transforms. Bull. Amer. Math. Soc., 1993, 28(2): 288-305.

[5] Chan Y T. Wavelet Basics. Dordrecht Holland: Kluwer Academic Publishers, 1995.

[6] Strang G. Wavelets. American Scientist, 1994, 82: 250-255.

[7] 刘明才. 小波分析及其应用. 北京: 清华大学出版社, 2005.

[8] 邸继征. 小波分析原理. 北京: 科学出版社, 2010.

[9] Weiss L G. Wavelets and wideband correlation processing. IEEE Transactions on Signal Processing, 1994, 42: 13-32.

[10] Vetterli M, Herley C. Wavelets and filter banks: Theory and design. IEEE Transactions on Signal Processing, 1992, 40: 2207-2232.

[11] Farge M. Wavelet transforms and their application to turbulence. Ann. Rev. Fluid Mech., 1989, 24: 395-457.

[12] Argoul F, Arnéodo A, Grasseau G, et al. Wavelet analysis of turbulence reveals the multifractal nature of the richardson cascade. Nature, 1989, 338: 51-53.

[13] Vetterli M, Kovacevic J. Wavelets and Subband Coding. Englewood Cliffs, New Jersey: Prentice-Hall. 1995.

[14] Newland D. An Introduction to Random Vibrations, Spectral and Wavelet Analysis. New York: John Wiley, 1993.

[15] Olivier R, Vetterli M. Wavelets and signal processing. IEEE Signal Processing Magazine, 1991, (10): 14-38.

[16] Daubechies I. 小波十讲. 李建平, 译. 北京: 国防工业出版社, 2011.

[17] Meyer Y. Wavelets: Algorithms and Applications. Society for Industrial and Applied Mathematics, 1993.

[18] Mallat S G. A theory for multiresolution signal decomposition: The wavelet representation. IEEE Transactions on Pattern Analysis and Machine Intelligence, 1989, 2(7): 674-693.

[19] Daubechies I. Orthonormal bases of compactly supported wavelets. Comm. Pure Appl. Math., 1988, 41: 906-966.

[20] Sweldens W. The lifting scheme: A custom-design construction of bi-orthogonal wavelets. Appl. Comput. Harmon. Anal., 1996, 3(2): 186-200.

[21] Sweldens W. The lifting scheme: A custom-design construction of second generation wavelets. SIAM J. Math. Anal., 1997, 29(2): 511-546.

[22] Lee A W F, Sweldens W, Schröder P, et al. MAPS: Multiresolution adaptive parameterization of surfaces. SIGGRAPH'98: Proceedings of the 25th annual conference on Computer graphics and interactive techniques, 1998: 95-104.

[23] Kobbelt L P, Vorsatz J, Labsik U. A shrink wrapping approach to remeshing polygonal surfaces. Computer Graphics Forum, 1999, 18(3): 119-130.

[24] Bertram M, Duchaineau M A, Hamann B, et al. Generalized B-spline subdivision-surafce wavelets for geometry compression. IEEE transactions on Visualization and Computer Graphics, 2004, 10(3): 326-338.

[25] Wickerhauser V. Adapted Wavelet Analysis from Theory to Software. Boston: A.K. Peters, 1994.

[26] Kaiser G. A Friendly Guide to Wavelets. Boston: Birkhäuser, 1994.

[27] Young R K. Wavelet Theory and its Applications. Dordrecht, Holland: Kluwer Academic Publishers, 1993.

[28] 周伟. 基于 MATLAB 的小波分析应用. 西安: 西安电子科技大学出版社, 2010.

[29] 飞思科技产品研发中心. MATLAB 6.5: 辅助小波分析与应用. 北京: 电子工业出版社, 2003.

[30] 高成. Matlab: 小波分析与应用. 北京: 国防工业出版社, 2007.

[31] 方清城. MATLAB R2016a: 小波分析 22 个算法实现. 北京: 电子工业出版社, 2018.

[32] 黄勇兴. 基于小波变换的指纹识别算法研究. 南昌: 南昌航空大学, 2012.

[33] 万德成, 韦国伟. 用拟小波方法数值求解 Burgers 方程. 应用数学与力学, 2000, 21(10): 1991-2001.

[34] Cai W, Zhang W. An adaptive spline wavelet adi method for two-dimensional reaction-diffusion equations. Journal of Computational Physics, 1998, 139: 92-126.

[35] Amaratunga K, Williams J R, Qian S, et al. Wavelet-Galerkin solutions for one-dimensional partial differential equations. International Journal for Numerical Methods in Engineering, 1994, 37(16): 2703-2716.

[36] Chen X, Yang S, Ma J, et al. The construction of wavelet finite element and its application. Finite Elements in Analysis and Design, 2004, 40(5-6): 541-554.